矿山岩层控制基础研究

Fundamental Research on Mine Strata Control

刘学生　谭云亮　宁建国　编著

科学出版社

北　京

内 容 简 介

　　本书主要介绍矿山岩层控制领域的基础理论、方法和关键技术，以及近年来国内外学者特别是作者团队在本领域研究的新进展。主要内容包括岩体变形与破坏理论基础、矿山岩层运动破坏规律与控制、矿山巷道变形破坏与控制、冲击地压发生机理与监测防治等。

　　本书内容丰富、深入浅出，可读性和可适用性强，可为矿山岩层控制领域的工程技术人员、科研工作者和研究生等提供参考，也可作为矿业工程学科本科生的参考书。

图书在版编目(CIP)数据

　　矿山岩层控制基础研究=Fundamental Research on Mine Strata Control/刘学生，谭云亮，宁建国编著. —北京：科学出版社，2023.1

　　ISBN 978-7-03-073373-3

　　Ⅰ. ①矿⋯　Ⅱ. ①刘⋯　②谭⋯　③宁⋯　Ⅲ. ①煤矿开采–岩层控制–研究　Ⅳ. ①TD325

　　中国版本图书馆 CIP 数据核字(2022)第 188641 号

责任编辑：刘翠娜 李亚佩 / 责任校对：郑金红
责任印制：吴兆东 / 封面设计：无极书装

科学出版社 出版
北京东黄城根北街 16 号
邮政编码：100717
http://www.sciencep.com

北京中科印刷有限公司 印刷
科学出版社发行　各地新华书店经销

*

2023 年 1 月第 一 版　　开本：787×1092 1/16
2023 年 1 月第一次印刷　　印张：15 3/4
字数：380 000

定价：128.00 元
(如有印装质量问题，我社负责调换)

国家自然科学基金面上项目(52174122，52074168)

山东省自然科学基金优秀青年基金项目(ZQ2022YQ49)

山东省泰山学者攀登计划专家、青年专家团队

山东省高等学校青创人才引育计划团队

前　言

　　岩层控制一直是采矿学科的核心理论和关键技术之一，矿山开采中面临的冒顶、片帮、冲击地压及透水等事故，均与岩层运动及其控制密切相关。如果对采矿岩层运动规律掌握不清楚，控制方法与岩层运动不相适应，将会导致上述事故频繁发生，造成严重的人员伤亡和财产损失。采矿工作者很早就认识到已采空间是在某种结构的掩护下的，这种结构的存在使回采工作面和巷道内支护体上的压力仅有上覆岩层重量的 1%～5%。为了更好地利用这种结构，采矿工作者提出了多种不同的结构模型和假说，比较有代表性的包括"传递岩梁"模型、"砌体梁"模型等，并基于此研发了相应的围岩支护技术及装备，为矿山开采安全做出了巨大贡献。

　　近年来，党中央做出"2030 年前实现碳达峰，2060 年前实现碳中和"的重大战略部署，给煤炭行业带来挑战的同时，也成为煤炭高质量发展、升级高技术产业和抢占新能源主阵地的重大机遇。绿色开采、智能开采的理念逐渐被采矿工作者普遍接受。同时，煤矿开采深度和强度的增大，使开采面临着越来越突出的动力灾害防控、环境保护、低碳智能开采升级等问题，进行开采技术革命成为煤炭行业发展的必然要求，目前已产生了一些新理论、新技术和新装备，推动矿山岩层控制研究不断发展。

　　本书参考了国内外多个版本的《矿山压力与岩层控制》、*Coal Mine Ground Control* 等著作，较系统地梳理了岩层控制相关的岩石力学基础、模型假说，以及回采巷道围岩控制、冲击地压防控等内容，并补充了国内外学者及作者团队在本领域的一些最新研究进展，如何满潮院士提出的无煤柱自成巷技术、作者团队建立的冲击地压能量驱动机理等。因此，本书既涵盖了矿山岩层控制领域的基本概念、原理及方法，又注重了重要理论模型、技术及装备的发展历程，同时还包括了相关领域的部分最新研究成果，内容丰富、深入浅出，便于读者学习和参考。

　　全书共分为 5 章。第 1 章为绪论，主要包括煤炭革命与未来、研究背景及意义、国内外研究现状、主要研究任务；第 2 章为岩体变形与破坏理论基础，主要包括岩体中的初始应力、岩体强度理论与破坏判据、地下硐室围岩稳定性分析、岩体工程测试方法；第 3 章为矿山岩层运动破坏规律与控制，主要包括矿山岩层控制基本概念、矿山压力与覆岩破坏形式、矿山岩层运动理论与模型、回采工作面岩层控制、综放开采岩层控制等；第 4 章为矿山巷道变形破坏与控制，主要包括回采巷道围岩变形量组成及预计、回采巷道围岩支护理论与技术、无煤柱护巷技术等；第 5 章为冲击地压发生机理与监测防治，主要包括冲击地压及其发生机理、煤岩层冲击倾向性评价及冲击危险性评价、冲击地压监测预警技术及冲击地压防治技术等。

　　在本书撰写过程中，参阅了国内外大量相关的文献资料，引用了众多专家、学者的成果，在此谨向所有论著作者表示衷心感谢。还要感谢李学斌、武允昊、王新、许珂、解成成、李国庆、杨生龙、宋虎等研究生，他们参与了本书文字修改和图表绘制等工作，对本书成稿做出了较大贡献。

　　由于作者水平有限，书中难免有不妥之处，敬请读者给予指正。

刘学生　谭云亮　宁建国

2022 年 10 月

目　　录

前言
1 绪论···1
  1.1 煤炭革命与未来···1
    1.1.1 世界能源结构及变化··1
    1.1.2 煤炭发展面临的重大挑战··2
    1.1.3 煤炭未来开采理论与技术··3
  1.2 研究背景及意义···5
    1.2.1 煤矿安全事故分析···5
    1.2.2 矿山岩层控制研究的重要意义···7
  1.3 国内外研究现状···8
    1.3.1 矿山压力理论与假说发展历程···8
    1.3.2 矿山岩层控制技术及装备···10
    1.3.3 尚未解决的理论与技术难题···14
  1.4 主要研究任务···15
2 岩体变形与破坏理论基础···17
  2.1 岩体中的初始应力···17
    2.1.1 初始应力的基本概念及其成因···17
    2.1.2 初始应力分布规律··19
    2.1.3 初始应力估算方法··20
  2.2 岩体强度理论与破坏判据··23
    2.2.1 岩体强度理论··23
    2.2.2 岩体破坏判据··32
  2.3 地下硐室围岩稳定性分析··38
    2.3.1 围岩重分布应力计算··38
    2.3.2 围岩破坏范围确定··49
  2.4 岩体工程测试方法···54
    2.4.1 岩体力学参数测试··54
    2.4.2 岩体应力环境测试··64
    2.4.3 岩体裂隙发育测试··71
3 矿山岩层运动破坏规律与控制··79
  3.1 矿山岩层控制基本概念··79
    3.1.1 矿山压力与岩层控制··79
    3.1.2 矿山岩层控制理论对采矿工业发展的作用···80
  3.2 矿山压力与覆岩破坏形式··81
    3.2.1 矿山压力的来源··81

3.2.2 矿山压力显现的条件与特征 ·· 84
3.2.3 上覆岩层运动破坏的形式与力学条件 ····································· 91
3.2.4 直接顶与基本顶 ··· 97
3.3 矿山岩层运动理论与模型 ··· 99
3.3.1 传递岩梁理论 ··· 100
3.3.2 砌体梁力学模型和关键层理论 ··· 104
3.3.3 薄板理论 ·· 108
3.3.4 厚板理论 ·· 114
3.3.5 弱胶结岩块挤压岩梁模型 ·· 117
3.4 回采工作面岩层控制 ··· 127
3.4.1 工作面顶板处理方法 ·· 127
3.4.2 工作面支架-围岩相互作用原理 ·· 129
3.4.3 综采工作面顶板控制设计 ·· 136
3.5 综放开采岩层控制 ·· 140
3.5.1 综采放顶煤的概念及其分类 ·· 140
3.5.2 综放开采矿山压力显现的基本规律 ······································· 142
3.5.3 综放工作面顶板结构及支架-围岩关系 ··································· 144
3.5.4 综放开采顶板控制设计 ·· 147

4 矿山巷道变形破坏与控制 ··· 150
4.1 回采巷道围岩变形量组成及预计 ·· 150
4.1.1 巷道围岩变形过程及组成 ··· 150
4.1.2 沿空留巷围岩变形量预计 ··· 152
4.1.3 影响巷道围岩变形量的因素 ·· 153
4.2 回采巷道围岩支护理论与技术 ··· 155
4.2.1 锚杆(索)支护理论 ··· 155
4.2.2 注浆加固机理与技术 ·· 161
4.2.3 回采巷道超前支护技术 ·· 165
4.3 无煤柱护巷技术 ··· 172
4.3.1 工作面侧向顶板运动规律 ··· 172
4.3.2 沿空掘巷开掘的位置和时间 ·· 178
4.3.3 巷旁支护给定-限定组合力学模型 ··· 183
4.3.4 不同围岩条件沿空巷道支护技术 ··· 186
4.3.5 无煤柱自成巷技术 ··· 191

5 冲击地压发生机理与监测防治 ·· 197
5.1 冲击地压及其发生机理 ··· 197
5.1.1 概述 ··· 197
5.1.2 冲击地压的特征 ··· 198
5.1.3 冲击地压发生的影响因素 ··· 198
5.1.4 冲击地压类别 ·· 203
5.1.5 冲击地压的发生机理 ·· 206

5.2　煤岩层冲击倾向性评价及冲击危险性评价 ················210
　　5.2.1　煤岩层冲击倾向性评价 ················210
　　5.2.2　冲击危险性评价 ················215
5.3　冲击地压监测预警技术 ················219
　　5.3.1　微震监测 ················219
　　5.3.2　地音监测 ················221
　　5.3.3　电磁辐射监测 ················222
　　5.3.4　钻屑法监测 ················223
　　5.3.5　应力在线监测 ················225
　　5.3.6　多参量综合预警 ················227
5.4　冲击地压防治技术 ················228
　　5.4.1　合理的开拓布局 ················228
　　5.4.2　降低煤岩石冲击倾向性 ················230
　　5.4.3　减缓围岩应力梯度 ················233
　　5.4.4　提高围岩抗动压冲击能力 ················236

主要参考文献 ················240

1 绪　　论

1.1　煤炭革命与未来

1.1.1　世界能源结构及变化

1) 世界能源结构变化趋势及煤炭地位

在世界能源的历史舞台上，煤炭消费曾经保持了近 60 年的高速增长。然而，过去的 100 年间，世界能源体系经历若干能源革命，煤炭在世界能源结构中的比例，从最高时期的 48%降到目前的 27%左右。发达国家能源结构的优化主要出于洁净、绿色、低碳的目的，但同时考虑到能源安全和多元化发展，仍然保持了一定的煤炭比例。2020 年，煤炭在世界主要发达国家/地区能源结构中的比例分别是：美国 10.5%、日本 26.8%、欧盟 10.6%、德国 15.2%。可见，煤炭依然是全球重要的基础能源之一。

世界能源未来变化趋势主要有以下三个方面的特征：一是页岩气、页岩油、可燃冰等非常规能源将有较大发展，形成新的能源供应和消费格局。全球能源消费结构将继续沿着低密度能源向高密度能源的方向发展，天然气、石油、核能在全球能源消费结构中的比例将有较大增加。二是虽然化石燃料的时代远未结束，但其主导地位会有所下滑。由于煤炭具有资源丰富、分布广泛、供应可靠、价格低廉等突出特点，未来煤炭将在高碳能源低碳化利用方面发挥重要作用。三是风能、太阳能、核能等新能源技术将进入快速工业化阶段，新能源消费总量将稳步增加。新能源及绿色低碳能源的发展有望成为世界经济新的增长引擎。

根据世界能源研究机构对未来世界能源结构的预测，到 2035 年，能源品种中煤炭、石油、天然气的比例将趋于均等，初显全球能源煤炭、石油、天然气、核能、可再生能源五足鼎立的态势。

2) 我国能源结构演变及煤炭角色

我国煤炭资源丰富、品种齐全、分布广泛，而石油、天然气资源相对匮乏，能源结构一直以煤炭为主。随着经济社会发展，能源消费总量持续较快上升，已成为世界第一能源消费大国，面临的资源、环境压力越来越突出。近年来，在国家产业政策引导和鼓励下，能源呈现多元化发展，天然气、核电、水电和其他可再生能源快速发展，已成为能源供应的重要组成部分，对煤炭的替代作用不断显现。在有效利用国际资源，不断增加石油、天然气供应，保障能源安全的同时，顺应世界能源发展趋势，进一步加快发展水电、核电、风电、太阳能等清洁能源，加快调整能源结构，与世界同步进入低碳能源时代，是我国能源发展的必然方向。根据《能源发展"十三五"规划》，2030 年以前我国能源消费结构发展趋势，如图 1-1 所示。

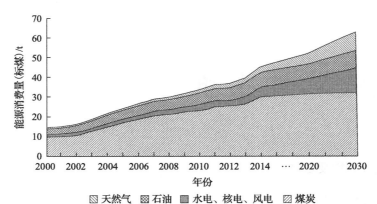

图 1-1　2000～2030 年我国能源消费结构及预测

资料来源：国务院发展研究中心、自然资源保护协会、煤炭工业规划设计研究院

　　煤炭是我国的基础能源，也是重要的工业原料，我国经济增长与煤炭生产和消费增长具有较大的相关性。虽然，近年来我国煤炭消费总量已出现转折，经济对煤炭消费的相关系数有所下降，但我国经济高度依赖煤炭的特征短时间内很难发生根本改变，煤炭供应的稳定与安全直接关乎我国国民经济运行的稳定与安全。同时，和我国经济一样，高强度、低水平的煤炭生产和消费模式已经终结，煤炭行业已然走向结构调整、精细化发展的新时期。生产的绿色化、无人化，利用的清洁化、低碳化成为煤炭行业的发展方向。

1.1.2　煤炭发展面临的重大挑战

　　1）经济可采的煤炭资源并不富余

　　我国煤炭资源总量丰富，但勘查程度低，详查储量占 26%，普查储量占 41%。可供建井的精查储量严重不足，仅占尚未利用资源量的 12%。煤炭资源勘查现状不容乐观，基础地质勘查滞后，勘查程度低，煤炭资源保障程度低，已经成为制约煤炭现代化建设的瓶颈。另外，在已探明的 5.57 万亿 t 煤炭资源中，埋深在 1000m 以下的为 2.95 万亿 t，约占已探明煤炭资源总量的 53%，可经济可采的煤炭资源并不富余。

　　2）安全高效绿色开采面临地质条件复杂、采深逐年增加等多重压力

　　地质条件复杂，开采难度大。煤矿深部岩体长期处于高压、高渗透压、高地温环境，并受采掘扰动影响，使岩体表现出特殊的力学行为，并可能诱发以煤与瓦斯突出、冲击地压、矿井突水、顶板大面积来压为代表的一系列重大灾害性事故，严重影响煤矿安全生产。目前我国煤矿开采深度以平均每年 10～25m 的速度向深部延伸。特别是在中东部经济发达地区，煤炭开发历史较长，浅部煤炭资源已近枯竭，许多煤矿已进入深部开采（采深 800～1500m），煤与瓦斯突出、冲击地压等动力灾害问题更加严重。

　　3）科学产能不足与当前产能总体过剩相矛盾

　　煤炭开采对生态环境影响较为严重。煤炭开采引起地表沉陷，并诱发地质灾害，造成土地挖损和占压，大量耕地损害，植被破坏、水土流失与土地荒漠化加剧，给矿区农

业生产、人民生活及社会安定带来一定影响。2016 年以来煤炭行业化解过剩产能取得良好效果，但我国煤炭产能相对过剩的格局仍然存在。随着环境保护的要求日益提升，越来越迫切地要求煤炭实现绿色开采，而实现煤炭绿色开采的科学产能依然不足，科学产能总体水平依然较低，与世界先进采煤国家差距较大。

4）对煤炭的持续需求与当前不够清洁的利用方式相矛盾

我国能源资源禀赋和当前经济发展阶段，决定了未来相当长时期内煤炭仍将是我国的主体能源和基础能源。煤炭在能源结构中的比例会有所下降，但煤炭消费总量仍将保持在较高水平。我国煤炭中硫分和灰分含量较大，大气污染物排放量中约 93% 的 SO_2、70% 的 NO_x 和 67% 的烟粉尘排放都来自煤炭使用，使用散煤燃烧所产生的污染物量最高达到污染物排放总量的 40% 左右（图 1-2）。煤炭的持续需求与当前不够清洁的利用方式的矛盾迫切需要解决。

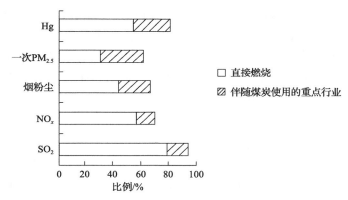

图 1-2　煤炭使用在我国大气污染物排放量中的占比

数据来源：自然资源保护协会于 2014 年 10 月发布的《煤炭使用对中国大气污染的贡献》

5）煤炭利用的低效率高排放与生态环境要求相矛盾

煤炭作为高含碳能源，利用过程中不可避免地带来碳排放。我国单位 GDP 的 CO_2 排放量远高于发达国家，排放总量已居世界第一位。随着对气候变化的认识逐步深入，生态环境的低碳要求日益明显，煤炭利用的碳排放问题备受重视。我国政府已向国际社会庄严承诺，力争 2030 年前实现碳达峰，2060 年前实现碳中和，必将对我国煤炭需求和利用方式产生重要影响。

1.1.3　煤炭未来开采理论与技术

煤炭革命的关键是依靠技术革命，科技发展的演替过程和规律决定了煤炭技术革命的阶段性，不同阶段的技术革命具有不同的标准和要求。煤炭未来开采的变革性理论与技术主要包括以下几种。

1）近零生态损害的智能化无人开采理论与技术

煤炭近零生态损害开采技术是在 20 世纪 90 年代提出的绿色生产技术基础上逐步发展起来的一项变革性技术。进入 21 世纪以后，全国煤炭年产量均超过 30 亿 t，受煤炭开采影响的范围及影响强度越来越大，严重影响了矿区的生产生活环境，甚至威胁了人们的生命安全。因此，消除煤炭生产给生态环境带来的不利影响，实现行业的可持续发展，是科学开采的重要理念。

近年来，绿色生产技术初步实现了从"降低损害"到"恢复生态"的转变，同时将煤炭开发与生态环境治理进行统筹规划，逐步将生态环境治理转变为资源开发与生态环境保护协调的主动模式。随着建设生态文明和美丽中国要求的不断提升，力争在 2050 年全面实现煤炭资源的零生态损害开采。

2) 近零污染物排放的清洁低碳利用理论与技术

煤炭近零排放利用是在 20 世纪 80 年代提出的洁净煤技术基础上逐步发展起来的一项变革性理论。为了解决煤炭利用中产生的污染问题，当时各国开始研究和推广应用洁净煤技术，进入 21 世纪以后，煤炭的清洁高效利用水平不断提高，SO_2、NO_x、烟尘等传统污染物的排放问题基本得到解决。国际上开始研究整体煤气化联合循环发电、多联产技术及 CO_2 捕集和储存技术，包括 CO_2 在内的"近零排放"成为重要研究课题。2014 年 9 月 12 日，国家发展和改革委员会、环境保护部、国家能源局联合发布《煤电节能减排升级与改造行动计划(2014—2020 年)》，推进燃煤发电的超低排放改造。煤炭近零排放利用成为我国煤炭利用发展的目标。

3) 矿井建设(设计)与地下空间一体化利用理论与技术

我国进入了社会经济发展的新时代、新常态，传统产业转型升级去产能、去库存导致大量矿井关闭。按照传统模式退出后，地面大型工业广场和井下大量设备设施被闲置，直接造成数万亿元地面地下固定资产的废弃和浪费，间接造成宝贵的地质和矿业遗址的损坏。退出煤矿大多存在多元灾害风险，对生态环境构成一定的损害。针对这一问题，谢和平院士提出了矿井建设(设计)与地下空间一体化利用的变革性理论与技术，即结合矿井地下空间的特点，从矿井设计开始进行规划，在矿井建设过程中，构建地下与地面联通的立体网络，充分利用矿井的地下空间和能源供应优势，建设地下生态城市，构建地下生态圈系统，最大限度地发挥地下空间的价值。

4) 深部流态化开采的颠覆性理论与技术构想

向地球深部进军已成为我国现在和未来面临的重大战略科技问题，国家正在启动的面向 2030 国家重大科技项目"地球深部探测"提出深地科学钻探深度将突破 13000m，深部资源开采目标为油气 10000m、热 6000m、固态资源 3000m。特别是高效开采 2000m 以深的固体资源必须突破现有的开采方法、开采理论和开采技术，迫切需要构建颠覆性深部资源开采理论与技术。基于此，谢和平院士首次提出"深地煤炭资源流态化开采的颠覆性理论与技术构想"，其核心是由传统的"井下只挖煤"转变为"井下深部原位实现挖煤、电、热、气一体化综合开发利用"，实现对深地煤炭资源的采、选、冶、充、电、气的原位、实时和一体化开发，实现深地煤炭资源开发的"地上无煤、井下无人"的绿色环保开采目标。

1.2 研究背景及意义

1.2.1 煤矿安全事故分析

近年来，我国煤矿安全生产状况总体稳定、好转，但重大事故仍有发生，煤矿安全生产形势依然严峻。近 10 年全国煤矿事故死亡人数如图 1-3 所示。

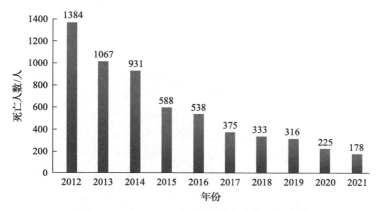

图 1-3 2012～2021 年全国煤矿事故死亡人数

2012～2020 年数据来源于西南证券研究发展中心《计算机行业智能矿山专题报告：行业景气度上行，步入成长快车道》；
2021 年数据来源于中国煤炭工业协会

大量实践表明：许多煤矿重大事故的发生及其有效控制，都与岩层运动及其所处的应力条件密切相关。其中，与岩层运动直接相关的事故，包括冒顶事故、顶板事故、透水事故等，与采动后顶板岩层的破坏密切相关；与应力条件直接相关的事故，包括煤与瓦斯突出、冲击地压和底板突水等，其应力条件的实现是在一定采动条件下岩层运动和破坏的结果。

由于对矿山压力及岩层运动规律掌握不清，控制方法与岩层运动不相适应，每年浪费在回采工作面顶板控制和巷道维护上的人力和财力巨大。因此，结合我国煤矿特点进行矿山岩层控制的相关研究，是关系到煤矿安全生产及提高经济效益的大事。

1) 顶板事故

根据国内外煤矿事故的统计资料，顶板事故占有较大的比例。据不完全统计，2001～2008 年，全国煤矿共发生顶板事故 4653 起，占煤矿事故总数的 51.49%；死亡 6173 人，占煤矿总死亡人数的 26.36%[1]。2013～2017 年，全国共发生顶板事故 760 起，占煤矿事故总数的 39.1%；死亡 1000 人，占总死亡人数的 28.6%[2]。虽然事故数和死亡人数较往年有所减少，但是矿井顶板事故仍然是影响矿山安全生产和健康发展的主要原因之一。

---

① 数据来源：《2001—2008 年全国煤矿安全事故报告资料统计分析》。
② 数据来源：《2013—2017 年全国煤矿事故统计分析及对策》。

2）冲击地压

随着我国对煤炭资源需求量的不断增大，煤矿的开采深度也不断增大，承受巨大地压的围岩突然破坏失稳而造成的冲击地压危害日益显现。冲击地压以其突然、急剧、猛烈的破坏特征(图1-4)，严重威胁着矿山的安全生产，徐州、北京、大同、义马、平顶山、兖州、枣庄、新汶、开滦、华亭、抚顺、阜新、七台河、鹤岗等矿区都相继发生过冲击地压，给我国煤矿造成了很大的经济损失和人员伤亡。例如，2011年11月3日，河南省义马煤业集团股份有限公司千秋煤矿发生一起重大冲击地压事故，造成10人死亡、64人受伤，直接经济损失2748.48万元[①]；2018年10月20日，山东龙郓煤业有限公司发生重大冲击地压事故，造成21人死亡、4人受伤[②]。

图1-4　冲击地压破坏

3）透水事故

煤层采动后，受矿山压力的影响，煤层顶底板出现裂隙，甚至发生破坏，致使地表水、老空水或相邻煤矿报废矿井中的水沿裂隙或破坏带流入井田造成透水事故，这也是影响矿山安全生产和健康发展的主要原因之一。例如，2012年7月4日，湖南省耒阳市三都镇茄莉冲新井煤矿发生透水事故，16人被困井下，其中8人死亡[③]。

研究证明，冒顶、冲击地压、煤与瓦斯突出和透水等事故的发生与回采工作面矿山压力分布及岩层运动直接相关。如果能够比较正确地预报出回采工作面周围支承压力的情况(包括压力高峰位置和低应力区范围等)，并在此基础上正确设计开采程序(开采的时空关系)，避免在高应力区或岩层运动未稳定的部位开掘和维护巷道，则与回采工作面矿山压力分布及岩层运动直接相关的事故就可以得到有效控制。

---

① 数据来源：《国家安全监管总局 国家煤矿安监局 关于河南省义马煤业集团千秋煤矿"11·3"重大冲击地压事故的通报》(安监总煤调〔2011〕171号)。
② 数据来源：《山东能源龙矿集团山东龙郓煤业有限公司"10·20"重大冲击地压事故调查报告》。
③ 数据来源：湖南省人民政府《耒阳市三都镇茄莉冲新井煤矿"7·4"透水事故》。

1.2.2 矿山岩层控制研究的重要意义

地下矿山采掘活动实践表明，无论是巷道还是工作面，其支护结构上承受的压力远远小于采动空间上覆岩层的自然重量。即使采用长壁开采方法，回采工作面支架上的压力一般也不超过上覆岩层重量的 5%，因此采矿工作者认为已采空间是在某种结构的掩护之下，进而提出了不同的掩护结构模型用以解释开采过程中出现的矿山压力现象，设计和选择采掘空间的支护形式及所需的反力，从而形成了各种假说，为上覆岩层的科学定量控制奠定了理论基础。目前矿山岩层控制理论已成为世界采矿工业各历史发展阶段技术变革的重要保障，主要体现在以下 5 个方面。

1）保障安全和正常生产

顶板事故在煤矿井下所有事故中一直占有较大比例，小至个别岩块掉落，大至工作面大面积冒顶、冲击地压等，都与岩层运动规律及所采取的控制手段密切相关。矿山岩层控制理论为采掘工作面顶板控制设计提供了科学定量的依据，为支护技术及装备的发展奠定了基础，为大幅度降低顶板岩层塌落、片帮、冲击地压等事故做出了突出贡献。

2）保护矿区生态环境

煤炭开采直接影响到地下水分布，引发地表沉陷，带来煤矸石和瓦斯排放等与生态环境保护密切相关的问题，采场上覆岩层的移动是产生上述现象的根本原因。矿山岩层控制理论为实现保水采煤、完善条带开采和充填技术、井下矸石处理等奠定了理论基础。

3）减少资源损失

在开采过程中，常常留设各类矿柱以保护巷道和管理采场顶板，这些矿柱是造成地下资源损失的主要根源。通过对开采引起的围岩应力重新分布规律进行研究，掌握矿山压力显现规律，推广无煤柱或小煤柱开采以及充填开采等技术，不仅能显著减少矿产资源的损失，还有利于消除因煤柱留设而引起的灾害和对采矿工作造成的不利影响。

4）完善开采技术

通过对采场和巷道的支架-围岩相互作用关系的深刻认识，有利于促进围岩支护手段进步和开采技术快速发展。例如，自移式液压支架的应用实现了采煤综合机械化；巷道可缩性金属支架和锚喷支护的应用改变了刚性、被动支护巷道的局面；采场顶底板和巷道围岩稳定性分类、围岩变形及支护理论等，为合理选择支护形式及参数等提供了科学依据。这些都说明随着开采条件日益困难和新开采工艺技术的发展，要求更深入地研究矿山岩层控制相关理论和技术。

5）提高经济效益

在分析研究各种类型采场、巷道及露天矿边坡的围岩变形破坏规律和各种控制技术的基础上，较完整地提出从围岩结构稳定性分类、稳定性识别、矿山压力显现预测、支护设计、支护质量与矿山压力显现动态监测、信息反馈优化设计，直至确定最佳设计的一整套理论、方法与技术。由此可以大幅提升采掘工作面维护和顶板管理等相关技术水平，减少矿井生产成本以及因覆岩运动产生安全事故带来的经济损失，从而提高采矿工业的社会效益和经济效益。

1.3　国内外研究现状

1.3.1　矿山压力理论与假说发展历程

根据不同煤层条件下的开采经验，国内外不同学者形成了以自然平衡拱、压力拱为代表的掩护"拱"假说，以悬臂梁、预生裂隙梁为代表的掩护"梁"假说，以及铰接岩块假说等早期假说和模型，用于解释开采过程中出现的矿山压力现象。到 20 世纪 70 年代，我国学者开始矿山岩层运动的研究，并逐步形成了有重要国际影响力的传递岩梁理论和砌体梁理论。代表性的理论和假说大致可以归为以下几类。

1）掩护"拱"假说

该假说的基本观点是：①采动形成的工作空间是在一种"拱"形结构的掩护之下；②"拱"结构承担上覆岩层的重量，通过拱脚传递到煤层及岩体上的压力及由此在煤岩体中形成的应力，是煤层及岩层破坏的原因，也是"拱"结构自身向外扩展的条件；③回采工作面空间的支护仅承受拱内已破坏岩层的重量，支架在"拱"结构所圈定的破碎岩石荷重下工作，即在一定的荷载条件下工作，支架上显现的压力大小与支架本身的力学特性无关。根据对拱的性质及形成条件的不同解释，其又可以分为自然平衡拱假说和压力拱假说。但该假说所描绘的岩石运动和破坏规律与客观实际不符，没有正确地揭示回采工作面支架与围岩间的力学关系，无法直接用以进行回采工作面支架定量计算。

2）掩护"梁"假说

该假说的主要观点有：①回采工作面是在一系列"梁"的掩护之下的，这些梁在垮落前能将自身的重量传递至前后两端的支撑岩体上，从而形成支承压力；②"梁"的破坏和沉降是回采工作面支架上压力显现的根源；③支架可能在已破坏的岩石重力所"给定"的"一定荷载条件下"工作，也可能在由岩梁沉降所决定的"一定变形条件下"工作，即支架存在着"给定荷载"和"给定变形"两种工作状态；④支架的阻抗力（支架反力）相对于岩层压力是微不足道的，因此不可能对顶板下沉量产生影响。其中有代表性的假说主要有"悬臂梁"假说和"预生裂隙梁"假说。这类假说与"拱"假说相比，在解释回采工作面支架上压力显现的规律方面有了重要的发展，但同样没能够正确地回答回采工作面支架需要控制的岩层范围问题，因此同样无法直接用于回采工作面矿压控制的定量计算。

3）铰接岩块假说

该假说由苏联学者 T.H.库兹涅佐夫提出，该假说认为：用垮落法控制顶板的回采工作面，支架上的压力显现是由两部分岩层的运动所决定的，这两部分岩层分别为已垮落的岩层和呈铰接状态的岩层。针对这两部分岩层的运动，回采工作面支架有可能在"给定荷载"和"给定变形"两种条件下工作。该假说比较深入地揭示了回采工作面上覆岩层的发展状况，相当深入地研究与揭示了回采工作面支架与围岩间的部分关系，为回采工作面顶板控制设计提供了重要依据，但未能确定出呈铰接状态的基本顶形成的条件和具体的范围，未能更全面地研究和揭示支架与这部分岩梁运动间的关系，因此未能将回采工作面顶板控制设计提高到科学定量的高度。

4) 砌体梁结构力学模型与关键层理论

20 世纪 70～80 年代，以中国矿业大学钱鸣高院士为代表的研究人员提出了上覆岩层开采后呈砌体梁式平衡的结构力学模型，即砌体梁假说。该假说认为，在基本顶岩梁达到断裂步距之后，随着工作面的继续推进，岩梁将会折断，但断裂后的岩块由于排列整齐，在相互回转时形成挤压，由于岩块间的水平力以及相互间形成的摩擦力作用，在一定条件下能够形成外表似梁实则为半拱的结构，称为砌体梁，如图 1-5 所示。采动后岩体内形成的砌体梁力学模型是一个大结构，其中影响回采工作面顶板控制的主要是岩层移动中形成离层区附近的关键岩块，并给出了砌体梁关键岩块的滑落和回转变形稳定条件。

20 世纪末，钱鸣高院士、缪谢兴教授等在砌体梁的基础上进一步提出了关键层理论，关键层定义可表述为：在回采工作面上覆岩层部分或直至地表的全部岩层活动中起控制作用的岩层。关键层的断裂将导致全部或相当部分的上覆岩层产生整体运动，其断裂步距为全部或部分上覆岩层的断裂步距，其断裂将引起明显的岩层运动和矿压显现。

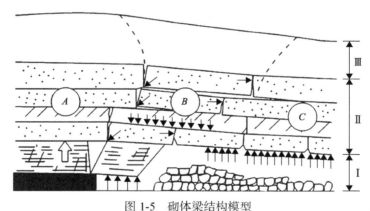

图 1-5 砌体梁结构模型

A-煤壁支撑区；B-离层区；C-重新压实区；Ⅰ-垮落带；Ⅱ-裂缝带；Ⅲ-弯曲下沉带

5) 以上覆岩层运动为中心的矿山压力理论

20 世纪 70～80 年代，山东科技大学宋振骐院士等建立了以上覆岩层运动为中心的矿山压力理论，即"传递岩梁"理论。其核心要点概述如下：①强调"矿山压力"与"矿山压力显现"两个基本概念间的区别与联系；②煤矿的回采工作面始终是处在不断推进和发展的过程中的；③影响回采工作面矿山压力显现的岩层范围是有限的、可知的和可以变化的，对回采工作面矿山压力显现有明显影响的岩层范围仅是上覆岩层中很小的一部分，包括"直接顶"和"基本顶"两部分；④研究基本顶来压时刻的"支架-围岩"关系，采取"给定荷载"的工作方式控制直接顶，即必须考虑直接顶的作用力全部由支架承担，而对于基本顶岩梁的控制，则采取"给定变形"和"限定变形"两种工作方式(图 1-6)。

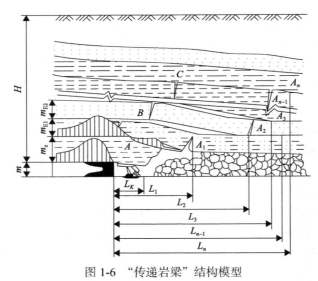

图 1-6　"传递岩梁"结构模型

m_z-直接顶厚度；m_{E1}-基本顶第一岩梁；m_{E2}-基本顶第二岩梁；L_i-第 i 层传递岩梁的跨度；H-采高；m-煤层厚度

6）薄板理论

该理论是把断裂前的基本顶视为"板"，设法借助弹性力学中的薄板理论，结合煤矿开采中的工程实际建立力学模型进行定量分析，利用理论计算方法定量地确定顶板岩层的来压步距和来压强度，对研究采场矿压显现具有重要意义。根据薄板理论，基本顶的边界条件包括四周固支、三边固支一边简支、两边固支两边简支和一边固支三边简支等，求解这些板所处的应力状态是一个比较复杂的过程，解析解答公式往往非常复杂，直接用于指导顶板控制设计时部分参数难以给出精确数值。由于解决采矿问题所要求的精度不高，只求在宏观上说明一些问题，因而很多学者采用板的 Maccus 简算法，即视"板"为分条的梁，来开展相关研究，前述掩护梁、砌体梁、传递岩梁等模型或假说均属于这一类。

7）厚板理论

该理论在对采空区顶板的稳定性进行分析时，将整个基本顶视为一个整体，将层状顶板岩层视为由基岩和定向结构面构成的一种宏观复合材料，以广泛的厚板理论作为理论基础，对研究采空区顶板稳定性具有重要意义。与薄板理论相比，厚板理论考虑了横向剪力对变形的影响等，因此对板类模型问题的研究起到了完善作用，但该理论涉及的未知参数众多，解答更为复杂，目前在矿山领域的研究尚不成熟，应用较少。

1.3.2　矿山岩层控制技术及装备

1）回采工作面岩层控制技术及装备

回采工作面岩层控制的基本手段是采用支架对工作面顶板进行支护，由于工作面上覆岩层大结构运动难以抵抗，回采工作面支架必须具备以下两个特性：一是具备一定的可缩性，二是具有良好的支撑能力。20 世纪 50 年代前，在国内外煤矿生产中，回采工作面普遍采用木支柱、木顶梁或金属摩擦支柱、铰接梁来支护顶板。50 年代后，英国率先发明了垛式支架，法国在此基础上研制了节式支架。垛式支架和节式支架自出现以后直接替代了较为落后的金属支架及木支架，掀起了采煤支护设备的一场革命。自 50 年代末，苏联研发出了煤矿中应用最为广泛的液压支架，特别是掩护式液压支架的研发，明显促进了液压支架行业的发展。

我国从 20 世纪 60 年代开始液压支架的自主研制工作，70 年代从英国、德国、波兰和苏联等国家引进数十套液压支架，通过消化吸收国外先进技术，到 80 年代以后我国液压支架的研制和应用得到较快发展。90 年代中期开始，我国液压支架进入了快速发展阶段，全国综采工作面数量大幅度增加，液压支架的性能、参数、可靠性有了明显提高，架型不断丰富。随着国内高端液压支架需求量的不断增加和液压支架国产化进程的发展，国内液压支架进入高速发展阶段，郑州煤矿机械厂等厂家先后生产出了 5.5m、6m、7m、8.8m 高端液压支架（图 1-7），使国内液压支架的设计和制造赶超国际先进水平。该装备可以有效地提高厚煤层的采出率，实现安全高效回采。

针对不同类型煤层及顶底板条件，研发出支撑式、掩护式、支撑掩护式等不同类型的液压支架，以及针对放顶煤开采的高位、中位和低位放顶煤支架。针对四柱式液压支架存在的前后排立柱受力不均衡问题，我国创新研制出两柱掩护式放顶煤液压支架（图 1-8），不仅支护能力强，有利于保持梁端顶板的完整，减少超前压力作用造成的片帮和冒顶；而且与围岩的相互作用关系更合理，支架的支护能力能充分发挥。

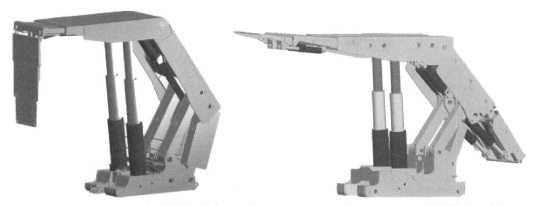

图 1-7　ZY17000/32/70 型大采高液压支架　　图 1-8　ZY8500/21/42 两柱掩护式放顶煤液压支架

近年来，随着计算机、自动控制技术的发展，液压支架电液控制系统也随之迅速发展起来。液压支架电液控制系统集机械、液压、电子、计算机和通迅网络等技术于一身，技术含量高、难度大，是目前液压支架最先进的控制方式。该系统能自动监测和自动补强支撑力，自动跟机移架，大幅提高了液压支架的支护质量。

2) 回采巷道围岩控制技术及装备

回采巷道围岩控制的基本手段是采用锚杆(索)对围岩进行支护，由于回采巷道围岩经受采动影响，围岩变形及破坏往往较严重，锚杆(索)必须具备以下两个特性：一是能有效地抑制围岩变形，二是能与围岩变形相互协调，减少支架损坏和改善巷道维护。锚杆支护技术用于矿山支护领域已有 100 多年的历史。1872 年英国北威尔士露天页岩矿首次应用锚杆加固边坡；1912 年德国谢列兹矿最先在井下巷道采用锚杆支护；1918 年锚索支护技术被用于煤矿巷道支护，以后锚杆(索)支护技术在矿山井下巷道中的应用范围逐步扩大；1934 年阿尔及利亚首次采用预应力锚杆作为抗倾覆锚固。近年来，国外锚杆支护技术以澳大利亚、美国发展最为迅速，两国矿山支护工程中应用锚杆支护的比重已接近 100%，其技术水平居于世界前列。

我国研究锚杆支护较晚，由于当时的锚杆支护理论还不完备，设计方法、监控手段等条件也不完善，导致研究初期锚杆支护发展较慢，其主要发展历程可大致分为三个阶段：首先是 20 世纪 50～60 年代，采矿巷道工程中大量采用钢丝绳水泥砂浆锚杆支护，但该锚杆结构中没有托板(盘)，因此只能起到悬吊作用，属于被动承载，无法改善围岩的力学性能；其次是 20 世纪 70～80 年代，锚杆支护技术有了长足的进步，进入了组合锚杆支护阶段，这一阶段以钢带网和锚梁网为代表，在矿山巷道支护领域中获得了广泛应用；近年来，锚杆支护技术逐步进入了高强度预应力锚杆体系阶段，随着以地应力为基础的锚杆支护设计方法逐渐趋于成熟，"三高一低"等创新支护理论及多种高强度、高刚度、大变形、全长锚固、NPR 材料等新型锚杆(索)被大量应用于工程建设，成为这一阶段的标志，为我国回采巷道围岩控制提供了支撑。同时，随着锚杆支护技术的发展，人们逐步认识到预紧力在锚杆支护中的决定性作用，锚杆对围岩强度的强化作用，锚杆对围岩结构面离层、滑动、节理裂隙张开等扩容变形的约束作用，以及保持巷道围岩完整性的重要性，是锚杆支护理论和技术的重要发展(图 1-9)。

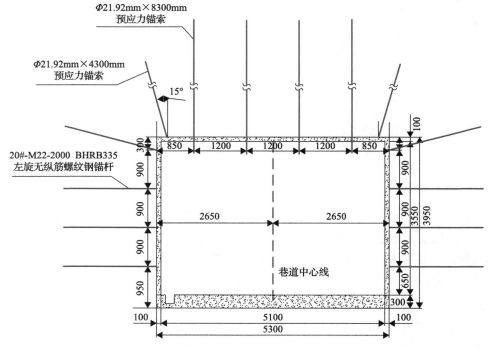

图 1-9　某煤矿井下巷道支护断面图(单位：mm)

由于矿山开采地质条件复杂多变,特别是深部、地质构造带、无煤柱开采等条件下,仅采用锚杆(索)支护技术有时难以保证围岩安全,或即使能够保障安全但支护成本很高,因此国内外学者和工程技术人员还提出了卸压、可缩性支架等支护技术,与锚杆(索)支护配合使用。常用的卸压技术有预留巷道断面、钻孔卸压、切缝、切顶卸压、开卸压槽、开卸压巷及留卸压煤柱等,解决了不少巷道的支护问题,但多未重视卸压程度与围岩稳定及支护结构的相互作用关系。如预留巷道断面属于被动卸压,预留变形空间大小没有明确的依据;钻孔卸压、切缝、开卸压槽等技术应用时,理论设计与现场工程实际多存在较大偏差。可缩性支架按结构形式可分为拱形、环形及梯形支架等,在煤矿大巷、石门及上下山等服务年限较长的巷道中多有应用,部分如断层破碎带附近、三软煤层等复杂条件的回采巷道,也常作为主要支护手段之一。

3) 动力灾害防控技术及装备

冲击地压是煤炭开采过程中出现的典型动力灾害之一,也是一种特殊的矿山压力显现形式。1783 年,英国在世界上首先报道了煤矿中所发生的冲击地压现象,以后在苏联、南非、德国、美国、加拿大、波兰等 20 多个国家和地区的煤矿均受到冲击地压灾害的威胁。我国最早记录的冲击地压是 1933 年发生在抚顺胜利煤矿,随后在全国主要采煤矿区均发生过冲击地压事故。特别是近年来,随着开采深度增加及开采条件更为复杂,冲击地压灾害更为严重,成为制约深部煤矿安全开采的主要瓶颈之一。由于冲击地压发生的时间、地点、区域、震源等具有不确定性,冲击地压的防控极为困难。20 世纪 60 年代,波兰开始开展冲击地压研究与防治工作,并大力倡导煤层冲击倾向实验室测定和井下测定。1976 年,苏联基本上形成了一套防治冲击地压的组织管理系统并制定了有关的技术规程。同一时期,德国研发的钻孔卸载法和钻屑法等,在国际上享有较高声誉。

我国冲击地压的防治方法与技术发展比较缓慢,从 1933 年抚顺胜利煤矿发生冲击地压开始到改革开放期间,冲击地压现象及其发生机理并没有被人们所认识。20 世纪 80~90 年代,我国冲击地压防控技术相对有所提升,主要有煤层注水、卸载爆破、宽巷掘进等,但冲击地压防治工作仍然处于被动状态。进入 21 世纪,通过消化吸收国外先进技术,冲击地压防治方法与技术有了大幅度进步,并随着对冲击地压发生机制及围岩-支护相互作用的深入认识,开发了一些新的防治技术及装备。主要可概括为三类:一是采取合理的开拓布置和开采方式,包括解放层开采、无煤柱开采、合理开采顺序、宽巷掘进、预掘卸压巷等;二是对具有冲击危险的区域进行卸压解危,包括顶板深孔爆破、大直径钻孔卸压、煤层卸载爆破、煤层高压注水、断顶爆破、底板切槽法等;三是主动、被动支护相结合,刚性、柔性支护相搭配的支护方法,即增大支护强度或改善支护方式提高支护体抵抗冲击能力。

吸能防冲支护是近年来针对冲击地压灾害的主要支护手段,是利用一系列让位吸能构件、多级并联大流量卸压阀、让位吸能防冲支架和防冲垛式支架等,实现整体支护结构对围岩冲击的快速让位吸能过程,从而避免支护体与围岩系统失稳破坏。当前性能较为先进的防冲支护装备包括强力吸能锚网索、吸能 O 型棚、门式吸能液压支架等,大幅度降低了冲击地压灾害发生时的破坏性(图 1-10)。

图 1-10　某巷道吸能 O 型棚支护效果图

1.3.3　尚未解决的理论与技术难题

在当今煤炭开采的大背景下，深部开采、智能化无人开采和绿色开采已经成为保证矿产资源可持续高效开采的三大主题，尽管国内外学者针对上述主题已开展了大量的研究工作，使得矿山岩层控制的理论与假说不断被健全和完善，并研发了新的矿山岩层控制技术与装备，极大地推动了矿山岩层控制学科的进步，但依旧存在一些尚未解决的理论与技术难题，主要包括以下几个方面。

1）深部采动空间复杂困难条件下岩层控制理论与技术不成熟

由于深部岩体典型"三高"赋存环境的本真属性及资源开采"强扰动"和"强时效"的附加属性，深部高能级、大体量的工程灾害频发，传统岩石力学和开采理论在深部适用性方面存在较大争议，深部采动空间复杂困难条件下岩层控制理论与技术亟须突破。主要表现在深部高强度开采覆岩运移与破坏机理不清晰、支架与围岩相互作用关系研究不完善、深部复杂条件高应力卸压控制技术不成熟以及煤岩体灾变全过程发生机理和时空演化规律不明确等方面。

2）深部动力灾害发生机理及预警防控技术和装备不完备

深地复杂的开采环境导致采动煤岩呈现出非线性、非均匀性的力学及物性属性，同时受到应力、渗流和温度等多物理化学场的耦合作用，冲击地压、煤与瓦斯突出等多种动力灾害和各类顶板灾害事故时常发生。目前，在深部采动多物理化学场耦合灾变机制以及深部动力灾害发生机理等方面的研究尚不完善，在动力灾害风险判识、监控预警关键技术和装备、典型动力灾害防控关键技术以及多尺度分源防冲技术与装备等研发与应用方面尚显不足。

3）智能岩层协调控制技术与矿产资源智能化开采技术体系不健全

智能岩层控制是智慧矿山及智能化开采的重要组成部分，是当前和今后一个时期岩层控制领域的重要发展方向之一。目前，在针对实现开采过程中的环境及设备运行数据的感知与汇集、动态分析与状态判别和实时决策控制与反馈等方面还存在较大的困难。

采动范围内整体效应、参数融合不足，对岩层介质变化的规律及判断未形成统一标准，数据和信息孤岛问题、异构多源多模态数据融合问题、判识标准滞后等是目前必须解决的问题。此外，在将云计算、大数据、5G、物联网等新一代信息技术与开采全过程岩层运移与控制深度融合方面仍处于初步阶段，这都为实现矿产资源智能化开采带来了很大的阻碍。

4) 井下灾害智能预警防控技术与装备不系统

智能预警防控技术与装备的研发对于建设友好、安全的资源开采环境，实现科学、精准的矿产资源开发利用具有十分重要的意义。目前，在构建采动灾害智能监测与预警技术指标体系，实现资源开采灾害防控智能化、信息化监测方面还有较大的不足，如"透明工作面"构建、工作面灾害巡检机器人、煤矿远近场动静载作用下围岩智能应力控制技术、顶板钻切压综合一体化防控装备等还处于初步探索阶段。同时，实现采动灾害的实时预警、智能决策与控制，提升资源立体式全生命周期安全开采、灾害防控、自主修复水平，是实现资源安全高效开采的关键所在，这一方面在国内外已有研究中还有很多不足。

5) 煤矿充填采煤岩层控制基础理论与技术不完善

煤矿充填采煤既能够实现安全开采煤炭资源，又能够实现固体废物的资源化利用与处理，属于煤矿绿色开采的重要组成部分。目前，由于受到采煤与充填工艺的相互干扰以及充填工艺的不成熟，在煤矿充填采煤岩层控制基础理论与技术方面尚显不足。主要表现在复杂煤层条件下充填开采覆岩移动规律及变形特性不清晰，岩层移动和地表沉陷预计方法不成熟，资源采选充一体化工艺不完备，以及充填体、煤体和支架协同承载控顶机理研究不完善等方面。

6) 浅埋煤层保水开采岩层控制理念与技术不清晰

浅埋煤层保水开采就是要防止地下水位下降和地下水径流条件变化等引起的生态环境演变问题，这是生态环境良性循环的基础，同时也是实现煤矿绿色开采的重要方式，这一技术在我国西部典型的浅埋大煤田地区应用最为广泛。目前，由于受到地质条件、煤层赋存条件等的影响，保水开采面临着较多的困难，特别是对于浅埋煤层保水开采岩层控制理念与技术的研究还有很多不足。如不同含水层条件下煤层群岩层控制和安全开采理念不清晰、高强度采动影响下导水裂隙带高度准确预测不成熟、有效隔水层厚度预设和验证不明确、复杂条件下地下水库坝体长期稳定性原位监测评价技术及方法不完备以及煤层群重复采动条件下覆岩损伤和对含水层的影响机理与防控技术不完善等，极大地限制了浅埋煤层保水开采岩层控制的研究进展。

1.4　主要研究任务

根据国内外采矿工作者长期的理论和实践探索，特别是近70年来长壁开采的实践表明，矿山岩层控制研究的主要任务如下。

(1) 研究随回采工作面推进，在其周围煤层及岩层中重新分布的应力(包括应力大小及方向)及其变化规律,这是回采工作面矿山压力研究的重点。该应力的存在及其变化是煤岩体变形、破坏和位移的根源,也是回采工作面和周围巷道支护结构上压力显现的条件。

(2)研究回采工作面支架上显现的压力及其控制方法,包括压力来源、压力大小及与上覆岩层运动之间的关系、正确的控制设计方法等。

(3)研究在回采工作面周围不同部位开掘和维护巷道的矿山压力显现及其控制方法,包括不同时间开掘巷道压力的来源、巷道支架上显现的压力大小及其影响因素和支架-围岩运动之间的关系等。

(4)建立采动岩层运动和破坏的力学结构模型,从而对回采工作面顶板矿压、回采工作面突水、岩层移动及地表沉陷规律等进行系统描述。

(5)研究深部开采时回采工作面支承压力分布、岩层结构及运动特点、围岩大变形控制机制和动力灾害机理及控制等。

(6)研究应用智能开采、绿色开采等先进技术时,采掘工作面围岩变形破坏的新特征、新类型、以及岩层控制的新理论、新技术等。

在上述任务中,确定采掘空间的支护形式及所需的支护参数,是矿山岩层控制研究的主要目标;而研究造成已采空间周围岩层运动,特别是产生破坏的力,则是实现上述任务的基础和关键。围绕上述两方面的问题,国内外采矿工作者,特别是在生产现场进行工程实践的专家,经历了长期的奋斗,已经取得许多重要的成果。

2 岩体变形与破坏理论基础

2.1 岩体中的初始应力

2.1.1 初始应力的基本概念及其成因

2.1.1.1 初始应力的基本概念

地壳中没有受到人类工程活动(如矿井中开掘巷道等)影响的岩体称为原岩体,简称原岩。存在于地层中未受工程扰动的天然应力称为初始应力,也称为原岩应力、绝对应力或地应力。天然存在于原岩内而与人为因素无关的应力场称为初始应力场。

根据多年实测与理论分析,初始应力场是一个相对稳定的非稳定应力场。初始应力状态是岩体工程空间与时间的函数,但除少数构造活动带外,时间上的变化可以不予考虑。一般认为,岩体中的初始应力是各种作用和各种起源的力,主要是由岩体的自重和地质构造作用引起的,它与岩体的特性、裂隙的方向和分布密度、岩体的流变性以及断层、褶皱等构造形迹有关。此外影响初始应力状态的因素还有地形、地震力、水压力和热应力等。不过这些因素所产生的应力大多是次要的,只有在特定情况下才予以考虑。对岩体工程来讲,主要应考虑自重应力和构造应力,因此,初始应力可以认为是自重应力和构造应力叠加而成。

自重应力是指地壳上部各种岩体由于受到地心引力的作用而产生的应力,主要是由岩体自重引起的。自重应力在空间有规律的分布状态,称为自重应力场。而构造应力是指由地质构造作用产生的应力,即地壳中长期存在着一种促使构造运动发生和发展的内在力量。构造应力在空间有规律的分布状态,称为构造应力场。岩体中的初始应力状态与岩体稳定性关系极大,它不仅是决定岩体稳定性的重要因素,而且直接影响各类岩体工程的设计和施工。越来越多的研究表明,在岩体高应力区,地表和地下工程施工期间所进行的岩体开挖,常常能在岩体中引起一系列与开挖卸荷回弹和应力释放相联系的变形和破坏现象,使工程岩体失稳。因此,了解岩体初始应力状态具有十分重要的意义。

2.1.1.2 初始应力的成因

产生初始应力的原因是十分复杂的,也是至今尚不十分清楚的问题。多年的实测和理论分析表明,初始应力的形成主要与地球的各种动力运动过程有关,其中包括板块边界受压、地幔热对流、地球内应力、地心引力、地球旋转、岩浆侵入和地壳非均匀扩容等。另外,温度不均、水压梯度、地表剥蚀或其他物理化学变化等也可引起相应的应力场。其中,构造应力场和自重应力场为现今地应力场的主要组成部分。

1) 大陆板块边界受压引起的应力场

中国大陆板块受到外部两块板块(印度洋板块和太平洋板块)的推挤作用,推挤速度为每年数厘米,同时受到了西伯利亚板块和菲律宾板块的约束。在这样的边界条件下,板块发生变形,产生水平受压应力场。印度洋板块和太平洋板块的移动促成了中国山脉的形成,控制了我国地震的分布。

2) 地幔热对流引起的应力场

由镁质组成的地幔因温度很高,具有可塑性,并可以上下对流和蠕动。当地幔深处的上升流到达地幔顶部时,就分为两股方向相反的平流,经一定流程直到与另一对流圈的反向平流相遇,一起转为下降流,回到地球深处,形成一个封闭的循环体系。地幔热对流引起地壳下面的水平切向应力,在亚洲形成由孟加拉湾一直延伸到贝加尔湖的最低重力槽,它是一个有拉伸特点的带状区。我国从西昌、攀枝花到昆明的裂谷正位于这一地区,该裂谷区有一个以西藏中部为中心的上升流的大对流环。在华北-山西地堑有一个下降流,由于地幔物质的下降,引起很大的水平挤压应力。

3) 由地心引力引起的应力场

由地心引力引起的应力场称为重力应力场,重力应力场是各种应力场中唯一能够计算的应力场。地壳中任一点的自重应力等于单位面积上覆岩层的重量。重力应力为垂直方向应力,它是地壳中所有各点垂直应力的主要组成部分,但是垂直应力一般并不完全等于自重应力,因为板块移动、岩浆对流和侵入、岩体非均匀扩容、温度不均和水压梯度均会引起垂直方向应力变化。

4) 岩浆侵入引起的应力场

岩浆侵入挤压、冷凝收缩和成岩,均在周围地层中产生相应的应力场,其过程也是相当复杂的。熔融状态的岩浆处于静水压力状态,对其周围施加的是各个方向相等的均匀压力,但是炽热的岩浆侵入后即逐渐冷凝收缩,并从接触界面处逐渐向内部发展。不同的热膨胀系数及热力学过程会使侵入岩浆自身及其周围岩体应力产生复杂的变化过程。与上述三种应力场不同,由岩浆侵入引起的应力场是一种局部应力场。

5) 地温梯度引起的应力场

地层温度随着深度增加而升高,一般温度梯度为3℃/100m。由于温度梯度引起地层中不同深度处产生不同程度的膨胀,从而引起地层的压应力,其值可达相同深度自重应力的数分之一。另外,岩体局部寒热不均,产生收缩和膨胀,也会导致岩体内部产生局部应力场。

6) 地表剥蚀产生的应力场

地壳上升部分岩体因为风化、侵蚀和雨水冲刷搬运而产生剥蚀作用。剥蚀后,岩体内颗粒结构的变化和应力松弛赶不上这种变化,导致岩体内仍然存在着比由地层厚度所引起的自重应力还要大得多的水平应力。因此,在某些地区,大的水平应力除与构造应力有关外,还与地表剥蚀有关。

2.1.2 初始应力分布规律

通过理论研究、地质调查和大量的地应力测量资料,初始应力分布的主要规律归纳如下。

(1)初始应力场是一个具有相对稳定性的非稳定应力场,是时间和空间的函数。地应力在绝大部分地区是以水平应力为主的三向不等压应力场。三个主应力的大小和方向是随着空间和时间而变化的,因而它是一个非稳定的应力场。地应力在空间上的变化从小范围来看是很明显的,从某一点到相距数十米外的另一点,地应力的大小和方向也可能是不同的。但就某个地区整体而言,地应力变化不大。如我国的华北地区,地应力场的主导方向为北西到近于东西的主压应力。

在某些地震活动活跃的地区,地应力的大小和方向随时间的变化是很明显的,在地震前,处于应力积累阶段,应力值不断升高;当地震时,之前积累的应力得到释放,应力值突然大幅度下降。主应力方向在地震发生时会发生明显改变,在震后一段时间又会恢复到震前的状态。

(2)实测垂直应力基本上等于上覆岩层重量。全世界有关实测垂直应力的统计资料表明,在深度为 25~2700m 范围内,垂直应力呈线性增长,大致相当于按平均容重 γ 等于 27kN/m^3 计算出来的自重应力 γH。但在某些地区的测量结果有一定的偏差,该偏差除有一部分可能归结于测量误差外,板块移动、岩浆对流和侵入、扩容、不均匀膨胀等也都可能引起垂直应力的异常。

(3)水平应力普遍大于垂直应力。根据国内外实测资料统计,大部分地区均有两个主应力位于水平或接近水平的平面内,其与水平面的夹角一般不大于 30°。最大水平主应力多数大于垂直应力,两者比值一般为 0.5~5.5,很多情况下比值大于 2。最大水平主应力和最小水平主应力的平均值 σ_{hav} 与垂直应力 σ_v 的比值一般仍为 0.5~5.5,大部分在 0.8~1.5。这说明在浅层地壳中平均水平应力也普遍大于垂直应力,垂直应力在多数情况下为最小主应力,在少数情况下为中间主应力,只有个别情况下为最大主应力。这是由于构造应力主要为水平应力。

(4)平均水平应力 σ_{hav} 与垂直应力 σ_v 的比值随深度的增加而减小。平均水平应力与垂直应力的比值是表征地区初始应力场特征的指标,该值随着深度 H 的增加而减小。但在不同地区,变化的速度并不相同。霍克(Hoek)和布朗(Brown)用回归法得出下列公式,表示比值的变化范围:

$$\frac{100}{H} + 0.3 \leqslant \frac{\sigma_{hav}}{\sigma_v} \leqslant \frac{1500}{H} + 0.5 \tag{2-1}$$

在深度不大的情况下,σ_{hav}/σ_v 的值相当分散,随着深度的增加,该值的变化范围逐渐缩小,并向 1.0 附近集中,这说明在地壳深部有可能出现静水压力状态。

(5)最小水平主应力和最大水平主应力一般相差较大,显示出很强的方向性。$\sigma_{hmin}/\sigma_{hmax}$ 一般为 0.2~0.8,大多数情况下为 0.4~0.8。世界部分国家和地区两个水平主应力比值统计表见表 2-1。

表 2-1　世界部分国家和地区两个水平主应力比值统计表

实测地点	统计数目	$\sigma_{hmin} / \sigma_{hmax}$				合计
		1～0.75	0.75～0.50	0.50～0.25	0.25～0	
斯堪的纳维亚等地	51	14%	67%	13%	6%	100%
北美	222	22%	46%	23%	9%	100%
中国	25	12%	56%	24%	8%	100%
中国华北地区	18	6%	61%	22%	11%	100%

2.1.3　初始应力估算方法

岩体中初始应力是岩体工程设计和工程地质问题评价的一个重要指标。岩体中的初始应力一般需用实测方法来确定。但是，岩体应力测量费用昂贵，一般中小型工程或在可行性研究阶段，初始应力的测量不可能进行。因此，在无实测资料的情况下，如何根据岩体地质构造条件和演化历史来估算岩体中初始应力，就成为岩体力学和工程地质工作者的一个重要任务。据前所述，重力应力是各种初始应力中唯一能够计算的应力，并且是初始应力的主要组成部分之一，因此此处仅计算重力应力，用来近似表示初始应力。

2.1.3.1　垂直初始应力估算

在地形比较平坦、未经过强烈构造变动的岩体中，初始主应力方向可视为近垂直和水平。这一结论的证据是：①岩体中发育有倾角为 60° 左右的正断层，而正断层形成时的应力状态是垂直方向为最大主应力，水平方向作用有最小主应力[图 2-1(a)]；②岩体中有倾角为 30° 左右的逆断层存在，逆断层形成时的应力状态是垂直方向为最小主应力，水平方向作用有最大主应力[图 2-1(b)]。

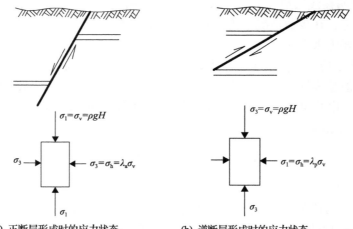

(a) 正断层形成时的应力状态　　　　(b) 逆断层形成时的应力状态

图 2-1　断层形成时的应力状态

λ_a-正断层形成的初始应力比值系数；λ_p-逆断层形成的初始应力比值系数

在这种条件下，垂直初始应力 σ_v 等于上覆岩体的自重，即

$$\sigma_v = \rho g H \tag{2-2}$$

式中，ρ 为岩体密度，g/cm^3；g 为重力加速度，9.8m/s^2；H 为深度，m。

这种垂直应力的估算方法不适用于下列情况。

(1)不适用于沟谷附近的岩体。因为沟谷附近的斜坡上，最大主应力 σ_1 平行于斜坡坡面，而最小主应力 σ_3 垂直于坡面，且在斜坡表面上，其 σ_3 值为零。

(2)不适用于经强烈构造变动的岩体。如在褶皱强烈的岩体中，由于组成背斜岩体中的应力传递转嫁给向斜岩体。所以，背斜岩体中垂直应力 σ_v 常比岩体自重要小，甚至出现 σ_v 等于零的情况。而在向斜岩体中，尤其在向斜核部，其垂直应力常比按自重计算的值大 60%左右，这已被实测资料所证实。

2.1.3.2 水平初始应力估算

岩体中初始水平应力与垂直应力之比定义为初始应力比值系数，用 λ 表示。如果已知 λ 值，而垂直初始应力可以由 $\sigma_v=\rho g H$ 估算出，则水平初始应力 $\sigma_h = \lambda \sigma_v$。所以水平初始应力的估算，实际上就是确定 λ 值问题。

初始应力比值系数 λ 与岩体的地质构造条件有关。在未经过强烈构造变动的新近沉积岩体中，初始应力比值系数 λ 为

$$\lambda = \mu / (1 - \mu) \tag{2-3}$$

式中，μ 为岩体的泊松比。

在经历多次构造运动的岩体中，由于岩体经历了多次卸载、加载作用，因此 $\lambda=\mu/(1-\mu)$ 不适用。下面讨论几种简单的情况。

1)隆起、剥蚀卸载作用对 λ 值的影响

如图 2-2 所示，假设在经受隆起剥蚀岩体中，遭剥蚀前距地面深度为 H_0 的一点 A，初始应力比值系数 λ_0 为

$$\lambda_0 = \sigma_{h_0}/\sigma_{v_0} = \sigma_{h_0}/(\rho g H_0) \tag{2-4}$$

经地质历史分析，由于该岩体隆起，遭受剥蚀去掉的厚度为 ΔH，则剥蚀造成的卸载值为 $\rho g \Delta H$，即隆起剥蚀使岩体中 A 点的垂直初始应力减少了 $\rho g \Delta H$。因此，相应地，A 点的水平初始应力也减少了 $\mu/(1-\mu)\rho g \Delta H$，则岩体剥去 ΔH 以后，A 点的水平初始应力为

$$\sigma_h = \sigma_{h_0} - \frac{\mu}{1-\mu}\rho g \Delta H = \rho g\left(\lambda_0 H_0 - \Delta H \frac{\mu}{1-\mu}\right) \tag{2-5}$$

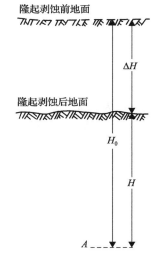

图 2-2 隆起、剥蚀卸载作用对 λ 值的影响

剥蚀后的垂直初始应力为

$$\sigma_v = \sigma_{v_0} - \rho g \Delta H = \rho g (H - \Delta H) \tag{2-6}$$

则剥蚀后 A 点的初始应力比值系数 λ 为

$$\lambda = \frac{\sigma_h}{\sigma_v} = \frac{\lambda_0 H_0 - \Delta H \dfrac{\mu}{1-\mu}}{H_0 - \Delta H} \tag{2-7}$$

令 $Z = Z_0 - \Delta H$ 为剥蚀后 A 点所处的实际深度，则

$$\lambda = \lambda_0 + \left(\lambda_0 - \frac{\mu}{1-\mu} \right) \frac{\Delta H}{H} \tag{2-8}$$

由式(2-8)可知：①岩体隆起剥蚀作用的结果，使岩体中初始应力比值系数增大了；②如果在地质历史时期中，岩体遭受长期剥蚀且其剥蚀厚度达到某一临界值以后，则会出现 $\lambda > 1$ 的情况。大量的实测资料也表明，在地表附近的岩体中，常出现 $\lambda > 1$ 的情况，说明了这一结论的可靠性。

2) 断层作用对 λ 值的影响

在地壳表层岩体中，常发育有正断层和逆断层。正断层形成时的应力状态是：σ_1 为垂直，σ_3 为水平[图 2-1(a)]，因此，

$$\sigma_1 = \sigma_v = \rho g H$$
$$\sigma_3 = \sigma_h = \lambda_a \rho g H$$

式中，λ_a 为正断层形成的初始应力比值系数。

由库仑强度准则可知，正断层形成时的破坏主应力与岩体强度参数的关系为

$$\sigma_1 = \sigma_c + \sigma_3 \tan^2(45° + \varphi/2)$$

即

$$\rho g H = \sigma_c + \lambda_a \rho g H \tan^2(45° + \varphi/2)$$

式中，σ_c 为岩体抗压强度；φ 为岩体内摩擦角。

因此，正断层形成的初始应力比值系数 λ_a 为

$$\lambda_a = \cot^2(45° + \varphi/2) - \left[\frac{\sigma_c}{\rho g} \cot^2(45° + \varphi/2) \right] \frac{1}{H} \tag{2-9}$$

逆断层形成时的应力状态为：最小主应力 σ_3 为垂直，最大主应力 σ_1 为水平[图 2-1(b)]，即

$$\sigma_3 = \sigma_v = \rho g H$$
$$\sigma_1 = \sigma_h = \lambda_p \rho g H$$

同理可得逆断层形成时的初始应力比值系数 λ_p 为

$$\lambda_p = \tan^2(45° + \varphi/2) + \left(\frac{\sigma_c}{\rho g}\right)\frac{1}{H} \tag{2-10}$$

由上述分析可知，λ_a 和 λ_p 是岩体中初始应力比值系数的两种极端情况。一般认为初始应力比值系数 λ 是介于两者之间，即

$$\lambda_a \leqslant \lambda \leqslant \lambda_p \tag{2-11}$$

把这一理论估算得出的结论，与霍克-布朗根据全球实测结果得出的平均初始应力比值系数随深度变化的经验关系相比，两者的形式极为一致，即初始应力比值系数与深度成反比。

2.2 岩体强度理论与破坏判据

2.2.1 岩体强度理论

岩体强度理论是研究在一定的假说条件下岩石在各种应力状态下强度准则的理论。强度准则又称破坏判据，它表征岩石在极限应力状态下(破坏条件)的应力状态和岩石强度参数之间的关系，一般可以表示为极限应力状态下的主应力间的关系方程，即

$$\sigma_1 = f(\sigma_2, \sigma_3) \tag{2-12}$$

或者表示为极限平衡状态截面上的剪应力 τ 和正应力 σ 的关系方程：

$$\tau = f(\sigma) \tag{2-13}$$

在上述方程中包含岩石的强度参数。

国内外学者先后提出了多种岩石强度理论，如最大正应力强度理论、最大正应变强度理论、最大剪应力强度理论、莫尔-库仑强度准则、格里菲斯强度理论、八面体应力强度理论、霍克-布朗破坏经验判据、库仑-纳维破坏经验判据、德鲁克-普拉格准则等，获得了较为广泛的应用。但实际的工程岩体处于相当复杂的应力状态，由于对这种复杂状态下的岩石性状研究尚不够充分，所以任一强度理论均不能无条件地应用于岩石的各种变形与破坏。下面介绍几种常用的强度理论。

2.2.1.1 库仑强度准则

库仑强度准则源自 1773 年法国科学家库仑(Coulomb)提出的"摩擦"准则。他认为，岩石的破坏主要是剪切破坏，岩石的抗剪强度即抗摩擦强度等于岩石本身抗剪切摩擦的黏聚力与剪切面上法向应力产生的摩擦力之和。平面中的库仑强度准则，如图 2-3 所示，可用式(2-14)表示：

$$|\tau| = c + \sigma \tan\varphi \tag{2-14}$$

式中，τ 为剪切面上的抗剪切强度；σ 为剪切面上的正应力；c 为黏聚力；φ 为内摩擦角。

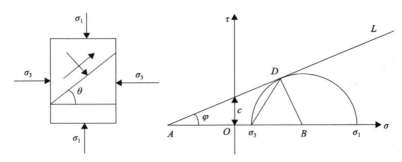

图 2-3　σ-τ 坐标系下库仑强度准则

库仑强度准则可以用莫尔应力圆直观地图解表示。如图 2-3 所示，式(2-14)确定的准则由直线 AL（通常称为强度曲线）表示，其斜率为 $f=\tan\varphi$，且在轴上的截距为 c。在图 2-3 所示的应力状态下，某平面上的应力 σ 和 τ 由主应力 σ_1 和 σ_3 确定的莫尔应力圆所决定。如果莫尔应力圆上的点落在强度曲线 AL 之下，则说明该点表示的应力还没有达到材料的强度值，故材料不发生破坏；如果莫尔应力圆上的点超出了上述区域，则说明该点表示的应力已超过了材料的强度并发生破坏；如果莫尔应力圆上的点正好与强度曲线 AL 相切（图中 D 点），则说明材料处于极限平衡状态，岩石所产生的剪切破坏将可能在该点所对应的平面（剪切面）上发生。若规定最大主应力方向与剪切面（指其法线方向）间的夹角为 θ（称为岩石破裂角），则由图 2-3 可得

$$2\theta = \frac{\pi}{2} + \varphi \tag{2-15}$$

故：

$$\frac{1}{2}(\sigma_1 - \sigma_3) = \left[c\cot\varphi + \frac{1}{2}(\sigma_1 + \sigma_3) \right]\sin\varphi$$

若用平均应力 σ_m 和最大剪应力 τ_m 表示，式(2-15)变为

$$\tau_\mathrm{m} = \sigma_\mathrm{m}\sin\varphi + c\cos\varphi \tag{2-16}$$

其中，$\tau_\mathrm{m} = \frac{1}{2}(\sigma_1 - \sigma_3)$，$\sigma_\mathrm{m} = \frac{1}{2}(\sigma_1 + \sigma_3)$。

式(2-16)是 σ-τ 坐标系中由平均应力和最大剪应力给出的库仑强度准则。另外，由图 2-3 可得

$$\sin\varphi = \frac{\sigma_1 - \sigma_3}{\sigma_1 + \sigma_3 + 2c\cot\varphi} \tag{2-17}$$

若取 $\sigma_3=0$，则极限应力 σ_1 为岩石单轴抗压强度 σ_c，则有

$$\sigma_{\mathrm{c}} = \frac{2c\cos\varphi}{1-\sin\varphi} \tag{2-18}$$

利用三角恒等式，有

$$\frac{1+\sin\varphi}{1-\sin\varphi} = \cot^2\left(\frac{\pi}{4}-\frac{\varphi}{2}\right) = \tan^2\left(\frac{\pi}{4}+\frac{\varphi}{2}\right)$$

结合式(2-15)可得

$$\frac{1+\sin\varphi}{1-\sin\varphi} = \tan^2\theta \tag{2-19}$$

将式(2-18)和式(2-19)代入式(2-17)得

$$\sigma_1 = \sigma_3\tan^2\theta + \sigma_{\mathrm{c}} \tag{2-20}$$

式(2-20)是由主应力、岩石破裂角和岩石单轴抗压强度给出的在 σ_3-σ_1 坐标系中的库仑强度准则表达式(图 2-4)，这里还要指出的是，在式(2-17)中，不能以令 $\sigma_1=0$ 的方式去直接确定岩石抗拉强度与黏聚力和内摩擦角之间的关系。

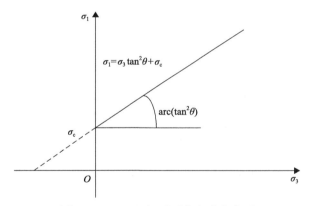

图 2-4　σ_3-σ_1 坐标系下库仑强度准则

下面接着讨论 σ_1-σ_3 坐标系中库仑强度准则的完整强度曲线。如图 2-3 所示，极限应力条件下剪切面上正应力 σ 和剪力 τ 可用主应力 σ_1 和 σ_3 表示为

$$\begin{cases} \sigma = \dfrac{1}{2}(\sigma_1+\sigma_3) + \dfrac{1}{2}(\sigma_1-\sigma_3)\cos 2\theta \\ \tau = \dfrac{1}{2}(\sigma_1-\sigma_3)\sin 2\theta \end{cases} \tag{2-21}$$

由式(2-14)，并取 $f=\tan\varphi$，得

$$|\tau| - \sigma f = \frac{1}{2}(\sigma_1-\sigma_3)(\sin 2\theta - f\cos 2\theta) - \frac{1}{2}f(\sigma+\sigma_3) \tag{2-22}$$

由式(2-22)对 θ 求导，可得极值 $\tan 2\theta = -1/f$ ，分析可知，2θ 值在 $\pi/2 \sim \pi$ 之间，并有 $\sin 2\theta = 1/\sqrt{f^2+1}$ ，$\cos 2\theta = -f/\sqrt{f^2+1}$ ，由此给出 $|\tau| - \sigma f$ 的最大值，即

$$(|\tau| - \sigma f)_{\max} = \frac{1}{2}(\sigma_1 - \sigma_3)\sqrt{f^2+1} - \frac{1}{2}(\sigma_1 + \sigma_3) \tag{2-23}$$

根据式(2-14)，如果式(2-23)小于 c ，不会发生破坏；如果式(2-23)等于(或大于)c ，则发生破坏，此时令 $(|\tau| - \sigma f) = c$ ，则式(2-23)变为

$$2c = \sigma_1\left(\sqrt{f^2+1} - f\right) - \sigma_3\left(\sqrt{f^2+1} + f\right) \tag{2-24}$$

式(2-24)表示 $\sigma_1 - \sigma_3$ 坐标系内的一条直线，如图 2-5 所示。这条直线交 σ_1 轴于 σ_c 点，且 $\sigma_c = 2c\left(\sqrt{f^2+1} + f\right)$ ；交 σ_3 轴于 s_0 点(注意：s_0 并不是单轴抗拉强度)，且 $s_0 = -2c\left(\sqrt{f^2+1} - f\right)$ 。

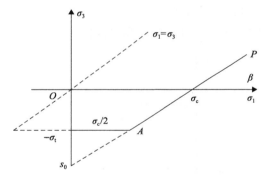

图 2-5　$\sigma_1 - \sigma_3$ 坐标系下库仑强度准则的完整强度曲线

现在确定岩石发生破裂(或处于极限平衡)时 σ_1 取值的下限。考虑到剪切面(图 2-3)上的正应力 $\sigma > 0$ 的条件，由式(2-21)得

$$2\sigma = \sigma_1(1 + \cos 2\theta) + \sigma_3(1 - \cos 2\theta)$$

由 $\cos 2\theta = -f/\sqrt{f^2+1}$ ，有 $2\sigma = \sigma_1\left(\sqrt{f^2+1} - f\right)/\sqrt{f^2+1} + \sigma_3\left(1 + f/\sqrt{f^2+1}\right)$ 或

$$2\sigma = \sigma_1\left(\sqrt{f^2+1} - f\right)/\sqrt{f^2+1} + \sigma_3\left(\sqrt{f^2+1} + f\right)/\sqrt{f^2+1}$$

由于 $\sqrt{f^2+1} > 0$ ，故若 $\sigma > 0$ ，则有

$$\sigma_1\left(\sqrt{f^2+1} - f\right) + \sigma_3\left(\sqrt{f^2+1} + f\right) > 0 \tag{2-25}$$

式(2-24)与式(2-25)联立求解，可得

$$2\sigma_1\left(\sqrt{f^2+1}-f\right)>2c$$

或

$$\sigma_1>\frac{c}{\sqrt{f^2+1}-f}=c\left(\sqrt{f^2+1}+f\right)$$

由此可得

$$\sigma_1>\frac{1}{2}\sigma_c$$

即图 2-5 中仅直线的 AP 部分代表 σ_1 的有效取值范围。

对于 σ_3 为负值(拉应力)，由试验知，可能会在垂直于 σ_3 平面内发生张性破裂。特别在单轴拉伸($\sigma_1=0$，$\sigma_3<0$)中，当拉应力值达到岩石抗拉强度 σ_t 时，岩石发生张性破裂。但是，这种破裂行为完全不同于剪切破裂，而这在库仑强度准则中没有描述。

基于库仑强度准则和试验结果分析，由图 2-5 给出的简单而有用的准则可以用方程表示为

$$\begin{cases}\sigma_1\left(\sqrt{f^2+1}-f\right)-\sigma_3\left(\sqrt{f^2+1}+f\right)=2c\\ \sigma_3=-\sigma_1,\quad \sigma_1<\frac{1}{2}\sigma_c\end{cases}\tag{2-26}$$

式(2-26)仍称为库仑强度准则。

从图 2-5 中的强度曲线可以清楚地看到，在由式(2-26)给出的库仑强度准则条件下，岩石可能发生以下四种方式的破坏：①当 $0<\sigma_1\leqslant 1/2\sigma_c$，$\sigma_3=-\sigma_1$ 时，岩石属于单轴拉伸破坏；②当 $1/2\sigma_c<\sigma_1<\sigma_c$，$-\sigma_t<\sigma_3<0$ 时，岩石属于双轴拉伸破坏；③当 $\sigma_1=\sigma_c$，$\sigma_3=0$ 时，岩石属于单轴压缩破坏；④当 $\sigma_1=\sigma_c$，$\sigma_3>0$ 时，岩石属于双轴压缩破坏。

另外，由图 2-5 中强度曲线上 A 点坐标 $(\sigma_c/2,-\sigma_t)$ 可得，直线 AP 的倾角 β 为

$$\beta=\arctan\frac{2\sigma_t}{\sigma_c}$$

由此看来，在主应力 σ_1-σ_3 坐标平面内库仑强度准则可以利用单轴抗压强度和抗拉强度来确定。

2.2.1.2 莫尔强度理论

莫尔(Mohr)把库仑强度准则推广到考虑三向应力状态，最主要的贡献是认识到材料

性质本身乃是应力的函数。他总结指出"到极限状态时，滑动平面上的剪应力达到一个取决于正应力与材料性质的最大值"，并可用下列函数关系表示：

$$\tau = f(\sigma) \tag{2-27}$$

式(2-27)在 τ-σ 坐标系中为一条对称于 σ 轴的曲线，它可通过试验方法求得，即对应于各种应力状态(单轴拉伸、单轴压缩及三轴压缩)下的莫尔应力圆的外公切线，称为莫尔强度包络线，如图 2-6 所示。利用这条曲线判断岩石中的一点是否会发生剪切破坏时，可在事先给出的莫尔强度包络线上，叠加上反映实际试件应力状态的莫尔应力圆。如果莫尔应力圆与莫尔强度包络线相切或相割，则研究点将产生破坏；如果应力圆位于莫尔强度包络线下方，则不会产生破坏。莫尔强度包络线的具体表达式可根据试验结果用拟合法求得。

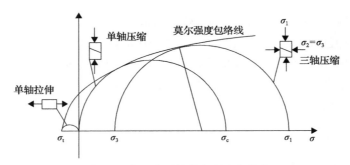

图 2-6　完整岩石的莫尔强度包络线

目前，已提出的强度包络线形式有斜直线型、二次抛物线型、双曲线型等。其中斜直线型与库仑强度准则基本一致，其强度包络线方程如式(2-14)所示。因此可以说，库仑强度准则是莫尔强度理论的一个特例。下面主要介绍二次抛物线型和双曲线型的判据表达式。

1) 二次抛物线型

岩性较弱至较坚硬的岩石，如泥灰岩、泥页岩等岩石的强度包络线近似为二次抛物线型，如图 2-7 所示，其表达式为

$$\tau^2 = n(\sigma + \sigma_t) \tag{2-28}$$

式中，σ_t 为岩石的抗拉强度；n 为待定系数。

利用图 2-7 中的关系，有

$$\begin{cases} \dfrac{1}{2}(\sigma_1 + \sigma_3) = \sigma + \tau \cot 2\alpha \\ \dfrac{1}{2}(\sigma_1 - \sigma_3) = \dfrac{\tau}{\sin 2\alpha} \end{cases} \tag{2-29}$$

其中，τ、$\cot 2\alpha$ 和 $\sin 2\alpha$ 可从式(2-28)以及图 2-7 中求得

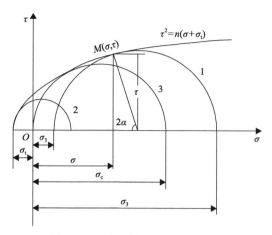

图 2-7 二次抛物线型强度包络线

α-莫尔应力圆中法线与最大主应力 σ_1 的夹角

$$\begin{cases} \tau = \sqrt{n(\sigma + \sigma_t)} \\ \dfrac{\mathrm{d}\tau}{\mathrm{d}\sigma} = \cot 2\alpha = \dfrac{n}{2\sqrt{n(\sigma + \sigma_t)}} \\ \dfrac{1}{\sin 2\alpha} = \csc 2\alpha = \sqrt{1 + \dfrac{n}{4(\sigma + \sigma_t)}} \end{cases} \tag{2-30}$$

将式(2-30)的有关项代入式(2-29)，并消去式(2-30)中的 σ，得到二次抛物线型强度包络线的主应力表达式为

$$(\sigma_1 - \sigma_3)^2 = 2n(\sigma_1 + \sigma_3) + 4n\sigma_t - n^2 \tag{2-31}$$

在单轴压缩条件下，有 $\sigma_3 = 0$，$\sigma_1 = \sigma_c$，则式(2-31)变为

$$n^2 - 2(\sigma_c + 2\sigma_t)n + \sigma_c^2 = 0 \tag{2-32}$$

由式(2-32)，可解得

$$n = \sigma_c + 2\sigma_t \pm 2\sqrt{\sigma_t(\sigma_c + \sigma_t)} \tag{2-33}$$

利用式(2-28)、式(2-31)和式(2-33)，可判断岩石试件是否破坏。

2) 双曲线型

据研究，砂岩、灰岩、花岗岩等坚硬、较坚硬岩石的强度包络线近似于双曲线型(图 2-8)，其表达式为

$$\tau^2 = (\sigma + \sigma_t)^2 \tan^2 \varphi_0 + (\sigma + \sigma_t)\sigma_t \tag{2-34}$$

式中，φ_0 为强度包络线渐近线的倾角，$\tan \varphi_0 = \dfrac{1}{2}\sqrt{\left(\dfrac{\sigma_c}{\sigma_t} - 3\right)}$。

利用式(2-30)可判断岩石中的一点是否破坏。

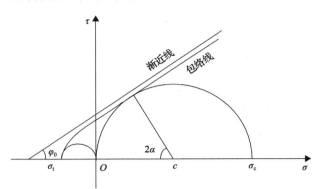

图 2-8　双曲线型强度包络线

莫尔强度理论实质上是一种剪应力强度理论，通常与库仑强度准则一起，被统称为莫尔-库仑强度准则。一般认为，该理论比较全面地反映了岩石的强度特征，它既适用于塑性岩石，也适用于脆性岩石的剪切破坏，同时也反映了岩石抗拉强度远小于抗压强度这一特性，并能解释岩石在三向等拉时会破坏，而在三向等压时不会破坏(曲线在受压区不闭合)的特点，因此被广泛应用于岩石工程实践。但是，该理论忽略了中间主应力的影响，与试验结果有一定的出入，且只适用于岩石的压剪破坏，对受拉区的适用性还值得进一步探讨，不适用于膨胀或蠕变破坏。

2.2.1.3　格里菲斯强度准则

现有强度理论多将材料看作完整而连续的均匀介质。事实上，任何材料内部都存在着许多微细(潜在的)裂纹或裂隙，在外力的作用下，这些裂隙周围(尤其是在裂隙端部)将产生较大的应力集中，有时由于应力集中产生的应力可以达到所施加应力的 100 倍。在这种情况下材料的破坏将不受自身强度控制，而是取决于其内部裂隙周围的应力状态，材料的破坏往往从裂隙端部开始，并且通过裂隙扩展而导致完全破坏。

格里菲斯(Griffith)认为，诸如钢和玻璃之类的脆性材料，其断裂的起因是分布在材料中的微小裂纹尖端有拉应力集中(这种裂纹称为格里菲斯裂纹)所致，并建立了确定断裂扩展的能量不稳定原理。该原理认为，当作用力的势能始终保持不变时，裂纹扩展准则可写为

$$\frac{\partial(W_d - W_e)}{\partial C} \leqslant 0 \qquad (2-35)$$

式中，C 为裂纹长度参数；W_d 为裂纹表面的表面能；W_e 为储存在裂纹周围的弹性应变能。

1921 年，格里菲斯把该理论用于初始长度为 $2C$ 的椭圆形裂纹的扩展研究中，并设裂纹垂直于作用在单位厚板上的均匀单轴拉伸应力 σ 的加载方向。他发现，当裂纹扩展时满足下列条件：

$$\sigma \geqslant \sqrt{\frac{2Ea}{\pi C}} \tag{2-36}$$

式中，a 为裂纹表面单位面积能；E 为非破裂材料的弹性模量。

1924 年，格里菲斯把他的理论推广用于压缩试验。在不考虑摩擦对压缩下闭合裂纹的影响和假定椭圆裂纹将从最大拉应力集中点开始扩展的情况下（图 2-9 中的 P 点），获得了双向压缩下裂纹扩展准则，即所谓的格里菲斯强度准则（σ_t 为单轴抗拉强度）：

$$\begin{cases} \dfrac{(\sigma_1 - \sigma_3)^2}{\sigma_1 + \sigma_3} = 8\sigma_t, & \sigma_1 + 3\sigma_3 \geqslant 0 \\ \sigma_3 = -\sigma_t, & \sigma_1 + 3\sigma_3 \leqslant 0 \end{cases} \tag{2-37}$$

由式（2-37）确定的格里菲斯强度准则在 σ_1-σ_3 坐标系中的强度曲线如图 2-10 所示。

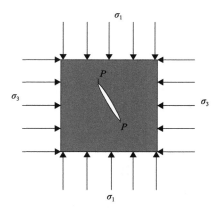

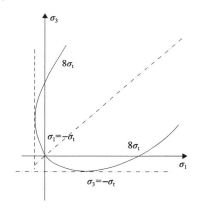

图 2-9　平面压缩的格里菲斯裂纹模型　　　　图 2-10　格里菲斯强度曲线

从格里菲斯强度准则方程和强度曲线可以得到以下结论。

（1）材料的单轴抗压强度是抗拉强度的 8 倍，其反映了脆性材料的基本力学特征。这个由理论上严格给出的结果，其在数量级上是合理的，但在细节上还有出入。

（2）材料发生断裂时，可能处于各种应力状态。这一结果验证了格里菲斯强度准则所认为的，不论何种应力状态，材料都是因裂纹尖端附近达到极限拉应力而断裂开始扩展的基本观点，即材料的破坏机理是拉伸破坏。在格里菲斯强度准则的理论解中还可以证明，新裂纹与最大主应力方向斜交，而且扩展方向会最终趋于与最大主应力平行。

格里菲斯强度准则大约在 20 世纪 70 年代末 80 年代初被引入岩体力学领域，从理论上解释了岩石内部的裂纹扩展现象，并能正确地说明岩石的破坏机理。由于格里菲斯强度准则是针对玻璃和钢等脆性材料提出来的，因而只适用于研究脆性岩石的破坏。而对于一般的岩石材料，莫尔-库仑强度准则的适用性要远远大于格里菲斯强度准则。

2.2.1.4　德鲁克-普拉格准则

德鲁克-普拉格（Druckre-Prager）准则，即 D-P 准则，是在塑性力学中著名的米泽斯

屈服准则的基础上扩展和推广而来的，表达式为

$$f = \alpha I_1 + \sqrt{J_2} - K = 0 \tag{2-38}$$

其中，$I_1 = \sigma_{ii} = \sigma_1 + \sigma_2 + \sigma_3 = \sigma_x + \sigma_y + \sigma_z$ 为应力第一不变量，

$$J_2 = \frac{1}{2} s_i s_i = \frac{1}{6} \left[(\sigma_1 - \sigma_2)^2 + (\sigma_2 - \sigma_3)^2 + (\sigma_3 - \sigma_1)^2 \right]$$

$$= \frac{1}{6} \left[(\sigma_x - \sigma_y)^2 + (\sigma_y - \sigma_z)^2 + (\sigma_z - \sigma_x)^2 + 6(\tau_{xy}^2 + \tau_{yz}^2 + \tau_{xz}^2) \right]$$

为应力偏量第二不变量；α，K 为仅与岩石内摩擦角 φ 和黏聚力 c 有关的试验常数：

$$\alpha = \frac{2\sin\varphi}{\sqrt{3}(3 - \sin\varphi)}$$

$$K = \frac{6c\cos\varphi}{\sqrt{3}(3 - \sin\varphi)}$$

D-P 准则计入了中间主应力的影响，又考虑了静水压力的作用，克服了莫尔-库仑强度准则的主要弱点，已在国内外岩土力学与工程的数值计算分析中获得广泛的应用。

2.2.2 岩体破坏判据

在地壳的自然地质体中，往往存在各种节理、裂隙、孔隙和孔洞等，在岩体力学中称为结构面，岩体则是由岩块和结构面组成。由于结构面的分布、性质及力学特性等的变化，岩体变形特征及破坏模式非常复杂。结构面的发育程度及其组合关系称为岩体结构，大量的工程实践、野外观察及理论分析表明，岩体破坏机制与岩体结构密切相关，常见的岩体破坏机制与岩体结构的关系见表 2-2。由表 2-2 可知，整体块状结构岩体的破坏机制主要为张破坏和剪破坏；块状结构岩体的主要破坏机制为结构体沿弱结构面滑动；碎裂状结构岩体的破坏机制最复杂，各种结构体出现的破坏现象在这里都可出现，如结构体张破坏及剪破坏、结构体转动、结构体沿结构面滑动等，在最大主应力作用下产生板裂化的岩体还可以出现倾倒、溃屈及弯折破坏等；散体状结构岩体的主要破坏机制为剪破坏和流动变形。

表 2-2 常见的岩体破坏机制与岩体结构的关系

整体块状结构岩体	块状结构岩体	碎裂状结构岩体	散体状结构岩体
张破坏；剪破坏；流动变形	结构体沿弱结构面滑动	结构体张破坏；结构体剪破坏；流动变形；结构体沿结构面滑动；结构体转动；结构体组合体倾倒；结构体组合体溃屈	剪破坏；流动变形

由此可见，岩体的破坏机制是十分复杂的，因此相应的破坏判据也是多种多样的，不同的破坏类型应采用不同的破坏判据，本节主要就岩体的破坏判据进行讨论。

2.2.2.1 张破坏判据

大量的试验资料表明，在无围压和低围压下，脆性岩块在轴向压力作用下产生的破坏面大多数与 σ_1 方向平行。受单向压力的岩体，如矿柱等，破坏方式与此类似，常产生轴向拉裂。这种破坏时的极限应变与加载速度关系很小，近似为一个常数，所产生的脆性张破坏由张应变控制。

张应变控制下的张破坏力学模型如图 2-11 所示。脆性材料大多属于弹性介质，完全可以假定：

$$\varepsilon_3 = \frac{1}{E}\big[\sigma_3 - \mu(\sigma_1 + \sigma_2)\big] \tag{2-39}$$

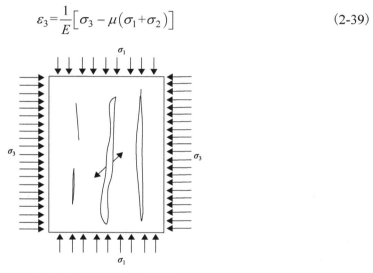

图 2-11 张破坏的力学模型

当张应变达到允许张应变 $\varepsilon_{3,0}$ 时，岩体便发生张裂缝，而产生破坏。其破坏条件为

$$\sigma_3 - \mu(\sigma_1 + \sigma_2) = -E\varepsilon_{3,0} \tag{2-40}$$

$$\varepsilon_3 = \mu\varepsilon_1$$

或

$$\varepsilon_{3,0} = \mu_0\varepsilon_{1,0} = \mu_0\varepsilon_0$$

式中，ε_0 为单轴压下极限应变。

$$\varepsilon_0 = \frac{1}{E}\sigma_0 \tag{2-41}$$

或

$$\varepsilon_{3,0} = \mu_0 \varepsilon_0 = \mu_0 \frac{\sigma_c}{E} \qquad (2\text{-}42)$$

将式(2-42)代入式(2-40)得

$$\sigma_3 = \mu_0(\sigma_1 + \sigma_2 - \sigma_c) \qquad (2\text{-}43)$$

或

$$\sigma_1 = \frac{\sigma_3}{\mu_0} - \sigma_2 + \sigma_c \qquad (2\text{-}44)$$

当 $\sigma_2 = \sigma_3$ 时，有

$$\sigma_1 = \frac{1-\mu_0}{\mu_0}\sigma_3 + \sigma_c \qquad (2\text{-}45)$$

式中， μ_0 为发生破坏时 $\varepsilon_{1,0}$ 与 $\varepsilon_{3,0}$ 之比，即

$$\mu_0 = \frac{\varepsilon_{3,0}}{\varepsilon_{1,0}} \qquad (2\text{-}46)$$

式(2-44)和式(2-45)便是在三维应力场内产生张破坏的判据。

在通常情况下，岩体是一种多裂隙体，这决定了岩体力学试验结果总是分散的，其分散性的大小主要决定于岩体内裂隙的存在状况。很早就有人注意到材料内的裂隙对材料破坏的影响。Griffith 对这个问题进行了探究，提出了最大拉应力判据：

$$\tau^2 = 4\sigma_t(\sigma_t - \sigma) \qquad (2\text{-}47)$$

式中， σ_t 为岩体的抗拉强度； τ , σ 为岩体的剪应力和正应力。

2.2.2.2 剪破坏判据

剪破坏是岩块脆性破坏的一种形式。此外，剪破坏还存在另一种形式，即剪应力作用的塑性流动破坏。剪破坏可以用莫尔-库仑强度准则进行判定，其判据式和判别方法见2.2.1 节。所不同的是此处的判别对象是岩体，因此，在应用莫尔-库仑强度准则时，必须用岩体的应力与强度参数，才能进行正确的判定。

2.2.2.3 沿结构面滑动的判据

大量试验结果证明，这种破坏方式可用库仑强度准则进行判别，但相关参数应为结构面的力学参数，即

$$\tau = \sigma_n \tan \varphi_i + c_j \qquad (2\text{-}48)$$

式中，σ_n，φ_i，c_j 为结构面的法向应力、摩擦角和黏聚力。

这个判据对坚硬结构面和软弱结构面都适用，但应当注意，φ_i、c_j 包括结构面起伏效应的修正部分，即爬坡角修正部分在内。

2.2.2.4 结构体转动破坏判据

结构体转动的力学模型如图 2-12 所示，转动力学条件为

$$\sum M_A \geqslant 0 \qquad (2\text{-}49)$$

$$S \geqslant T \qquad (2\text{-}50)$$

式中，M_A 为 A 点力矩；S 为下滑力；T 为抗滑力。

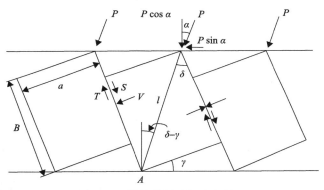

图 2-12　结构体转动的力学模型

P、V、T、S 均为作用力

根据图 2-12 的力学模型及第一个条件，结构体转动条件为

$$Pl\sin\alpha\cos(\delta-\gamma) - Pl\cos\alpha\sin(\delta-\gamma) \geqslant 0$$

即

$$\sin(\alpha-\delta+\gamma) \geqslant 0$$
$$\alpha-\delta+\gamma \geqslant 0 \qquad (2\text{-}51)$$

由此得到结构体转动条件为

$$\alpha \geqslant \delta-\gamma \qquad (2\text{-}52)$$

这个条件说明作用力 P 方向与结构体对角线方向一致时，结构体会产生转动。根据第二个条件，结构体滑动的条件为 $S \geqslant T$。

其中，$S = P\cos\delta$；$N = P\sin\delta$；

$$T = N\tan\varphi_i + c_j = P\sin\delta\tan\varphi_i + c_j$$

整理得

$$P\cos\delta \geqslant P\sin\delta\tan\varphi_i + c_j \tag{2-53}$$

当 $c_j = 0$ 时，式(2-53)变为

$$P\cos\delta \geqslant P\sin\delta\tan\varphi_i \tag{2-54}$$

整理得

$$\cot\delta \geqslant \tan\varphi_i$$

即

$$90° - \delta \geqslant \varphi_i$$

或

$$\delta \leqslant 90° - \varphi_i \tag{2-55}$$

由此得到结构体转动的失稳条件为 $90° - \delta \geqslant \varphi_i$ 或者 $\delta \leqslant 90° - \varphi_i$。

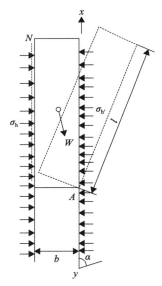

图 2-13　倾倒变形的力学模型

2.2.2.5　倾倒破坏判据

处于斜坡浅表层的反倾向板裂结构或板裂化岩体常会出现倾倒变形而导致破坏现象。倾倒变形破坏实际上是由两个过程组成的，即①在自重作用下板裂体产生弯折；②折断点连贯成面，上覆岩体在重力作用下产生滑动或溃屈，最后导致斜坡破坏。如果板裂体弯折形成的破裂面倾角较缓、较深时，倾倒弯折产生斜坡大范围变形，而不产生斜坡的整体失稳破坏(如金川露天矿边坡)。显然，倾倒破坏必须满足两个条件。

(1)板裂体弯折折断，其破坏判据为：在自重和传递力作用下产生的倾覆力矩 M_T 大于内部摩擦力产生的抵抗力矩 M_r，即

$$M_T \geqslant M_r \tag{2-56}$$

其力学模型如图 2-13 所示，根据式(2-56)所列的条件，取图 2-13 中的 A 点力矩可以写出：

$$\int_0^l (\sigma_h - \sigma_{h'})x\,\mathrm{d}x + W\left(\frac{l}{2}\cos\alpha - \frac{b}{2}\sin\alpha\right) - b\int_0^l \tau\,\mathrm{d}x \geqslant 0 \tag{2-57}$$

式中，l 为折断深度；W 为自重力；σ_h，$\sigma_{h'}$ 为水平应力；α 为板裂体倾角；b 为板裂体宽度；τ 为剪应力。

如果岩体内 σ_h 分布已知时，便可利用式(2-57)求得折断深度 l。

（2）倾倒体失稳破坏条件，其破坏有两种可能，即滑动和溃屈破坏。板裂岩体折断后，折断面以上岩体沿折断面滑动的条件为：下滑力 S 大于抗滑力 T，否则不发生滑动破坏。但应注意，还可能产生溃屈破坏，具体见 2.2.2.6 节。

2.2.2.6　溃屈破坏判据

这是板裂介质岩体工程和自然斜坡中经常出现的一种破坏机制。如图 2-14 所示，其破坏条件与板裂体变形的弹性曲线形态密切相关。最常见的一种弹性曲线为

$$y = a\left(1 - \cos\frac{2\pi x}{l}\right) \tag{2-58}$$

其破坏判据为

$$P_{cr} = \beta\frac{8\pi^2 EI - ql^3\sin\alpha}{2l^2} \tag{2-59}$$

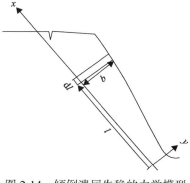

图 2-14　倾倒溃屈失稳的力学模型

式中，P_{cr} 为极限抵抗力；E 为板裂体弹性模量；I 为板裂体截面矩；q 为单位长度板裂体重量；l 为分析段板裂体长度；α 为板裂体倾角；β 为板裂体破碎特征系数，它与板裂体内节理发育程度有关，如板裂体为完整的，则 $\beta=1$。

式(2-59)对地基工程、地下硐室工程、边坡工程岩体都有效。当 $\alpha=0°$ 时，相当于水平岩层板裂介质岩体抵抗水平荷载情况，此时：

$$P_{cr} = \beta\frac{4\pi^2 EI}{l^2} \tag{2-60}$$

当 $\alpha=90°$ 时，相当于直立边坡和地下硐室边墙，此时其极限抵抗力为

$$P_{cr} = \beta\frac{8\pi^2 EI - ql^3}{2l^2} \tag{2-61}$$

2.2.2.7　弯折破坏判据

它与梁的破坏机制相同，其力学模型如图 2-15 所示，其破坏判据为

$$\sigma_T = [\sigma_T] \tag{2-62}$$

其中：

$$\sigma_T = \frac{My}{I}$$

式中，$[\sigma_T]$ 为材料抗拉强度；σ_T 为梁板内拉应力；M 为梁板截面内弯矩；y 为中性轴距

截面梁表面距离；I 为梁板截面对中性轴的惯性矩，对于矩形截面有

$$I = \frac{1}{12}bh^3$$

其中，b 为板裂体宽度；h 为板裂体厚度。

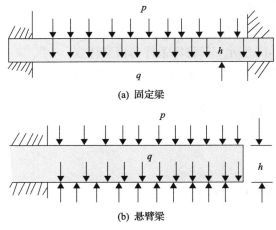

(a) 固定梁

(b) 悬臂梁

图 2-15 弯折破坏的力学模型

2.3 地下硐室围岩稳定性分析

2.3.1 围岩重分布应力计算

地下硐室围岩应力计算问题可归纳为：①开挖前岩体初始应力状态的确定；②开挖后围岩重分布应力（或称二次应力）的计算；③支护衬砌后围岩应力状态的改善。

本节仅讨论重分布应力计算问题。

地下开挖前，岩体中每个质点均受到初始应力作用而处于相对平衡状态。硐室开挖后，硐壁岩体因失去了原有岩体的支撑，破坏了原来的受力平衡状态，而向硐内空间胀松变形，其结果又改变了相邻质点的相对平衡关系，引起应力、应变和能量的调整，从而达到新的平衡，形成新的应力状态。人们把地下开挖后围岩中应力应变调整而引起围岩中原有应力大小、方向和性质改变的作用，称为围岩应力重分布作用，经重分布作用后的围岩应力状态称为重分布应力状态，并把重分布应力影响范围内的岩体称为围岩。研究表明，围岩内重分布应力状态与岩体的力学属性、初始应力及硐室断面形状等因素密切相关。

2.3.1.1 无压硐室围岩

1）弹性围岩重分布应力

对于那些坚硬致密的块状岩体，当初始应力等于或小于其单轴抗压强度的一半时，地下硐室开挖后围岩将呈弹性变形状态。因此这类围岩可近似视为各向同性、连续、均

质的线弹性体，其围岩重分布应力可用弹性力学方法计算。这里以水平圆形硐室为重点进行讨论。

①圆形硐室

深埋于弹性岩体中的水平圆形硐室，围岩重分布应力可以用柯西问题求解；如果硐室半径相对于硐长很小时，可按平面应变问题考虑。该问题可概化为两侧受均布压力的薄板中心小圆孔周边应力分布的计算问题。

柯西问题的简化模型如图 2-16 所示。设无限大弹性薄板，在边界上受沿 x 方向的外力 p 作用，薄板中有一半径为 R_0 的小圆孔。取如图 2-16 所示的极坐标，薄板中任一点 $M(r,\theta)$ 的应力及方向如图 2-16 所示。按平面问题考虑(不计体力)，则 M 点的各应力分量，即径向应力 σ_r、环向应力 σ_θ 和剪应力 $\tau_{r\theta}$ 与应力函数 Φ 间的关系可根据弹性理论表示为

$$
\begin{cases}
\sigma_r = \dfrac{1}{r}\dfrac{\partial \Phi}{\partial r} + \dfrac{1}{r^2}\dfrac{\partial^2 \Phi}{\partial \theta^2} \\[2mm]
\sigma_\theta = \dfrac{\partial^2 \Phi}{\partial r^2} \\[2mm]
\tau_{r\theta} = \dfrac{1}{r^2}\dfrac{\partial \Phi}{\partial \theta} - \dfrac{1}{r}\dfrac{\partial^2 \Phi}{\partial r \partial \theta}
\end{cases}
\tag{2-63}
$$

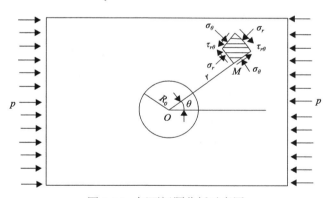

图 2-16 柯西问题分析示意图

式(2-63)的边界条件为

$$
\begin{cases}
(\sigma_r)_{r=b} = \dfrac{p}{2} + \dfrac{p}{2}\cos 2\theta, & b \gg R_0 \\[2mm]
(\tau_{r\theta})_{r=b} = -\dfrac{p}{2}\sin 2\theta, & b \gg R_0 \\[2mm]
(\sigma_r)_{r=b} = (\tau_{r\theta})_{r=b} = 0, & b = R_0
\end{cases}
\tag{2-64}
$$

为了求解微分方程(2-63)，设满足该方程的应力函数 Φ 为

$$
\Phi = A\ln r + Br^2 + (Cr^2 + Dr^{-2} + F)\cos 2\theta
\tag{2-65}
$$

将式(2-65)代入式(2-63)，并考虑到式(2-64)的边界条件，可求得各常数为

$$
\begin{cases}
A = -\dfrac{pR_0^2}{2} \\[2mm]
B = \dfrac{p}{4} \\[2mm]
C = -\dfrac{p}{4} \\[2mm]
D = -\dfrac{pR_0^4}{4} \\[2mm]
F = \dfrac{pR_0^2}{2}
\end{cases}
\tag{2-66}
$$

将以上常数代入式(2-65)，得到应力分量为

$$
\begin{cases}
\sigma_r = \dfrac{p}{2}\left[\left(1-\dfrac{R_0^2}{r^2}\right)+\left(1+\dfrac{3R_0^4}{r^4}-\dfrac{4R_0^2}{r^2}\right)\cos 2\theta\right] \\[3mm]
\sigma_\theta = \dfrac{p}{2}\left[\left(1+\dfrac{R_0^2}{r^2}\right)-\left(1+\dfrac{3R_0^4}{r^4}\right)\cos 2\theta\right] \\[3mm]
\tau_{r\theta} = -\dfrac{p}{2}\left(1-\dfrac{3R_0^4}{r^4}+\dfrac{2R_0^2}{r^2}\right)\sin 2\theta
\end{cases}
\tag{2-67}
$$

式中，σ_r，σ_θ，$\tau_{r\theta}$ 为 M 点的径向应力、环向应力和剪应力，以压应力为正，拉应力为负；θ 为 M 点的极角，自水平轴(x 轴)起始，逆时针方向为正；r 为径向半径。

式(2-67)是柯西问题求解的无限薄板中心孔周边应力计算公式，把它引用到地下硐室围岩重分布应力计算中。实际上深埋于岩体中的水平圆形硐室的受力情况是上述情况的复合。假定硐室开挖在初始应力比值系数为 λ 的岩体中，则问题可简化为如图 2-17 所示的岩体力学模型。若水平和垂直初始应力都是主应力，则硐室开挖前板内的初始应力为

$$
\begin{cases}
\sigma_z = \sigma_v \\
\sigma_x = \sigma_h = \lambda\sigma_v \\
\tau_{xz} = \tau_{zx} = 0
\end{cases}
\tag{2-68}
$$

式中，σ_v，σ_h 为岩体中垂直和水平初始应力；τ_{xz}，τ_{zx} 为初始剪应力。

取垂直坐标轴为 z，水平坐标轴为 x，那么硐室开挖后，垂直初始应力 σ_v 引起的围岩重分布应力可由式(2-67)确定。在式(2-67)中，p 用 σ_v 代替，而 θ 应是径向半径 OM 与 z 轴的夹角 θ'。若统一用 OM 与 x 轴的夹角 θ 来表示时，则：

$$
\theta = \frac{\pi}{2} + \theta'
$$
$$
2\theta' = 2\theta - \pi = -(\pi - 2\theta)
$$

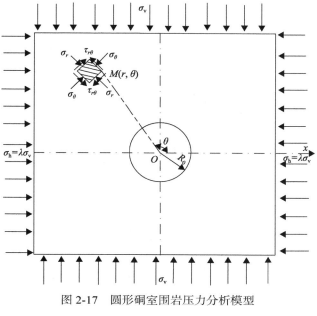

图 2-17　圆形硐室围岩压力分析模型

$$\cos 2\theta' = -\cos 2\theta$$
$$\sin 2\theta' = -\sin 2\theta$$

这样由 σ_v 引起的围岩重分布应力为

$$\begin{cases} \sigma_r = \dfrac{\sigma_\mathrm{v}}{2}\left[\left(1-\dfrac{R_0^2}{r^2}\right)-\left(1+\dfrac{3R_0^4}{r^4}-\dfrac{4R_0^2}{r^2}\right)\cos 2\theta\right] \\[3mm] \sigma_\theta = \dfrac{\sigma_\mathrm{v}}{2}\left[\left(1+\dfrac{R_0^2}{r^2}\right)+\left(1+\dfrac{3R_0^4}{r^4}\right)\cos 2\theta\right] \\[3mm] \tau_{r\theta} = \dfrac{\sigma_\mathrm{v}}{2}\left(1-\dfrac{3R_0^4}{r^4}+\dfrac{2R_0^2}{r^2}\right)\sin 2\theta \end{cases} \tag{2-69}$$

由水平初始应力 σ_h 产生的重分布应力，可由式 (2-67) 直接求得，只需把式中 p 换成 $\lambda\sigma_\mathrm{v}$ 即可，因此有

$$\begin{cases} \sigma_r = \dfrac{\lambda\sigma_\mathrm{v}}{2}\left[\left(1-\dfrac{R_0^2}{r^2}\right)+\left(1+\dfrac{3R_0^4}{r^4}-\dfrac{4R_0^2}{r^2}\right)\cos 2\theta\right] \\[3mm] \sigma_\theta = \dfrac{\lambda\sigma_\mathrm{v}}{2}\left[\left(1+\dfrac{R_0^2}{r^2}\right)-\left(1+\dfrac{3R_0^4}{r^4}\right)\cos 2\theta\right] \\[3mm] \tau_{r\theta} = -\dfrac{\lambda\sigma_\mathrm{v}}{2}\left(1-\dfrac{3R_0^4}{r^4}+\dfrac{2R_0^2}{r^2}\right)\sin 2\theta \end{cases} \tag{2-70}$$

将式 (2-69) 和式 (2-70) 相加，即可得到 σ_v 和 $\lambda\sigma_\mathrm{v}$ 同时作用时圆形硐室围岩重分布应

力的计算公式，即

$$
\begin{cases}
\sigma_r = \sigma_v\left[\dfrac{1+\lambda}{2}\left(1-\dfrac{R_0^2}{r^2}\right)-\dfrac{1-\lambda}{2}\left(1+\dfrac{3R_0^4}{r^4}-\dfrac{4R_0^2}{r^2}\right)\cos 2\theta\right]\\[3mm]
\sigma_\theta = \sigma_v\left[\dfrac{1+\lambda}{2}\left(1+\dfrac{R_0^2}{r^2}\right)+\dfrac{1-\lambda}{2}\left(1+\dfrac{3R_0^4}{r^4}\right)\cos 2\theta\right]\\[3mm]
\tau_{r\theta} = \sigma_v\dfrac{1-\lambda}{2}\left(1-\dfrac{3R_0^4}{r^4}+\dfrac{2R_0^2}{r^2}\right)\sin 2\theta
\end{cases}
\tag{2-71}
$$

或

$$
\begin{cases}
\sigma_r = \dfrac{\sigma_h+\sigma_v}{2}\left(1-\dfrac{R_0^2}{r^2}\right)+\dfrac{\sigma_h-\sigma_v}{2}\left(1+\dfrac{3R_0^4}{r^4}-\dfrac{4R_0^2}{r^2}\right)\cos 2\theta\\[3mm]
\sigma_\theta = \dfrac{\sigma_h+\sigma_v}{2}\left(1+\dfrac{R_0^2}{r^2}\right)-\dfrac{\sigma_h-\sigma_v}{2}\left(1+\dfrac{3R_0^4}{r^4}\right)\cos 2\theta\\[3mm]
\tau_{r\theta} = -\dfrac{\sigma_h-\sigma_v}{2}\left(1-\dfrac{3R_0^4}{r^4}+\dfrac{2R_0^2}{r^2}\right)\sin 2\theta
\end{cases}
\tag{2-72}
$$

由式(2-71)和式(2-72)可知，当初始应力 σ_h、σ_v 和 R_0 一定时，围岩重分布应力是研究点位置 (r,θ) 的函数。令 $r=R_0$，则硐壁上的重分布应力由式(2-73)得出，即

$$
\begin{cases}
\sigma_r = 0\\
\sigma_\theta = \sigma_h+\sigma_v-2(\sigma_h-\sigma_v)\cos 2\theta\\
\tau_{r\theta} = 0
\end{cases}
\tag{2-73}
$$

由式(2-73)可知，硐壁上的 $\tau_{r\theta}=0$，$\sigma_r=0$，仅由 σ_h 作用，为单向应力状态，且其 σ_θ 大小仅与初始应力状态及计算点的位置 θ 有关，与硐室尺寸 R_0 无关。

取 $\lambda=\sigma_h/\sigma_v=1/3$、1、2、3 等不同数值时，由式(2-73)可求得硐壁上 0°、180° 及 90°、270°两个方向的应力 σ_θ（表 2-3 和图 2-18）。结果表明，当 $\lambda<1/3$ 时，硐顶底部将出现拉应力；当 $1/3<\lambda<3$ 时，硐壁围岩内的 σ_θ 全为压应力，且应力分布均匀；当 $\lambda>3$

表 2-3　硐壁上特征部位的重分布应力 σ_θ 值

λ	σ_θ		λ	σ_θ	
	$\theta=0°$、180°	$\theta=90°$、270°		$\theta=0°$、180°	$\theta=90°$、270°
0	$3\sigma_v$	$-\sigma_v$	3	0	$8\sigma_v$
1/3	$8\sigma_v/3$	0	4	$-\sigma_v$	$11\sigma_v$
1	$2\sigma_v$	$2\sigma_v$	5	$-\sigma_v$	$14\sigma_v$
2	σ_v	$5\sigma_v$			

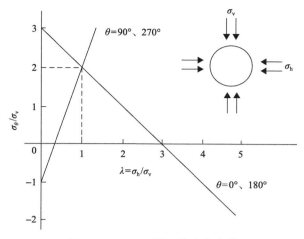

图 2-18 σ_θ / σ_v 随 λ 的变化曲线

时，硐壁两侧将出现拉应力，硐顶底部则出现较高的压应力集中。因此，每种断面形状的硐室都有一个不出现拉应力的临界 λ 值，这对不同初始应力场中合理硐形的选择很有意义。

为了研究重分布应力的影响范围，设 $\lambda=1$，即 $\sigma_h = \sigma_v = \sigma_0$，则式(2-73)可变为

$$\begin{cases} \sigma_r = \sigma_0 \left(1 - \dfrac{R_0^2}{r^2}\right) \\[2mm] \sigma_\theta = \sigma_0 \left(1 + \dfrac{R_0^2}{r^2}\right) \\[2mm] \tau_{r\theta} = 0 \end{cases} \tag{2-74}$$

式中，σ_0 为岩体初始应力。

由式(2-74)可说明，当初始应力为静水压力时，围岩内重分布应力与 θ 无关，仅与 R_0 和 σ_0 有关。由于 $\tau_{r\theta}=0$，则 σ_r、σ_θ 均为主应力，且 σ_θ 恒为最大主应力，σ_r 恒为最小主应力，其分布特征如图 2-19 所示。当 $r=R_0$(硐壁)时，$\sigma_r=0$，$\sigma_\theta=2\sigma_0$，由此可知硐壁上的应力差最大，且处于单向受力状态，说明硐壁最易发生破坏。随着与硐壁 r 距离增大，σ_r 逐渐增大，σ_θ 逐渐减小，并都渐渐趋近于初始应力 σ_0 值。在理论上，σ_r、σ_θ 要在 $r\to\infty$ 处才达到 σ_0 值，但实际上 σ_r、σ_θ 趋近于 σ_0 的速度很快。计算显示，当 $r=6R_0$ 时，σ_r 和 σ_θ 与 σ_0 相差仅 2.8%，因此，一般认为地下硐室开挖引起的围岩分布应力范围为 $6R_0$。在该范围以外，不受开挖影响，该范围内的岩体就是常说的围岩，也是有限元计算模型的边界范围。

②其他形状硐室

为了最有效和经济地利用地下空间，地下建筑的断面经常根据实际需要开挖成非圆形的各种形状。下面将讨论硐形对围岩重分布应力的影响。

由圆形硐室围岩重分布应力分析可知，重分布应力的最大值在硐壁上，且仅有 σ_θ，

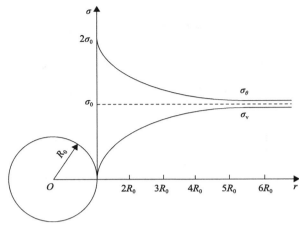

图 2-19　σ_r、σ_θ 随 r 增大的变化曲线

因此只要硐壁围岩在重分布应力 σ_θ 的作用下不发生破坏，那么硐室围岩一般也是稳定的。为了研究各种硐形硐壁上的重分布应力及其变化情况，先引进应力集中系数的概念。地下硐室开挖后硐壁上一点的应力与开挖前硐壁处该点初始应力的比值，称为应力集中系数。该系数反映了硐壁各点开挖前后应力的变化情况。由式(2-73)可知，圆形硐室硐壁处的应力 σ_θ 可表示为

$$\sigma_\theta = \sigma_h (1 - 2\cos 2\theta) + \sigma_v (1 + 2\cos 2\theta) \tag{2-75}$$

令 $\alpha = 1 - 2\cos 2\theta$，$\beta = 1 + 2\cos 2\theta$，则有

$$\sigma_\theta = \alpha \sigma_h + \beta \sigma_v \tag{2-76}$$

式中，α，β 为应力集中系数，其大小仅与点的位置有关。

类似地，对于其他形状硐室也可以用式(2-73)来表达硐壁上的重分布应力，不同的只是硐形，α、β 也不同。表 2-4 列出了常见的几种形状硐室硐壁的应力集中系数 α、β 值，这些系数是依照试验中的弹性力学方法求得的。应用这些系数，可以由已知的岩体初始应力 σ_h、σ_v 来确定硐壁围岩重分布应力。由表 2-4 可以看出，各种不同形状的硐室硐壁上的重分布应力有如下特点。

表 2-4　各种硐形硐壁的应力集中系数

编号	硐室形状	各点应力集中系数			备注
		点号	α	β	
1	圆形	A	3	-1	(1)硐壁上各点的重分布应力计算公式为 $\sigma_\theta = \alpha \sigma_h + \beta \sigma_v$ (2)资料取自 Г.Н.萨文《孔附近的应力集中》一书
		B	-1	3	
		m	$1-2\cos 2\theta$	$1+2\cos 2\theta$	

续表

编号	硐室形状	各点应力集中系数			备注
		点号	α	β	
2	椭圆形 （图）	A	$2b/a+1$	-1	
		B	-1	$2a/b+1$	
3	方形 （图）$45°\ 50°$	A	1.616	-0.87	(1)硐壁上各点的重分布应力计算公式为 $\sigma_\theta = \alpha\sigma_h + \beta\sigma_v$ (2)资料取自 Г.Н.萨文《孔附近的应力集中》一书
		B	-0.87	1.616	
		C	0.256	4.230	
4	矩形 （图）$b/a=3.2$	A	1.40	-1.00	
		B	-0.80	2.20	
5	矩形 （图）$b/a=5$	A	1.20	-0.95	
		B	-0.80	2.40	
6	地下厂房 （图）$h/b=0.36$ $H/h=1.43$	A	2.66	-0.38	据云南省昆明水利水电勘测设计研究院"第四发电厂地下厂房光弹试验报告"（1971年）
		B	-0.38	0.77	
		C	1.14	1.54	
		D	1.90	1.54	

(1)椭圆形硐室长轴两端点应力集中最大，易引起压碎破坏；而短轴两端易出现拉应力集中，不利于围岩稳定。

(2)各种形状硐室的角点或急拐弯处应力集中最大，如正方形或矩形硐室角点等。

(3)长方形短边中点应力集中大于长边中点，而角点处应力集中最大,围岩最易失稳。

(4)当岩体中初始应力 σ_h 和 σ_v 相差不大时，以圆形硐室围岩应力分布最均匀，围岩稳定性最好。

(5)当岩体中初始应力 σ_h 和 σ_v 相差较大时，则应尽可能使硐室长轴平行于最大初始应力的作用方向。

(6)在初始应力很大的岩体中，硐室断面应尽量采用曲线形，以避免角点上过大的应力集中。

2)塑性围岩重分布应力

大多数岩体往往受结构面切割使其整体性丧失，强度降低，在重分布应力作用下，很容易发生塑性变形而改变其原有的物性状态。由弹性围岩重分布应力特点可知，地下开挖后硐壁的应力集中最大。当硐壁重分布应力超过围岩屈服极限时，硐壁围岩就由弹性状态转化为塑性状态，并在围岩中形成一个塑性松动圈。但是这种塑性圈不会无限扩大，这是由于随着与硐壁距离增大，径向应力由零逐渐增大，应力状态由硐壁的单向应力状态逐渐转化为双向应力状态。莫尔应力圆由与强度包络线相切的状态逐渐内移，变为与强度包络线不相切，围岩的强度条件得到改善。围岩也就由塑性状态逐渐转化为弹性状态，围岩中将出现塑性圈和弹性圈。

塑性圈岩体的基本特点是裂隙增多，黏聚力、内摩擦角和变形模量降低；而弹性圈围岩仍保持原岩强度，其应力、应变关系仍服从胡克定律。

塑性圈的出现，使圈内一定范围内的应力因释放而明显降低，而最大应力集中由原来的硐壁移至塑、弹圈交界处，使弹性区的应力明显升高。弹性区以外则是应力基本未产生变化的初始应力区（或称原岩应力区）。各圈（区）的应力变化如图 2-20 所示，在这种情况下，围岩重分布应力就不能用弹性理论计算了，而应采用塑性理论求解。

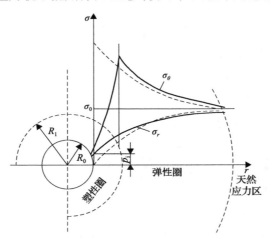

图 2-20　围岩中出现塑性圈时的应力重分布示意图
虚线为未出现塑性圈的应力，实线为出现塑性圈的应力

为了求解塑性圈内的重分布应力，假设在均质、各向同性、连续的岩体中开挖一个半径为 R_0 的水平圆形硐室，开挖后形成的塑性圈半径为 R_1，岩体中的初始应力为 $\sigma_h = \sigma_v = \sigma_0$，圈内岩体强度服从莫尔直线强度条件。塑性圈以外岩体仍处于弹性状态。

如图 2-21 所示，在塑性圈内取一微小单元体 abdc，单元体的 bd 面上作用有径向应力 σ_r，而相距 dr 的 ac 面上的径向应力为 $(\sigma_r + d\sigma_r)$，在 ab 和 cd 面上作用有切向应力 σ_θ，由于 $\lambda=1$，单元体各面上的剪应力 $\tau_{r\theta}=0$。当微小单元体处于极限平衡状态时，作用在单元体上的全部力在径向 r 上的投影之和为零，即 $\Sigma F_r=0$。取投影后的方向向外为正，则平衡方程为

$$\sigma_r r\mathrm{d}\theta - (\sigma_r + \mathrm{d}\sigma_r)(r + \mathrm{d}r)\mathrm{d}\theta + 2\sigma_\theta \mathrm{d}r \sin\left(\frac{\mathrm{d}\theta}{2}\right) = 0$$

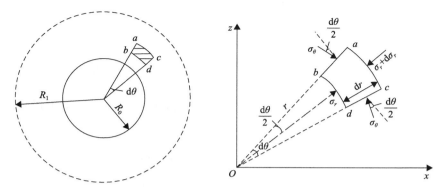

图 2-21　塑性圈围岩应力分析

当 $\mathrm{d}\theta$ 很小时，$\sin(\mathrm{d}\theta/2) \approx \mathrm{d}\theta/2$，将平衡方程展开，略去高阶微量整理后得到：

$$(\sigma_\theta - \sigma_r)\mathrm{d}r = r\mathrm{d}r \tag{2-77}$$

因为塑性圈内 σ_θ 和 σ_r 是主应力，设岩体满足如下的塑性条件(莫尔斜直线判据)：

$$\frac{\sigma_\theta + c_\mathrm{m} \cot \varphi_\mathrm{m}}{\sigma_r + c_\mathrm{m} \cot \varphi_\mathrm{m}} = \frac{1 + \sin \varphi_\mathrm{m}}{1 - \sin \varphi_\mathrm{m}} \tag{2-78}$$

由式(2-77)得

$$\sigma_\theta = \frac{r\mathrm{d}\sigma}{\mathrm{d}r} + \sigma_r \tag{2-79}$$

将式(2-78)代入式(2-79)中，整理简化得

$$\frac{\mathrm{d}(\sigma_r + c_\mathrm{m} \cot \varphi_\mathrm{m})}{\sigma_r + c_\mathrm{m} \cot \varphi_\mathrm{m}} = \left(\frac{1 + \sin \varphi_\mathrm{m}}{1 - \sin \varphi_\mathrm{m}} - 1\right)\frac{\mathrm{d}r}{r} = \frac{2 \sin \varphi_\mathrm{m}}{1 - \sin \varphi_\mathrm{m}}\frac{\mathrm{d}r}{r}$$

将式(2-79)两边都积分，得

$$\ln(\sigma_r + c_\mathrm{m} \cot \varphi_\mathrm{m}) = \frac{2 \sin \varphi_\mathrm{m}}{1 - \sin \varphi_\mathrm{m}}\ln r + A \tag{2-80}$$

式中，c_m，φ_m 为塑性圈岩体的黏聚力和内摩擦角；r 为径向半径；A 为积分常数，可由边界条件 $r=R_0$、$\sigma_r=p_\mathrm{i}$(p_i 为硐室内壁上的支护力)确定：

$$A = \ln(p_\mathrm{i} + c_\mathrm{m} \cot \varphi_\mathrm{m}) - \frac{2 \sin \varphi_\mathrm{m}}{1 - \sin \varphi_\mathrm{m}}\ln R_0 \tag{2-81}$$

将式(2-81)代入式(2-80)后，整理得

$$\sigma_r = (p_\mathrm{i} + c_\mathrm{m} \cot \varphi_\mathrm{m})\left(\frac{r}{R_0}\right)^{\frac{2 \sin \varphi_\mathrm{m}}{1 - \sin \varphi_\mathrm{m}}} - c_\mathrm{m} \cot \varphi_\mathrm{m} \tag{2-82}$$

同理可得

$$\sigma_\theta = (p_{\mathrm{i}} + c_{\mathrm{m}}\cot\varphi_{\mathrm{m}})\frac{1+\sin\varphi_{\mathrm{m}}}{1-\sin\varphi_{\mathrm{m}}}\left(\frac{r}{R_0}\right)^{\frac{2\sin\varphi_{\mathrm{m}}}{1-\sin\varphi_{\mathrm{m}}}} - c_{\mathrm{m}}\cot\varphi_{\mathrm{m}} \tag{2-83}$$

将上述 σ_r、σ_θ、$\tau_{r\theta}$ 写在一起，即得到塑性圈内围岩重分布应力的计算公式为

$$\begin{cases} \sigma_r = (p_{\mathrm{i}} + c_{\mathrm{m}}\cot\varphi_{\mathrm{m}})\left(\frac{r}{R_0}\right)^{\frac{2\sin\varphi_{\mathrm{m}}}{1-\sin\varphi_{\mathrm{m}}}} - c_{\mathrm{m}}\cot\varphi_{\mathrm{m}} \\ \sigma_\theta = (p_{\mathrm{i}} + c_{\mathrm{m}}\cot\varphi_{\mathrm{m}})\frac{1+\sin\varphi_{\mathrm{m}}}{1-\sin\varphi_{\mathrm{m}}}\left(\frac{r}{R_0}\right)^{\frac{2\sin\varphi_{\mathrm{m}}}{1-\sin\varphi_{\mathrm{m}}}} - c_{\mathrm{m}}\cot\varphi_{\mathrm{m}} \\ \tau_{r\theta} = 0 \end{cases} \tag{2-84}$$

塑性圈与弹性圈交界面 $(r=R_1)$ 处的重分布应力，利用该面上的弹性应力和塑性应力相等条件可得

$$\begin{cases} \sigma_{rpe} = \sigma_0(1-\sin\varphi_{\mathrm{m}}) - c_{\mathrm{m}}\cos\varphi_{\mathrm{m}} \\ \sigma_{\theta pe} = \sigma_0(1+\sin\varphi_{\mathrm{m}}) + c_{\mathrm{m}}\cos\varphi_{\mathrm{m}} \\ \tau_{rpe} = 0 \end{cases} \tag{2-85}$$

式中，σ_{rpe}，$\sigma_{\theta pe}$，τ_{rpe} 为 $r=R_1$ 处的径向应力、环向应力和剪应力；σ_0 为岩体初始应力。

弹性圈内的应力分布如前所述，其值等于 σ_0 引起的应力与 σ_{R_1}（弹塑性圈交界面上的径向应力）引起的附加应力之和。综合以上可得围岩重分布应力如图 2-19 所示。

由式(2-84)可知，塑性圈内围岩重分布应力与岩体初始应力(σ_0)无关，而取决于支护力(p_{i})和岩体强度(c_{m}、φ_{m})值。由式(2-85)可知，弹塑性圈交界面上的重分布应力取决于 σ_0、c_{m}、φ_{m}，而与 p_{i} 无关。这说明支护力不能改变交界面上的应力大小，只能控制塑性圈半径(R_1)的大小。

2.3.1.2　有压硐室围岩

有压硐室在水电工程中较为常见。由于其硐室内壁上作用有较高的内水压力，使围岩中的重分布应力比较复杂。这种硐室围岩最初是处于开挖后引起的重分布应力之中；然后进行支护衬砌，又使围岩重分布应力得到改善；硐室建成运行后硐室内壁作用有内水压力，使围岩中产生一个附加应力。本节重点讨论内水压力引起的围岩附加应力问题。

有压硐室围岩的附加应力可用弹性厚壁圆筒理论来计算。如图 2-22 所示，在一内半径为 a，外半径为 b 的厚壁圆筒内壁上作用有均布内水压力 p_a，

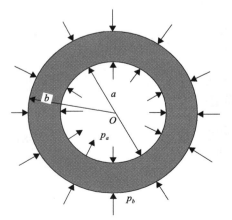

图 2-22　厚壁圆筒受力图

外壁作用有均匀压力 p_b。在内水压力作用下，内壁向外均匀膨胀，其膨胀位移随距离增大而减小，最后到距内壁一定距离时达到零。附加径向应力和环向应力也是近硐壁大，远离硐壁小。由弹性理论可推得，在内水压力作用下，厚壁圆筒内的应力计算公式为

$$\begin{cases} \sigma_r = \dfrac{b^2 p_b - a^2 p_a}{b^2 - a^2} - \dfrac{(p_b - p_a)a^2 b^2}{b^2 - a^2}\dfrac{1}{r^2} \\[3mm] \sigma_\theta = \dfrac{b^2 p_b - a^2 p_a}{b^2 - a^2} + \dfrac{(p_b - p_a)a^2 b^2}{b^2 - a^2}\dfrac{1}{r^2} \end{cases} \tag{2-86}$$

若使 $b \to \infty$（即 $b \gg a$），$p_b = \sigma_0$ 时，则 $\dfrac{b^2}{b^2 - a^2} \approx 1$，$\dfrac{a^2}{b^2 - a^2} = 0$，代入式(2-86)得

$$\begin{cases} \sigma_r = \sigma_0 \left(1 - \dfrac{a^2}{r^2}\right) + p_a \dfrac{a^2}{r^2} \\[3mm] \sigma_\theta = \sigma_0 \left(1 + \dfrac{a^2}{r^2}\right) - p_a \dfrac{a^2}{r^2} \end{cases} \tag{2-87}$$

若有压硐室半径为 R_0，内水压力为 p_a，则式(2-87)变为

$$\begin{cases} \sigma_r = \sigma_0 \left(1 - \dfrac{R^2}{r^2}\right) + p_a \dfrac{R^2}{r^2} \\[3mm] \sigma_\theta = \sigma_0 \left(1 + \dfrac{R_0^2}{r^2}\right) - p_a \dfrac{R_0^2}{r^2} \end{cases} \tag{2-88}$$

由式(2-88)可知，有压硐室围岩重分布应力 σ_θ 和 σ_r 由开挖以后围岩重分布应力和内水压力引起的附加应力两项组成。前项重分布应力为式(2-74)；后项为内水压力引起的附加应力值，即

$$\begin{cases} \sigma_r = \sigma_0 \left(1 - \dfrac{R_0^2}{r^2}\right) + p_a \dfrac{R_0^2}{r^2} \\[3mm] \sigma_\theta = \sigma_0 \left(1 + \dfrac{R_0^2}{r^2}\right) - p_a \dfrac{R_0^2}{r^2} \end{cases} \tag{2-89}$$

由式(2-89)可知，内水压力使围岩产生负的环向应力，即拉应力。当这个环向应力很大时，围岩产生放射状裂隙。内水压力使围岩产生附加应力的影响范围大致也为 6 倍硐室半径。

2.3.2 围岩破坏范围确定

在地下硐室喷锚支护设计中，围岩破坏圈厚度是必不可少的资料。针对不同力学属性的岩体可采用不同的确定方法。例如，对于整体状、块状等具有弹性或弹塑性力学属

性的岩体,通常可用弹性力学或弹塑性力学方法确定其围岩破坏区厚度;而对于松散岩体则常用松散介质极限平衡理论方法来确定等。这里主要介绍弹性力学和弹塑性力学方法。

2.3.2.1 弹性力学方法

由围岩重分布应力特征分析可知,当岩体初始应力比值系数 $\lambda<1/3$ 时,硐顶、底将出现拉应力,其值为 $\sigma_\theta=(3\lambda-1)\,\sigma_v$。而两侧壁将出现压应力集中,其值为 $\sigma_\theta=(3-\lambda)\,\sigma_v$。在这种情况下,若顶、底板的拉应力大于围岩的抗拉强度 σ_t,则围岩就要发生破坏。其破坏范围可用如图 2-23 所示的方法进行预测。在 $\lambda>1/3$ 的初始应力场中,硐侧壁围岩均为压应力集中,顶、底的压应力 $\sigma_\theta=(3\lambda-1)\,\sigma_v$,侧壁为 $\sigma_\theta=(3-\lambda)\,\sigma_v$。当 σ_θ 大于围岩的单轴抗压强度 σ_c 时,硐壁围岩就会破坏。沿硐周压破坏范围可按图 2-24 所示的方法确定。

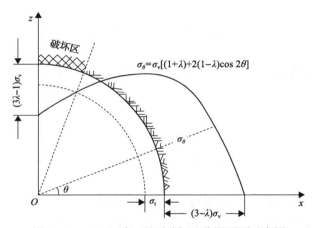

图 2-23　$\lambda<1/3$ 时,硐顶破坏区范围预测示意图

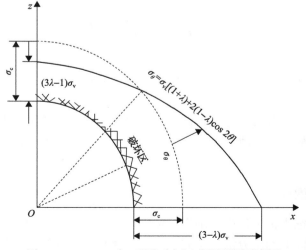

图 2-24　$\lambda>1/3$ 时,硐壁破坏区范围预测示意图

对于围岩破坏圈厚度，可以利用围岩处于极限平衡时主应力与强度条件之间的对比关系求得。由式(2-71)可知，当 $\lambda \neq 1$、$r > R_0$ 时，只有在 $\theta = 0$、$\dfrac{\pi}{2}$、π、$\dfrac{3\pi}{2}$ 四个方向上 $\tau_{r\theta}$ 均等于零，σ_θ 和 σ_r 才是主应力。由莫尔强度条件可知，围岩的强度 σ_{1m} 为

$$\sigma_{1m} = \sigma_3 \tan^2\left(45° + \frac{\varphi_m}{2}\right) + 2c_m \tan\left(45° + \frac{\varphi_m}{2}\right) \tag{2-90}$$

若用 σ_r 代入式(2-90)，求出 σ_{1m}（围岩强度），然后与 σ_θ 比较，若 $\sigma_\theta \geqslant \sigma_{1m}$，围岩就破坏，因此，围岩的破坏条件为

$$\sigma_\theta \geqslant \sigma_r \tan^2\left(45° + \frac{\varphi_m}{2}\right) + 2c_m \tan\left(45° + \frac{\varphi_m}{2}\right) \tag{2-91}$$

根据式(2-91)，可用作图法来求 x 轴和 z 轴方向围岩的破坏圈厚度，其具体方法如图 2-25 和图 2-26 所示。

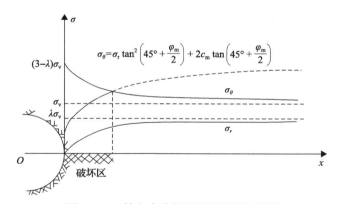

图 2-25 x 轴方向破坏圈厚度预测示意图

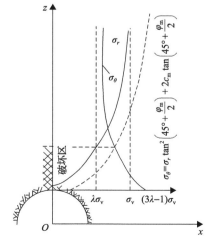

图 2-26 z 轴方向破坏圈厚度预测示意图

　　求出 x 轴和 z 轴方向的破坏圈厚度之后，其他方向上的破坏圈厚度可由此大致推求，但当岩体中初始应力 $\sigma_h = \sigma_v$（$\lambda=1$）时，可用以上方法精确确定各个方向上的破坏圈厚度，求得 θ 方向和 r 轴方向的破坏区范围，则围岩的破坏区范围也就确定了。

2.3.2.2　弹塑性力学方法

　　如前所述，在裂隙岩体中开挖地下硐室时，将在围岩中出现一个塑性松动圈，这时围岩的破坏圈厚度为 $R_1 - R_0$，因此在这种情况下，关键是确定塑性松动圈半径 R_1。为了计算 R_1，设岩体中的初始应力为 $\sigma_h = \sigma_v = \sigma_0$；因弹塑性圈交界面上的应力既满足弹性应力条件，也满足塑性应力条件，而弹性圈内的应力等于初始应力 σ_0 引起的应力叠加上塑性圈作用于弹性圈的径向应力 σ_{R_1} 引起的附加应力之和，如图 2-27 所示。

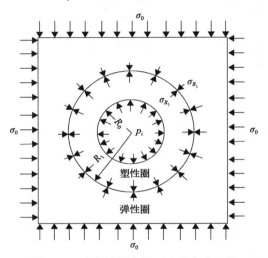

图 2-27　弹塑性圈交界面上的应力条件

由 σ_0 引起的应力，可由式 (2-74) 求得

$$\begin{cases} \sigma_{re1} = \sigma_0\left(1 - \dfrac{R_1^2}{r^2}\right) \\[2mm] \sigma_{\theta e1} = \sigma_0\left(1 + \dfrac{R_1^2}{r^2}\right) \end{cases} \tag{2-92}$$

由 σ_{R_1} 引起的附加应力，可由式 (2-89) 求得

$$\begin{cases} \sigma_{re2} = \sigma_{R_1}\dfrac{R_1^2}{r^2} \\[2mm] \sigma_{\theta e2} = -\sigma_{R_1}\dfrac{R_1^2}{r^2} \end{cases} \tag{2-93}$$

式 (2-92) 与式 (2-93) 相加，弹性圈内的重分布应力为

$$\begin{cases} \sigma_{re} = \sigma_0\left(1 - \dfrac{R_1^2}{r^2}\right) + \sigma_{R_1}\dfrac{R_1^2}{r^2} \\ \sigma_{\theta e} = \sigma_0\left(1 + \dfrac{R_1^2}{r^2}\right) - \sigma_{R_1}\dfrac{R_1^2}{r^2} \end{cases} \tag{2-94}$$

由式(2-94)，令 $r=R_1$ 可得弹塑性圈交界面上的应力(弹性应力)为

$$\begin{cases} \sigma_{re} = \sigma_{R_1} \\ \sigma_{\theta e} = 2\sigma_0 - \sigma_{R_1} \end{cases} \tag{2-95}$$

而弹塑性圈交界面上的塑性应力由式(2-94)及令 $r=R_1$ 求得

$$\begin{cases} \sigma_{rp} = (p_i + c_m\cot\varphi_m)\left(\dfrac{R_1}{R_0}\right)^{\frac{2\sin\varphi_m}{1-\sin\varphi_m}} - c_m\cot\varphi_m \\ \sigma_{\theta p} = (p_i + c_m\cot\varphi_m)\dfrac{1+\sin\varphi_m}{1-\sin\varphi_m}\left(\dfrac{R_1}{R_0}\right)^{\frac{2\sin\varphi_m}{1-\sin\varphi_m}} - c_m\cot\varphi_m \end{cases} \tag{2-96}$$

由假定条件(界面上弹性应力与塑性应力相等)得

$$(p_i + c_m\cot\varphi_m)\left(\frac{R_1}{R_0}\right)^{\frac{2\sin\varphi_m}{1-\sin\varphi_m}} - c_m\cot\varphi_m = \sigma_{R_1}$$

$$(p_i + c_m\cot\varphi_m)\frac{1+\sin\varphi_m}{1-\sin\varphi_m}\left(\frac{R_1}{R_0}\right)^{\frac{2\sin\varphi_m}{1-\sin\varphi_m}} - c_m\cot\varphi_m = 2\sigma_0 - \sigma_{R_1}$$

将两式相加后消去 σ_{R_1}，并解出 R_1 为

$$R_1 = R_0\left[\frac{(\sigma_0 + c_m\cot\varphi_m)(1-\sin\varphi_m)}{p_i + c_m\cot\varphi_m}\right]^{\frac{1-\sin\varphi_m}{2\sin\varphi_m}} \tag{2-97}$$

式(2-97)为有支护力 p_i 时，塑性圈半径 R_1 的计算公式，称为修正芬纳-塔罗勃公式。如果用 σ_c 代替式(2-97)中的 c_m，则可得到计算 R_1 的卡斯特纳公式。由莫尔-库仑强度理论可知：

$$c_m = \frac{\sigma_c(1-\sin\varphi_m)}{2\cos\varphi_m} \tag{2-98}$$

将式(2-98)代入式(2-97)，并令 $\dfrac{1+\sin\varphi_m}{1-\sin\varphi_m} = \xi$，$R_1$ 为

$$R_1 = R_0 \left[\frac{2}{\xi+1} \times \frac{\sigma_c + \sigma_0(\xi-1)}{\sigma_c + p_i(\xi-1)} \right]^{\frac{1}{\xi-1}} \tag{2-99}$$

由式(2-97)和式(2-99)可知，地下硐室开挖后，围岩塑性圈半径 R_1 随着初始应力 σ_0 增加而增大，随支护力 p_i、岩体强度参数 c_m 增加而减小。

2.4 岩体工程测试方法

2.4.1 岩体力学参数测试

2.4.1.1 岩体的变形试验

岩体的野外现场试验虽然在仪器设备及操作过程中所耗费的时间、人力、物力等方面都比室内试验大得多，但对自然条件下的岩体所施加的应力大小、方向及其与节理的相对位置等都比较符合实际，这是室内试验所不能代替的。岩体现场变形试验有静力法及动力法两种。所谓静力法，是指岩体现场变形试验以静力荷载进行加荷，如千斤顶法，岩体的变形是因静力荷载而引起的。而动力法是指施加于岩体上的荷载为动力荷载，如地震法，岩体的变形是由动力荷载引起的。从许多的试验成果来看，静力法所求得的岩体变形模量 $E_{静}$ 值与动力法所求得的变形模量 $E_{动}$ 值是有差别的。由于动力法作用力为冲击力，作用时间短，在完全弹性体的基础上求 $E_{动}$，因而对于坚硬的、节理少的完整岩体，其 $E_{动}$ 和 $E_{静}$ 是比较接近的（相差 1～3 倍）。而对于风化剧烈或节理化岩体，则两者相差可达数十倍。由于动力法所用设备方便轻巧，便于野外工作，试验速度快，因而很多场合求岩体的变形模量采用动力法。找出动力法的 $E_{动}$ 与静力法的 $E_{静}$ 的相互关系，然后用静力法测出现场岩体的 $E_{静}$。这里主要介绍静力法求现场岩体的变形模量。

常用的静力法有千斤顶法荷载试验(或称平板荷载法)、径向荷载试验和水压法等。通常求算岩体的弹性模量 E 或变形模量 E_0 采用千斤顶法，求岩石的弹性抗力系数采用径向荷载试验。

1）千斤顶法荷载试验

千斤顶法荷载试验是用千斤顶加荷于垫板上，使荷载传到岩体中，故也称千斤顶法。一般在硐内或坑道内进行，如果地表上有反力装置，也可在地表上进行。

千斤顶法的设备装置主要由四部分组成(图 2-28)：垫板(承压板)、加荷装置(千斤顶或压力枕)、传力装置(传力支柱、传力柱垫板)、变形量测装置(测微计)。垫板的形状一般为方形或圆形，面积一般为 $0.25 \sim 1.20 \text{m}^2$，材料要求可为弹性的，也可为刚性的。加荷装置中，一般用千斤顶，加荷为 500～3000kN。但近年来，因千斤顶笨重，出力小，因而当需要进行大面积的高压试验时，采用压力枕进行试验可获得较好的效果。

常用加荷方法有小循环法和大循环法两种，前者又分为多次循环法[图 2-29(a)]和单循环法[图 2-29(b)]，后者如图 2-29(c)所示。应该采用哪种方法，主要由建筑物受荷情

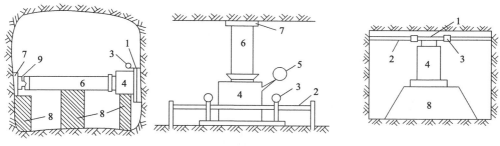

图 2-28　千斤顶加压装置

1-垫板；2-测微计支架；3-测微计；4-千斤顶；5-压力表；6-传力支柱；7-传力柱垫板；8-支墩；9-球型支座

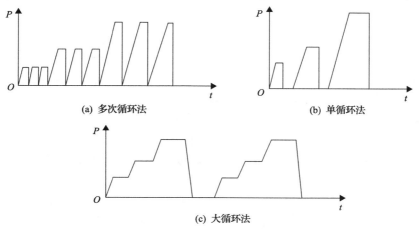

(a) 多次循环法　　(b) 单循环法

(c) 大循环法

图 2-29　岩体现场变形试验加荷过程示意图

P-压力；t-时间

况来确定。小循环法在各级压力反复作用下所得的总变形值，要比同样的常压力作用下所得的变形值大一些，有人把这点称为反复荷载的畸变现象。

　　岩体的变形可在垫板下面测定，也可在通过垫板中心的轴线上距垫板一定距离处量测(图 2-30)。

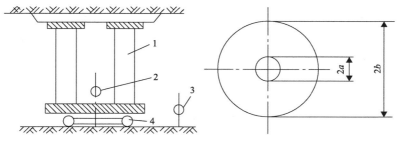

图 2-30　带中心孔垫板的变形试验装置

1-传力柱；2-中心测表；3-外测表；4-带中心孔的垫板

　　设岩体为一个弹性半无限空间，则岩体表面的垂直向位移可用布辛涅斯克方程求得。当岩体表面受到中心荷载 P 作用，而半径 r 的垫板为柔性垫板，在岩体表面上垫板的中

心处位移为

$$S_0 = \frac{2P(1-\mu^2)}{r\pi E_0} \qquad (2\text{-}100)$$

式中，μ 为岩体的泊松比；E_0 为岩体的变形模量。

圆形或方形垫板的平均位移为

$$S_0' = \frac{mP(1-\mu^2)}{\sqrt{A}E_0} \qquad (2\text{-}101)$$

式中，A 为垫板面积；m 为系数，取决于垫板的形状、刚度以及荷载分布等情况，当均布荷载和垫板形状不同时，其 m 值见表 2-5。

表 2-5　均布荷载和垫板形状关系的 m 值

圆形	具有各种边长的矩形						
	1∶1	1∶1.5	1∶2	1∶3	1∶5	1∶10	1∶100
0.96	0.95	0.94	0.92	0.88	0.82	0.71	0.37

如果用位移计测得垫板的垂直位移，则可按式(2-101)求得变形模量 E_0 值。

如果在圆形板下，不同荷载类型(垫板的刚度影响)，其相应的 m 值可见表 2-6。

对于刚性矩形垫板，在垫板下岩面的垂直位移为

$$S_0' = \frac{P(1-\mu^2)}{ab\pi E_0}\left[a\ln\left(\frac{b+\sqrt{a^2+b^2}}{a}\right) + b\ln\left(\frac{a+\sqrt{a^2+b^2}}{b}\right) \right] \qquad (2\text{-}102)$$

式中，a、b 为垫板的边长。

表 2-6　圆形板在不同荷载类型下的 m 值

位移	荷载类型		
	刚性铸模板	均布荷载柔性板	刚性球面板
中心值	0.89	1.13	1.33
平均值	0.89	0.96	1.00

当用中心带孔的圆形柔性垫板(中心有孔的压力枕)做荷载试验(图 2-30)时，垂直位移为

$$S_0' = \frac{2P(1-\mu^2)}{E_0}(b-a) \qquad (2\text{-}103)$$

式中，b 为圆形垫板的半径；a 为圆形垫板内中心孔的半径。

2)径向荷载试验

径向荷载试验的实质是在岩体中开挖一个圆筒形硐室，然后在这个硐室的某一段长

度上施加垂直于岩体表面的均匀压力。压力可以用水压施加，称为水压法。也可用压力枕加压，称为径向压力枕试验，在国外称为奥地利荷载试验。如图 2-31 所示，试验由一个钢铸的圆筒支承着四周设置的压力枕，并使压力枕同步对其四周岩体施加荷载，使硐中一定长度范围(一般为 2m)内的岩体产生径向压缩变形。施加的荷载要保持其变形在弹性范围内，径向位移的测定不是在混凝土和岩面衬砌的接触面上，而是在岩体内部，大约在 15cm 的深处量测。变形模量 E_0 可按弹性厚壁圆筒计算模式计算(图 2-32)。设岩体内任一点的位移为

$$u = \frac{1+\mu}{E_0} \times \frac{r_B^2}{r} p \tag{2-104}$$

式中，p 为作用于岩体表面的应力；r_B 为径向压力枕半径；r 为锚固点至径向压力枕中心的距离。

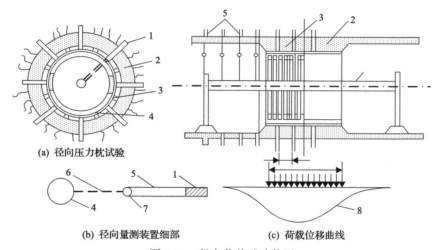

(a) 径向压力枕试验

(b) 径向量测装置细部　　**(c) 荷载位移曲线**

图 2-31　径向荷载试验装置

1-锚固点；2-混凝土衬砌；3-压力枕；4-钢筒；5-钢测杆；6-钢丝；7-测表；8-岩石弹性位移

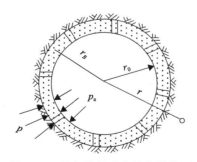

图 2-32　径向荷载试验的力学模型

p_a 为内压力

当混凝土圈有分布裂缝时，作用于岩体表面上的应力 $p=p_a$，则由式(2-104)得

$$E_0 = \frac{1+\mu}{\mu} \times \frac{r_B^2}{r} p_a \qquad (2\text{-}105)$$

设 u_0 为隧洞壁面的位移，当 $u=u_0$ 时可得

$$E_0 = \frac{1+\mu}{\mu} \times r_B p \qquad (2\text{-}106)$$

应用岩体弹性抗力的概念，并设 K 为岩体的弹性抗力系数，则

$$K = \frac{p}{u_0}$$
$$u_0 = \frac{p}{K} \qquad (2\text{-}107)$$

根据式（2-106）和式（2-107），可得

$$\frac{p}{K} = \frac{1+\mu}{E_0} r_B p$$
$$K = \frac{E_0}{(1+\mu)r_B} \qquad (2\text{-}108)$$

岩体的弹性抗力系数 K 随隧洞的半径的大小而变化，一般地，半径越大 K 值越小，即 K 与半径成反比。为使用方便，通常采用 $r_B=100\text{cm}$ 时的弹性抗力系数 K_0 表示。

因

$$\frac{K}{K_0} = \frac{100}{r_B}$$

故

$$K_0 = \frac{K r_B}{100} = \frac{p r_B}{100 u_B} \qquad (2\text{-}109)$$

弹性抗力系数 K 对于有内压力的隧洞衬砌是有意义的。因为围岩岩体具有一定的弹性，它被迫压缩以后，就会产生一定的弹性抗力。岩体的弹性抗力系数 K 越大，则它能产生的弹性抗力也越大，这个弹性抗力对衬砌的稳定是有利的。假如岩体很软弱，没有弹性抗力，衬砌在过大的内压力作用下无阻碍地自由膨胀，则衬砌很快便会破裂。岩体的这个弹性抗力实际上是分担了一部分内压力，使衬砌所受的内压力减少，从而起到保护衬砌的作用。充分利用岩体的弹性抗力，就可以大大减小衬砌的厚度，降低工程造价。

3）狭缝压力枕荷载试验

本试验的实质是将岩体切割成槽，把压力枕埋于槽内，并用水泥砂浆浇筑，使压力枕的两个面皆能很好地与槽的两侧岩面接触（图 2-33、图 2-34）。当压力枕施加荷载于岩

面之后，施加的荷载大小可由压力表测定，而岩面的平均位移 V_s 可从水泵(或油泵)打入压力枕中的水量(或油量)推算出来，即

$$V_s = \frac{fW}{2F} \tag{2-110}$$

式中，W 为贮水筒下降水位；f 为贮水筒的截面积；F 为压力枕的表面积。

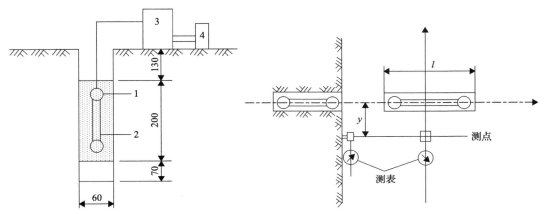

图 2-33 用水力压力枕做狭缝试验(单位：cm)
1-水力压力枕；2-水泥砂浆；3-贮水筒；4-水泵

图 2-34 狭缝压力枕荷载试验

变形模量 E_0 为

$$E_0 = \frac{0.5P(1-\mu^2)}{aV_s} \tag{2-111}$$

式中，P 为压力枕作用于岩面的总荷载；a 为圆形加载表面的半径。

如图 2-34 所示，在垂直岩壁上刻槽布置，则岩体变形模量 E_0 的计算可按布辛涅斯克的弹性理论求解：当测得位移时，变形模量 E_0 为

$$E_0 = \frac{lP(1+\mu)}{4u_R}\left[1 + \frac{3-\mu}{1+\mu} + \frac{2(A^2-1)}{A^2+1}\right] \tag{2-112}$$

式中，P 为压力枕施加的单位压力，MPa；l 为直槽宽度(近似以压力枕宽度代替)，cm；u_R 为测点的位移，cm；A 为计算参数：

$$A = \frac{2y + \sqrt{4y^2 + l^2}}{l} \tag{2-113}$$

其中，y 为直槽的水平中心轴(z轴)到测点之间的距离，cm。

2.4.1.2 现场岩体直剪试验

在节理岩体中，结构面的强度远小于岩块本身的强度，故在外力作用下，岩体的破坏主要是由于岩块之间的结构面发生剪切位移而引起的。从边坡失稳及工程失事都可证

实这一点。因此，近年来国内外都加强了岩体中软弱结构面的现场抗剪强度试验。

1) 双千斤顶法

现场岩体的直剪试验一般采用双千斤顶(或压力枕)法(图 2-35)。在该方法中，可以按施加的推力与剪切面之间的夹角大小而采用不同的加荷方法。图 2-35 表示了该剪切试验具有 α 倾角的倾斜推力，有时也可采用 $\alpha=0$ 的水平推力试验方法。

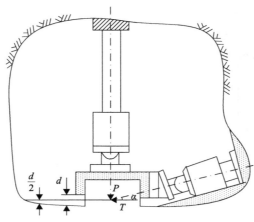

图 2-35　剪切试验装置

双千斤顶法试验中，一组试验不少于 5 块试件，首先利用式(2-114)求出试件剪切面在不同垂直力 P 和推力 T 作用下的正应力 σ 和剪应力 τ。

$$\begin{cases} \sigma = \dfrac{P + T\sin\alpha}{F} \\ \tau = \dfrac{T\cos\alpha}{F} \end{cases} \tag{2-114}$$

式中，σ 为试件剪切面上的正应力，MPa；τ 为试件剪切面上的剪应力，MPa；P 为垂直总荷载，kN；T 为横向总荷载，kN；F 为试件剪切面积；α 为横向推力与剪切面的夹角(通常 $\alpha=15°$ 的固定角度)，(°)。

当剪切面上存在裂隙、节理等滑面时，抗剪面积将分成剪断破坏与滑动破坏两部分，而把剪断破坏部分当作有效抗剪面积 F_a，滑动破坏时的滑动面积为 F_b，其规律适合于莫尔-库仑定律。

$$\begin{cases} F = F_a + F_b \\ \sigma = \dfrac{P + T\sin\alpha}{F} \\ \tau = \dfrac{T\cos\alpha}{F_a} \end{cases} \tag{2-115}$$

由于剪切时设备的重量、试件的重量及设备中滚轴的滚动摩擦会产生影响等，因此，在试验时应考虑下列两点。

(1)施加于试件剪切面上的压力应该包括千斤顶施加的荷重以及设备和试件的重量。

(2)在计算剪应力时,应扣除由于垂直压力而产生的滚轴滚动摩擦力。

如果 $\alpha=0°$,则式(2-115)的横向推力 T 为水平向,这时有

$$\begin{cases} \sigma = \dfrac{P}{F} \\ \tau = \dfrac{T}{F} \end{cases} \quad (2\text{-}116)$$

如果剪切面为倾斜面,或者当沿层面或节理面具有假倾角的岩层剪切,仍保持横向推力 T 为水平方向(图 2-36)。当节理面与推力方向呈 α 夹角,而与推力呈 90°方向为 β 倾角时,则正应力与剪应力分别为

$$\begin{cases} \sigma = \dfrac{\cos\beta(P\cos\alpha + T\sin\alpha)}{F} \\ \tau = \sqrt{\tau_1^2 + \tau_2^2} \end{cases} \quad (2\text{-}117)$$

式中,α 为水平推力方向的假倾角,(°);β 为垂直推力方向的假倾角,(°);τ_1、τ_2 分别为平行于水平推力方向和垂直于推力方向的剪应力分量,MPa,可按式(2-118)求得

$$\begin{cases} \tau_1 = \dfrac{(T\cos\alpha - P\sin\alpha)}{F} \\ \tau_2 = \dfrac{\sin\beta(P\cos\alpha + T\sin\alpha)}{F} \end{cases} \quad (2\text{-}118)$$

2)单千斤顶法

单千斤顶法是在现场岩体无法施加垂直应力的情况下采用。在山坡上或平滑的预定剪切面上,挖成各推力方向与固定剪切面呈不同倾角(通常采用 $\alpha=15°\sim35°$)的剪切面的试件(图 2-37)。然后用千斤顶或压力枕逐级施加推力,一直到试件破坏,以求得不同的正应力和剪应力的抗剪断强度。若剪切面为倾斜时,可采用如图 2-38 所示的布置方法。由

$$\sigma = \frac{T\sin\alpha}{F_x}$$
$$\tau_2 = \frac{T\cos\alpha}{F_x}$$
$$F_x = \frac{F_h}{\sin\alpha} \quad (2\text{-}119)$$
$$\sigma_a = \frac{T}{F_h}$$

得

$$\begin{cases} \sigma = \dfrac{\sigma_a(1-\cos 2\alpha)}{2} \\[2mm] \tau = \dfrac{\sigma_a \sin 2\alpha}{2} \end{cases} \tag{2-120}$$

式中，F_x 为水平投影面积；F_h 为垂直于 T 的投影面积；σ_a 为破坏时的应力，MPa；α 为剪切面与水平面的夹角，(°)。

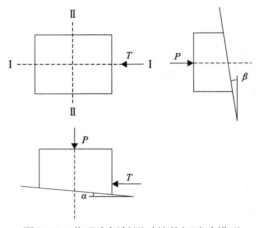

图 2-36　节理为倾斜面时的剪切试验模型

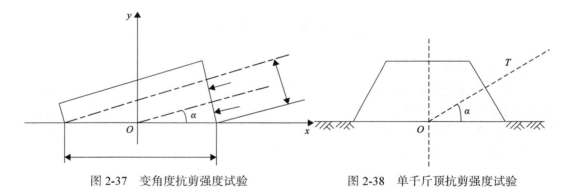

图 2-37　变角度抗剪强度试验　　　　　　图 2-38　单千斤顶抗剪强度试验

分别进行不同的 α 角剪切试验，将式(2-119)和式(2-120)合并，得出莫尔应力圆方程：

$$\left(\sigma - \frac{\sigma_1}{2}\right)^2 + \tau^2 = \left(\frac{\sigma_1}{2}\right)^2 \tag{2-121}$$

2.4.1.3　现场岩体三轴强度试验

在一个随机性节理的岩体中，破坏面位置的预定是有困难的，也是与工程实际状况不相符的。用现场岩体的三轴试验可以测量岩体的抗剪强度和破坏面的位置及形态，这时，破坏面将会沿着最弱的面破坏，它真实地反映了岩体的破坏状态。这个破坏面可能沿着已有的节理面产生，也可能通过完整岩石本身破坏。破坏面的形态可以是沿着一个平直节理面，也可以由 2 组或 3 组不同的节理组合成锯齿状破坏面。现场岩体的三轴试验(图 2-39)的试件一般为矩形块体，它是在试验硐室底板或硐壁的试验位置上，经过仔细刻凿和整平而成，使此矩形试件五面脱离原地岩体，而仅有一面与岩体相连。试件受压面积的大小是根据施加压力作用的压力枕尺寸而定，其长度(或高度)一般取 $h>2a$，目前，现场岩体的三轴试验采用矩形截面试件，其尺寸可达 $2.80\text{m}\times1.40\text{m}\times2.80\text{m}$。试件的基底与岩体相连的面积为 $2.80\text{m}\times1.40\text{m}$。

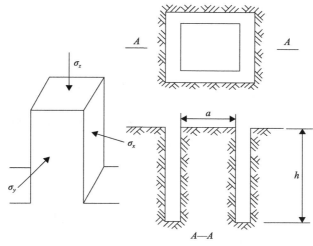

图 2-39　现场岩体三轴试验的力学模型

试件备好后，把压力枕埋置在刻槽内，以施加侧压力 σ_2 和 σ_3，而 σ_1 是通过垂直千斤顶或压力枕施加的。在试验过程中测量和记录试件位移，从而测定应力-位移关系曲线，确定应力屈服极限值和破坏极限值。

关于不同应力状态下，现场三轴试验成果的计算分述如下。

(1)在 $\sigma_z>\sigma_x>\sigma_y$ 的应力状态下，某一平面法线方向余弦为 L、M、N，则法向应力为

$$\sigma_n = \sigma_z L^2 + \sigma_x M^2 + \sigma_y N^2 \tag{2-122}$$

$$\tau_n^2 = \sigma_z L^2 + \sigma_x M^2 + \sigma_y N^2 - \sigma_n^2 \tag{2-123}$$

$$L^2 + M^2 + N^2 = 1 \tag{2-124}$$

可得

$$\left(\sigma_n - \frac{\sigma_x+\sigma_y}{2}\right)^2 + \tau_n^2 = (\sigma_z-\sigma_x)(\sigma_z-\sigma_y)L^2 + \frac{1}{4}(\sigma_x-\sigma_y)^2 \tag{2-125}$$

$$\left(\sigma_n - \frac{\sigma_z + \sigma_y}{2}\right)^2 + \tau_n^2 = (\sigma_x - \sigma_y)(\sigma_x - \sigma_z)M^2 + \frac{1}{4}(\sigma_y - \sigma_z)^2 \tag{2-126}$$

$$\left(\sigma_n - \frac{\sigma_z + \sigma_x}{2}\right)^2 + \tau_n^2 = (\sigma_y - \sigma_z)(\sigma_y - \sigma_x)N^2 + \frac{1}{4}(\sigma_z - \sigma_x)^2 \tag{2-127}$$

式中，L，M，N 为未知数，分别令 L、M、N 为 0，则在平面坐标内表示为 3 个莫尔应力圆(图 2-40)。

在三轴($\sigma_z > \sigma_x > \sigma_y$)状态下，若令式(2-125)、式(2-126)、式(2-127)中的 L、M、N 为 1/3，则得八面体正应力和剪应力：

$$\begin{cases} \sigma_n = \dfrac{\sigma_x + \sigma_y + \sigma_z}{3} \\ \tau_n = \dfrac{1}{3}\sqrt{(\sigma_z - \sigma_x)^2 + (\sigma_x - \sigma_y)^2 + (\sigma_y - \sigma_z)^2} \end{cases} \tag{2-128}$$

(2)三轴应力在 $\sigma_z > \sigma_x = \sigma_y$ 状态下，由于侧压 $\sigma_x = \sigma_y$，可化为平面问题，任意一点的法向应力和剪应力、莫尔应力圆的表示方法如图 2-41 所示。

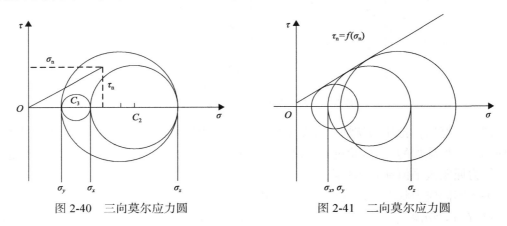

图 2-40　三向莫尔应力圆　　　　　　　　图 2-41　二向莫尔应力圆

2.4.2 岩体应力环境测试

近半个世纪以来，特别是近 40 年来，随着地应力测量工作的不断开展，各种测量方法和测量仪器也不断发展起来。就世界范围而言，目前各种测量方法有数十种之多，而测量仪器则有数百种之多。有人根据测量原理不同分为应力解除法、应力恢复法、应变解除法、应变恢复法、水压致裂法、声发射法、X 射线法、重力法 8 类。下面将水压致裂法、钻孔套心应力解除法、声发散法的基本原理与测试步骤介绍如下。

2.4.2.1 水压致裂法

1)基本原理

水压致裂法在 20 世纪 50 年代被广泛应用于油田，通过在钻井中制造人工裂隙来提高石油的产量。哈伯特（Hubbert）和威利斯（Willis）在实践中发现了水压致裂裂隙与初始应力之间的关系。这一发现又被费尔赫斯特（Fairhurst）和海姆森（Haimson）用于地应力测量。

由弹性力学理论可知，当一个位于无限体中的钻孔受到无穷远处二维应力场(σ_x, σ_y)的作用时，离开钻孔端部一定距离的部位处于平面应变状态。在这些部位，钻孔周边的应力为

$$\sigma_\theta = \sigma_x + \sigma_y - 2(\sigma_x - \sigma_y)\cos 2\theta$$
$$\sigma_r = 0 \tag{2-129}$$

式中，σ_θ，σ_r为钻孔周边的切向应力和径向应力；θ为周边一点与σ_x轴的夹角。

由式(2-129)可知，当$\theta = 0°$时，σ_θ取极小值，此时$\sigma_\theta = 3\sigma_y - \sigma_x$。

水压致裂地应力测量原理如图2-42所示。采用水压致裂系统将钻孔某段封隔起来，并向该段钻孔注入高压水，当水压超过σ_θ与抗拉强度σ_t之和后，在$\theta = 0°$处，σ_1所在方位将发生孔壁开裂。设钻孔壁发生初始开裂时的水压为p_i，则有

$$p_i = 3\sigma_y - \sigma_x + \sigma_t \tag{2-130}$$

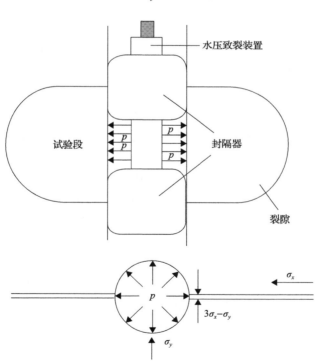

图 2-42　水压致裂地应力测量原理

如果继续向封隔段注入高压水使裂隙进一步扩展，当裂隙深度达到3倍钻孔直径时，此处已接近初始应力状态，停止加压，保持压力恒定，将该恒定压力记为p_s，p_s应与初始应力σ_y相平衡，即

$$p_s = \sigma_y \tag{2-131}$$

由式(2-130)和式(2-131)可知，只要测出岩石抗拉强度 σ_t，即可由 p_i 和 p_s 求出 σ_x 和 σ_y。这样，σ_x 和 σ_y 的大小和方向即可全部确定。

在钻孔中存在裂隙水的情况下，如封隔段的裂隙水压力为 p_0，则式(2-130)变为

$$p_i = 3\sigma_y - \sigma_x + \sigma_t - p_0 \tag{2-132}$$

根据式(2-131)和式(2-132)求 σ_x 和 σ_y，需要知道封隔段岩石的抗拉强度，这往往是很困难的。为了克服这一困难，在水压致裂试验中增加一个环节，即在初始裂隙产生后，将水压卸除，使裂隙闭合，然后再重新向封隔段加压，使裂隙重新打开，记裂隙重开的压力为 p_v，则有

$$p_v = 3\sigma_y - \sigma_x - p_0 \tag{2-133}$$

这样，由式(2-131)和式(2-133)求 σ_x 和 σ_y 就无须知道岩石的抗拉强度。因此，由水压致裂法测量初始应力将不涉及岩石的物理力学性质，而完全由测量和记录的压力值来决定。

2) 主要设备

水压致裂法地应力测量的主要设备由三部分组成。一是钻孔承压段的封隔系统，它由串联在一起的两个封隔器跨接组成。跨接封隔器坐封以后，在两个封隔器之间形成一个钻孔承压段的空间，承受逐渐增大的液压作用。二是加压系统，包括大流量高压力的液压泵，对封隔器和钻孔承压段分别加压的管路系统，以及在地面可自由控制压力液流向的推拉阀。三是测量和记录系统，包括函数记录仪、压力传感器、流量传感器、标准压力表等。

这些设备和仪表，国内外有关部门各自采用有自己特色的产品，并无统一规定。在这些设备中，最关键的是与钻孔口径配套的两个上下跨接的封隔器和符合测量要求的大流量高压力液压泵。国外使用的跨接封隔器单个胶筒长多为 1～1.7m，压裂段长为 1～2m。液压泵有各种型号的大型压裂车和其他注水压裂泵。

压裂车体积庞大，质量大，如兰州通用机器厂生产的 YIC-500 型压裂车，体积为 7.6m×2.5m×3.2m，质量为 14.7t，需要有专用的运输车辆。如此庞大的设备不能适应在无公路的山地现场和地下硐室、边坡等施工工地的地应力测量。因此，中国地震局地壳应力研究所在改造现有设备的基础上，发展了轻便型水压致裂法地应力测量设备，使得这种地应力测量方法得到了广泛应用。

轻便型跨接封隔器总长 3.4m，胶筒长 1.2m，坐封后形成的压裂段长 1m，如图 2-43 所示。

水压致裂法地应力测量具体测量的框图如图 2-44 所示，操作步骤如下。

(1)打钻孔到测试部位，并将试验段用两个封隔器隔离起来。

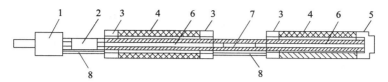

图 2-43　轻便型跨接封隔器结构示意图

1-推拉阀；2-连接杆；3-接头；4-封隔器；5-下封隔器接头；6-中心拉杆；7-压裂段花杆；8-坐封高压管

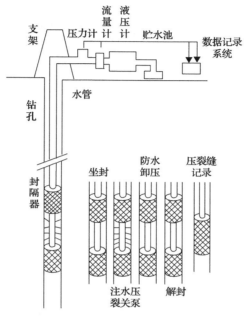

图 2-44　水压致裂法地应力测量

(2)向隔离段注高压水流，直到孔壁出现裂隙，并记下此时的初始开裂压力；然后继续施加水压使裂隙扩展，当水压增至 2～3 倍开裂压力，裂缝扩展到 10 倍钻孔直径时关闭高压水系统，待水压恒定后记下关闭压力；最后卸压使裂隙闭合。

(3)重新向密封段注射高压水，使裂隙重新张开，并记下裂隙重开时的压力，该重新加压过程重复 2～3 次。

(4)将封隔器完全卸压后从钻孔内取出。

(5)将用特殊橡皮包裹的印模器送入破裂段并加压获取裂隙的形状、大小、方位，以及原来孔壁存在的节理、裂隙。

(6)根据记录数据绘制压力-时间曲线图(图 2-45)，计算主应力的大小，确定主应力方向。

2.4.2.2　钻孔套心应力解除法

钻孔套心应力解除法的基本原理是在钻孔中安装变形或应变测量元件(位移传感器或应变计)。通过测量套心应力解除前后钻孔孔径变化或孔底应变变化或孔表面应变变化来确定初始应力的大小和方向。所谓套心应力解除是用一个比测量孔径更大的岩心钻对测量孔进行同心套钻，把安装有传感器元件的孔段岩体与周围岩体隔离开来，以解除其天然受力状态，如图 2-46 所示。

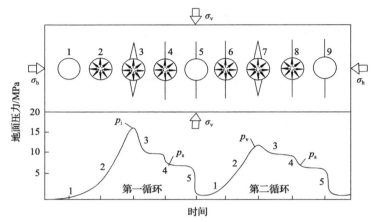

图 2-45   水压致裂法地应力测量压裂过程曲线

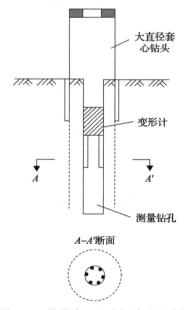

图 2-46   钻孔套心应力解除法示意图

根据传感器和测量物理量不同，可把钻孔套心应力解除法划分为钻孔位移法、钻孔应力法和钻孔应变法三种。

钻孔位移法又称钻孔变形法，其基本原理是通过测量套心应力解除前后钻孔孔径变化值来确定初始应力值。这种方法所使用的传感器称为钻孔变形计。

钻孔应力法是把一种刚性的钻孔变形计安装于钻孔内，通过测量套心应力解除前后这种变形计上压力的变化，进而确定钻孔位移最后推算岩体初始应力值，这种刚性变形计称为钻孔应力计。

钻孔应变法是通过测量应力解除前后孔底或孔壁壁面应变变化来确定岩体初始应力状态。这种方法所使用的传感器称为钻孔应变计。目前常用的钻孔应变计有门塞式应变计、光弹性圆盘应变计和利曼三维应变计等。

钻孔套心应力解除法的理论基础是弹性理论，把岩体视为一无限大的均质、连续、各向同性的线弹性体。在这种岩体中钻一个孔，设钻孔轴与岩体中某一初始应力相平行，那么测量钻孔孔壁的径向位移和岩体初始主应力间的关系可由弹性理论得出。

若按平面应变问题考虑，则有

$$u_r = \frac{R(1-\mu_{\mathrm{m}}^2)}{E_{\mathrm{m}}}\left[(\sigma_1+\sigma_2)+2(\sigma_1-\sigma_3)\cos 2\theta\right] \tag{2-134}$$

若按平面应力问题考虑，则有

$$u_r = \frac{R}{E_{\mathrm{m}}}\left[(\sigma_1+\sigma_3)+2(\sigma_1-\sigma_2)\cos 2\theta\right] \tag{2-135}$$

式中，u_r 为与 σ_1 作用方向成 θ 角的孔壁一点的径向位移；R 为钻孔半径；E_{m} 为岩体弹性模量；μ_{m} 为岩体的泊松比；σ_1 为垂直钻孔轴平面内岩体中最大初始主应力；σ_2 为垂直钻孔轴平面的岩体中间主应力；σ_3 为垂直钻孔轴平面内岩体中最小初始主应力；θ 为作用方向至位移测量方向的夹角，以逆时针方向为正。

由上述公式可知，为了求得 σ_1、σ_3 和 θ 值，在钻孔中必须安装 3 个互成一定角度的测量元件，分别测出应力解除后，孔壁在这 3 个方向上的径向位移，然后建立 3 个联立方程才可求解这 3 个值。目前在测量上有两种布置方法，一种是 3 个测量元件之间互呈 45°角；另一种为测量元件之间互呈 60°角。若 3 个测量元件之间互呈 45°角，且按平面应力问题考虑时，则 σ_1、σ_3 和 θ 的计算公式为

$$\begin{cases} \sigma_1 = \dfrac{E_{\mathrm{m}}}{4R}\left[u_a+u_c+\dfrac{1}{\sqrt{2}}\sqrt{(u_a-u_b)^2+(u_b-u_c)^2}\right] \\[3mm] \sigma_3 = \dfrac{E_{\mathrm{m}}}{4R}\left[u_a+u_c-\dfrac{1}{\sqrt{2}}\sqrt{(u_a-u_b)^2+(u_b-u_c)^2}\right] \\[3mm] \tan 2\theta = \dfrac{2u_b-u_a-u_c}{u_a-u_c} \end{cases} \tag{2-136}$$

式中，u_a、u_b 和 u_c 为与最大主应力作用方向夹角分别为 θ、$\theta+45°$、$\theta+90°$的 3 个方向上测得的孔壁径向位移；θ 为最大主应力至第一个测量元件之间的夹角。

当 3 个测量元件之间互呈 60°角时，则垂直钻孔平面内初始应力的大小和方向，可按式(2-137)计算：

$$\begin{cases} \sigma_1 = \dfrac{E_\mathrm{m}}{6R}\left[u_a + u_b + u_c + \dfrac{1}{\sqrt{2}}\sqrt{(u_a - u_b)^2 + (u_b - u_c)^2 + (u_c - u_a)^2} \right] \\[4mm] \sigma_3 = \dfrac{E_\mathrm{m}}{6R}\left[u_a + u_b + u_c - \dfrac{1}{\sqrt{2}}\sqrt{(u_a - u_b)^2 + (u_b - u_c)^2 + (u_c - u_a)^2} \right] \\[4mm] \tan 2\theta = \dfrac{-\sqrt{3}(u_b - u_c)}{2u_a - (u_b + u_c)} \end{cases} \tag{2-137}$$

式中，u_a、u_b 和 u_c 为与最大主应力作用方向夹角分别为 θ、$\theta+60°$、$\theta+120°$的 3 个方向上测得的孔壁径向位移。

2.4.2.3　声发射法

1）基本原理

材料在受到外荷载作用时，其内部储存的应变能快速释放产生弹性波，从而发出声响，称为声发射。1950 年，德国人凯泽（Kaiser）发现多晶金属的应力从其历史最高水平释放后，再重新加载，当应力未达到先前最大应力值时，很少有声发射产生，而当应力达到或超过历史最高水平后，则大量产生声发射，这一现象称为凯泽效应。从很少产生声发射到大量产生声发射的转折点称为凯泽点，该点对应的应力即为材料先前受到的最大应力。后来国外许多学者证实了在岩石压缩试验中也存在凯泽效应，许多岩石如花岗岩、大理岩、石英岩、砂岩、安山岩、辉长岩、闪长岩、片麻岩、辉绿岩、灰岩、砾岩等也具有显著的凯泽效应。

凯泽效应为测量岩石应力提供了一条新途径，即如果从原岩中取回定向的岩石试件，通过对加工不同方向的岩石试件进行加载声发射试验，测定凯泽点，即可找出每个试件以前所受的最大应力，并进而求出取样点的原始（历史）三维应力状态。

2）试验步骤

从现场钻孔提取岩石试样，试样在原环境状态下的方向必须确定。将试样加工成圆柱体试件，径高比为 1∶2～1∶3。为了确定测点三维应力状态，必须在该点的试样中沿 6 不同方向制备试件，假如该点局部坐标系为 O_{xyz}，则 3 个方向选为坐标轴方向，另 3 个方向选为 O_{xy}、O_{yz}、O_{xz} 平面内的轴角平分线方向。为了获得测试数据的统计规律，每个方向的试件为 15～25 块。

将试件放在压力试验机上加压。为了消除由于试件端部与压力试验机上、下压头之间摩擦所产生的噪声和试件端部应力集中，试件两端浇铸由环氧树脂或其他复合材料制成的端帽。

在加压过程中，通过声发射监测系统监测试件中产生的声发射信号。监测系统由声发射仪和两个压电换能器（声发射接受探头）组成。两个压电换能器分别固定在试件的上、下部，用以将岩石试件在受压过程中产生的弹性波转换成电信号。该信号输入到声发射仪，被转换成声发射模拟量和数字量（事件数和振铃数）。

凯泽效应一般发生在加载的初期，故加载系统应选用小吨位的应力控制系统，并保持加载速率恒定，尽可能避免人工控制加载速率，如用手动加载则应采用声发射事件数或振铃总数曲线判定凯泽点，而不应根据声发射事件速率曲线判定凯泽点，这是因为声发射速率和加载速率有关。在加载初期，人工操作很难保证加载速率恒定，在声发射事件速率会出现多个峰值，难于判定真正的凯泽点。

3）地应力计算

由声发射监测所获得的压力-声发射事件数曲线（图 2-47），可确定每次试验的凯泽点，并进而确定该试件轴线方向先前受到的最大应力值。15～25 个试件获得 1 个方向的统计结果，6 个方向的应力值即可确定取样点的历史最大三维应力大小和方向。

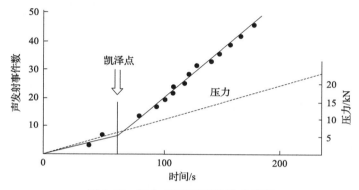

图 2-47　压力-声发射事件数曲线图

根据凯泽效应的定义，用声发射法测得的是取样点的先存最大应力，而非现今地应力。但是也有一些人对此持相反意见，并提出了"视凯泽效应"的概念。认为声发射可获得两个凯泽点，一个对应于引起岩石饱和残余应变的应力，它与现今应力场一致，比历史最大应力值低，因此称为视凯泽点。在视凯泽点之后，还可获得另一个真正的凯泽点，它对应于历史最大应力。

由于声发射与弹性波传播有关，所以高强度的脆性岩石有较明显的声发射凯泽效应出现，而多孔隙低强度及塑性岩体的凯泽效应不明显，所以不能用声发射法测定比较软弱疏松岩体中的应力。

2.4.3　岩体裂隙发育测试

现场探测是获得煤层群覆岩裂隙发育高度的一种有效方法，常用的有钻孔冲洗液法、双端堵水测漏法和地球物理探测方法。①钻孔冲洗液法是在采空区上方地面或上层煤巷道内布置观测孔，通过测定钻进过程中钻孔内冲洗液的漏失量和水位的变化，确定裂隙带的发育高度及破坏特征。这种方法施工工程量大、费用高，而且工艺复杂、探测精度低。②双端堵水测漏法是在钻孔中分段封堵注水监测漏水速率，通过对比工作面开采前后不同孔段的漏水速率变化来确定覆岩裂隙发育情况。这种方法探测设备简单，数据采集及处理简单，但封孔管路与孔壁、钻杆之间挤压易断裂，封孔胶囊易涨破，封孔效果难以保证，探测效率低。③地球物理探测方法是利用完整岩石与裂隙岩石的电阻率、波速等信号的不同，通过监测覆岩中不同位置处电阻率、波速等信号的变化来反推覆岩裂隙发育情况。这种方法施工复杂、工程量大，数据采集易受工作面开采、井下设备运转等影响，且数据分析复杂。

2.4.3.1　钻孔冲洗液法

钻孔冲洗液法是观测覆岩"两带"(冒落带、裂隙带)高度最常用最可靠的方法。该方法是在采空区上方地表布置一定数量的观测钻孔，在钻进过程中，测定钻至各深度的冲洗液消耗量、水位变化，或者按不同深度连续进行注水试验，测定各段注水量变化，取岩心观察新老裂隙发育情况并记录钻进中的异常现象，综合对比分析确定覆岩"两带"高度。该方法必须在采前相同位置施工对比钻孔，取得采前的各种资料，与采后资料对比分析，否则，采后无论施工多少钻孔，缺少采前对比资料，所测数据都依据不足。

1)观测内容和方法

(1)在观测过程中，观测单位时间或单位进尺钻孔冲洗液的漏失量。其测定方法有两种：①流量测井法。在保持钻孔注满水的情况下，用流量仪测定钻孔不同深度上的流量值。相邻深度上的流量差为相应部位的漏失量。漏失量大，表明岩体破碎。此方法的特点是只需一个钻孔即可测定不同深度漏失量的连续变化曲线。目前使用的钻孔流量计有叶轮旋转式、超声波式等。②水池冲洗液消耗量观测法。在钻进过程中，观察钻进到不同深度时地面水池中循环冲洗液的消耗量。当钻孔不漏水时，泵入的水量与孔口流出的水量相等，水池水量保持不变；当钻孔钻进至岩体破碎区，泵入的水量大于流出的水量，观测水池循环水单位时间的消耗量，即冲洗液漏失量，根据其多少确定破坏深度。

(2)钻孔水位的观测。在钻孔冲洗液正常循环过程中以及冲洗液完全漏失以前，应对钻孔水位变化进行测定，这也是确定裂隙顶点和岩层破坏特征的主要标志。

(3)观测钻孔冲洗液循环中断状况，记录中断时钻孔深度及中断时间。

(4)记录钻进过程中的异常现象，如掉钻、卡钻及钻具振动等现象。

(5)岩心鉴定。准确判断岩层的层位、岩性、产状，描述岩心的破碎状况。

2)观测钻孔的孔位、孔径、数目及施工时间

钻孔数目一般以 5 个为宜，分别布置在采空区地面沿煤层走向方向和倾斜方向上。主测线上布置 3 个孔，其中 1 个孔位于两条线的交点上。钻孔位置的确定应考虑能否取得冒落带的最大高度。走向观测线上的观测孔应布置在开采边界内侧附近；倾斜方向上，除采空区中央设一观测孔外，应在回风巷或运输巷附近布置钻孔。钻孔孔径一般取 89～108mm。观测施工时间以能及时地取得冒落带、裂隙带最大高度为原则，一般在回采后 1～2 个月内由地面打孔为宜。

3)裂隙带顶点、冒落带顶点的确定方法

裂隙带顶点位置以流量测井的漏失量结果或钻孔循环冲洗液的漏失量结果来判定。若钻孔进入冒落带以前，冲洗液早已完全漏失，就无法以冲洗液漏失量作为衡量的标志。应当根据钻进过程中的异常现象，如掉钻、漏风等，以及岩心破碎情况来分析判断钻孔的冒落带顶点。裂隙带、冒落带高度按式(2-138)计算(图 2-48)：

$$\begin{cases} H_i = H - h_2 + W \\ H_m = H - h_1 + W \end{cases} \tag{2-138}$$

式中，H_i 为裂隙带高度；H_m 为冒落带高度；h_1 为冒落带起始点离孔口垂直深度；h_2 为裂隙带起始点离孔口垂直深度；W 为冒落带、裂隙带岩层的压缩值，相当于打钻地点地表下沉值，薄煤层开采时可忽略不计。

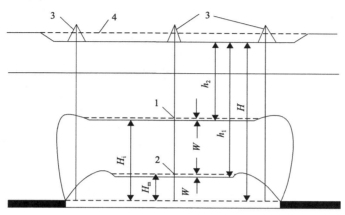

图 2-48　冒落带、裂隙带最大高度计算示意图
1-裂隙带起始点；2-冒落带起始点；3-观测钻孔；4-开采前地表

2.4.3.2　双端堵水测漏法

1) 双端堵水器构件及工作原理

双端堵水器是进行井下仰孔分段注水探测的主要设备，它包括观测平台、孔内测试系统和测试辅助设备。观测平台由流量测试仪表、压力表、调节阀门等组成；孔内测试系统由双端双路堵水器、耐压软管、推进杆组成；测试辅助设备包括计时器及专用工具。

双端堵水器两端有两个互相连通的胶囊，平时处于静止收缩状态，呈圆柱形，可用钻杆或人力推杆将其推移到钻孔任何深度，胶囊起胀与孔内注水是通过各自独立的两趟管路来完成的。通过细径耐压软管、调压阀门和指示仪表向胶囊压水或充气，可使探管两端的胶囊同时膨胀成椭球形栓塞，在钻孔内形成一定长度(设计为 1m)的双端封堵孔段，如图 2-49 所示。

在煤矿井下测试时，应在采煤工作面周围选择合适的观测场所，可在相邻工作面的顺槽、联络巷、所测工作面的停采线或开切眼以外的巷道中开掘钻窝，向采空区上方打仰斜钻孔，钻孔避开冒落带而斜穿裂隙带，达到预计的裂隙带顶界以上一定高度，如图 2-50 所示。通过钻杆或人力空心推杆(兼作注水管路)、调压阀门和压力流量仪表向封堵孔段进行定压注水，可以测出单位时间注入孔段经孔壁裂隙漏失的水量，以此了解岩石的破坏松动情况，确定裂隙带的上界高度。实测结果表明，在尚未遭受破坏松动的岩石中，在 0.1MPa 的注水压力下，每米孔段每分钟的注水流量小于 1L，甚至趋近于 0；而在裂隙带范围内可达 30L。

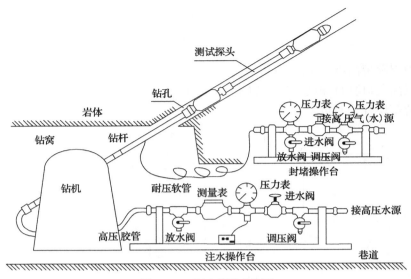

图 2-49　现场观测系统图

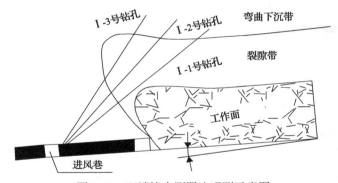

图 2-50　双端堵水测漏法观测示意图

双端堵水测漏法的优点主要体现在以下几个方面：①钻孔施工的工程量少，施工要求不高，一般比钻孔冲洗液法节省工程量 70%以上；②适应性强，可在任意角度的俯、仰孔中观测；③可直接测得注（放）水量，提高观测精度；④孔内充水段小，注（放）水时间短，提高了观测效率；⑤不存在征地、青苗赔偿等问题；⑥无须电力，观测资料直观易懂；⑦可以连续观测，保证了观测结果的连续性，所测结果不是关于点的变化资料，而是观测范围内整个岩体的变化资料。

2）探测方法

（1）封堵孔段：慢慢关小堵孔调压阀，使封孔压力达到 0.2MPa，完成孔段封堵。

（2）注水调压：慢慢关小注水调压阀，使注水压力达到规定的数值。规定数值为高程静压+0.1MPa。高程静压为注水操作台与探管所在孔段高度的静水压力，每次注水观测完毕后，即可测得此值。

（3）流量观测：注视流量表，待孔段水满，流量稳定下来后，用秒表计时，观测 1min 内的流量值，记入手簿。

（4）解除封孔：打开堵孔调压阀，孔内胶囊卸压收缩，孔段储水泄出。

（5）高程静压观测：关闭注水操作台上的注水阀门，打开调压阀，观测探管所在高度上钻杆内水柱的静水压力值，记入手簿。此静压值可用于校正钻孔孔斜，又可作为注水压力的基值。

（6）推移探管：开动钻机，将探管上推 1m 的距离，同时续接钻杆。每隔 2m 用 20# 细铁丝将堵孔增强塑管捆扎在钻杆上，以防打绞。续接钻杆时，用棉纱线缠绕在钻杆接头处使其密封。

重复上述步骤，继续进行堵孔注水观测。在观测中，注意堵孔、注水两个系统是否密封，发现问题及时排除。在注水时，如发现孔口向外淋水或泄水，或有其他现象，应及时记入手簿表格中的备注栏。

3）数据整理

在煤层顶板剖面上，根据孔深和由高程静压确定的垂高画出钻孔轴线。以孔轴为纵坐标，以注水流量为横坐标，根据各孔段上的注水漏失流量，作出钻孔分段漏失量剖面图；根据观测站各孔漏失量剖面图，确定该处覆岩破坏带高度。

2.4.3.3 钻孔超声成像探测法

钻孔超声成像可以获得整个钻孔孔壁结构形态的连续柱状展开图像。根据图像显示的裂隙形态可以确定裂隙的宽度、倾向和倾角；根据图像的明暗程度可以反映孔壁的硬软，区分岩性。因其对岩体裂隙反映清楚直观，被广泛用于探测围岩岩体的裂隙发育状况，是现代钻孔成像测量方法中较好的一种。

1）基本原理

超声成像测井仪器中，声波的发生和接收由同一晶体换能器交替进行，换能器产生的超声波（其频率约为 1MHz）以每秒约 2000 次的脉冲频率定向射向井壁。一部分能量被井壁反射回到换能器，由同一换能器接收，并以电脉冲形式输出信号。该信号的强弱与反射界面的反射系数 R 成正比，而反射系数与界面上两种介质的波阻抗有如下关系：

$$R = \frac{\rho_2 v_2 - \rho_1 v_1}{\rho_2 v_2 + \rho_1 v_1} \tag{2-139}$$

式中，ρ_1、v_1 为泥浆的密度和声速；ρ_2、v_2 为孔壁岩石的密度和声速，ρ 与 v 的乘积为波阻抗。因此，输出信号的大小直接反映了井壁的情况。

超声成像测井仪井下部分由超声波发射、接收控制电路和测量地磁场并确定记录方位的磁通门地磁仪组成。井下仪器沿井孔移动的同时，由一直流电机带动换能器和地磁仪绕仪器轴心以一定的转速自转。超声脉冲沿着一定螺距的螺旋线射向井壁，反射回来的信号由同一换能器接收，当换能器转到磁北方向的瞬间，地磁仪产生一个指北脉冲。井下仪器产生的指北脉冲信号、反射信号加上深度信号（由井口滑轮产生）一起送往地面显示系统。指北脉冲触发示波器 x 轴扫描触发器，产生锯齿波，在示波器上显示一条从左到右的电子束扫描线。每当换能器绕井壁扫描一周（360°）指北脉冲出现一次，电子束立即回到左边起始位置，然后又线性地扫描到右边，因此，每张超声图像总是以同一方位(磁北方位)开始的。来自井壁的与反射信号成比例的电压脉冲控制电子束的强度或辉光亮度，电子束的强度与反射信号的幅度成正比，即与超声波反射系数成正比。井下仪器在提升的同时，井口部分装有光电传感器，产生深度采样脉冲，用于控制摄影仪的步进电机，同步拖动胶片按比例传动，于是在胶片上留下了连续的反映孔壁反射信号强弱的明暗图像。这张图像是一幅按北-东-南-西-北方位展开的井壁表面平面图像。

2)超声成像测井的应用

(1)区分岩性。超声成像图的特征取决于井壁反射的性质。当表面平滑时，反射信号的强弱决定于泥浆和地层间的反射系数。因此，在高速地层(如灰岩、火成岩)反射信号强，在图像上反映为亮区，相反在低速地层(如破碎带、泥岩、煤)反射信号弱，在图像上反映为暗区。

(2)查明裂隙、溶洞、套管的裂缝等。当井壁不均匀时(如存在裂隙、溶洞等)，由于超声波入射方向偏离了井壁法线方向，绝大部分能量被散射到别处，只有很小一部分被反射回来，这些地方在超声图像上表现为暗灰色或黑色的区域或线条。

(3)确定岩层的产状、裂隙发育方位和倾角。超声成像图是对井壁 360°扫描得到的平面图像，对倾斜岩层(或裂缝)而言，由于上、下两种岩层具有不同的波阻抗，反射回来的声波强度不同。随着井下仪器向上移动，在孔壁平面展开图像上将出现一个与界面倾向和倾角有关的类似于正弦曲线形状的弯曲界面。相邻两岩层的界面倾角越陡，正弦曲线的高点和低点的差值越大。当相邻两种岩层接触面倾角为零(水平岩层)则变为一条直线。正弦曲线高点和低点的位置决定了岩层的倾向。图 2-51 为确定岩层(或裂缝)倾角和倾向的原理图。岩层的视倾角由式(2-140)计算：

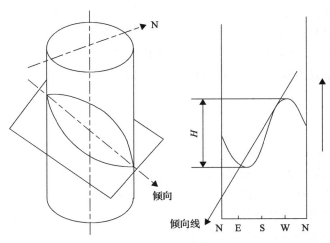

图 2-51　地层产状计算原理图

$$\theta = \arctan\left(k \cdot \frac{H}{d}\right) \tag{2-140}$$

式中，k 为比例系数，即记录图像的深度比例的倒数，当用 1：200 比例记录时，k=200；

H 为成像图上量得的弯曲界面的峰点到谷点的高度；d 为成像点处的实际井径，mm。

界面的倾向是由弯曲界面的最高点指向最低点的方向。

3）工作方法

超声成像测井一般采用自下而上的测量方式。先将井下部分（包括探管和上下扶正器）缓慢放入钻孔中设计探测深度；然后井下探管声波信号、井口滑轮深度信号和提升速度信号送入主机和自动摄影机；待一切准备就绪，开动电动绞车缓慢提升，提升速度与深度比例关系见表 2-7。

表 2-7 超声成像深度比例与提升速度关系表

深度比例	1：5	1：10	1：20	1：50	1：100	1：200	1：500
提升速度/(m/h)	<18	<36	<72	<180	<360	<720	<1800

2.4.3.4 孔间无线电波透视法

孔间无线电波透视法是研究频率为 0.1～100MHz 的电磁波在地下介质中的传播规律，以达到探查地下地质情况的目的。该方法的一个显著特点就是具有大的穿透距离（几十米到几百米），可以在较大的范围内探测覆岩采后冒落带和裂缝带的空间形态；可以用该法探查石灰岩岩层含水溶洞及破碎带，了解承压水的赋存情况，寻找井下突水危险区，为注浆封堵突水通道提供依据。

1）基本原理

在各向同性的均匀介质中，距辐射场场源点 r 处的场强 E 由式（2-141）近似表达：

$$E = E_0 \frac{e^{-\beta r}}{r} \sin\theta \qquad (2-141)$$

式中，E_0 为辐射源初始场强；β 为介质对电磁波的吸收系数，Np/m；θ 为接收方向与天线振子方向的夹角；$\sin\theta$ 为方向因子；r 为距辐射场场源点的距离。

理论证明，当频率一定时，β 只是介质电阻率 ρ 和介电常数 ε 的函数。由此可见，场强主要决定于介质的吸收系数 β，而序值主要是随电阻率 ρ 的变化而变化。

孔间无线电波透视法是在一个钻孔中放置无线电波发射天线，发射某一固定频率的无线电波；另一孔放置无线电波接收天线，接收来自发射天线并穿过孔间岩体的无线电波。当采动围岩破坏松动后，由于裂隙、结构面对无线电波的反射、散射作用，使接收到的无线电波强度比正常情况下低，特别是裂隙充水时电阻率较正常无裂隙的岩层低得多，对无线电波的吸收作用更大。但当围岩裂隙带中裂缝发育严重，且产生较大的层间离层空间后，因裂缝与冒落带连通，裂隙无水，常常出现比正常情况下高的透视异常，这是因为空气（电阻率无穷大）对无线电波的吸收比岩体小得多。在冒落带中，其透视场强明显比正常场高。这样，通过采前、采后透视场强的不同可以推断围岩的破坏范围。

2）工作方法

孔间无线电波透视法主要使用两种工作方法。

（1）同步法。发射天线和接收天线分别下到两个钻孔中同步上下移动。它又可分为水平同步和高差同步。水平同步是发射天线和接收天线保持在同一水平高度上移动，接收天线始终位于偶极子辐射场的赤道面上（$\theta=90°$），这样使发射源到接收点具有最短的距离和最大场强值。高差同步又称斜同步，发射天线和接收天线处于不同的水平高度同步移动，两者的高差视井距、井深和岩层产状而定，一般使接收天线与发射天线的轴射角保持在 50°～80°范围内效果较好。

（2）定点法。将发射天线（或接收天线）固定于孔中某预定位置，接收天线（或发射天线）在另一孔中连续移动。为了消除某些干扰，可将两者互换位置再进行测量。定点的位置一般选在同步曲线异常的附近。定点的间距以能达到圈定异常体轮廓为准。

3 矿山岩层运动破坏规律与控制

3.1 矿山岩层控制基本概念

3.1.1 矿山压力与岩层控制

3.1.1.1 矿山压力及其显现

开掘巷道或进行回采工作时，破坏了原始的应力平衡状态，引起岩体内部的应力重新分布，直至形成新的平衡状态。这种由于矿山开采活动，在岩层边界或岩层之中使围岩向已采空间运动的力定义为矿山压力。

在煤或岩层中开掘巷道并进行回采工作称为对煤或岩层的采动。采动后在煤或岩层中形成的空间称为采动空间，如图 3-1 中 A 所示。采动空间周围的岩体统称为围岩，包括顶板 T、底板 D 及两帮岩层 B。

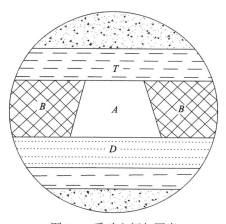

图 3-1 采动空间与围岩

A-采动空间；B-两帮岩层；D-底板；T-顶板

地下岩体在受到采动以前，原岩应力处于平衡状态。采动时将破坏原始的应力平衡状态，引起岩体内部的应力重新分布，重新分布的应力将促使围岩产生变形或破坏，从而使其向已采空间运动。采动后作用于岩层边界或存在于岩层之中使围岩向已采空间运动的力，称为矿山压力，相关学科中也称为二次应力或工程扰动力。显然，按此概念定义的矿山压力既指分布于岩层内部各点的应力，又包括作用于围岩上任何一部分边界上的外力。

矿山压力的存在和变化是煤及岩层变形、破坏和产生位移的根源，也是采场及周围巷道支架上压力显现的条件。矿山压力作用所表现出来的力学现象，统称为矿山压力显现。采动过程中，矿山压力显现的基本形式包括围岩运动与支架受力两个方面。

1) 围岩运动

围岩运动主要包括两帮运动、顶板运动和底板运动,反映其动态信息的有顶底板与两帮的移近量、移近速度及顶板压力(顶底板岩层相对移动过程中的压力显现)等。

两帮运动,主要指巷道两帮的弹性变形、裂隙扩展、两帮岩体"扩容"后产生的塑性破坏与塑性流动,以及两帮岩体向采动空间内的移动(包括两帮片帮、鼓出等缓慢移动,以及在动压冲击下的高速移动),如图3-2(a)和图3-2(b)所示。

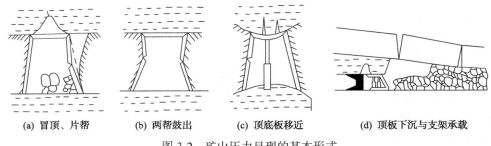

(a) 冒顶、片帮　　　　(b) 两帮鼓出　　　　(c) 顶底板移近　　　　(d) 顶板下沉与支架承载

图3-2　矿山压力显现的基本形式

顶板运动,指巷道及工作面顶板岩层的弯曲下沉、断裂破坏及冒顶、片帮等[图3-2(a)]。

底板运动,指巷道及工作面底板岩层的鼓起、隆起、层理滑移及裂断破坏等[图3-2(c)]。

2) 支架受力

矿山压力显现的第二个基本形式是支架受力,主要包括支架承受荷载的增减、支架变形(活柱下缩)及支架压折等现象,如图3-2(d)所示。

3.1.1.2　岩层控制

在采掘工程引起的矿山压力作用下,围岩及岩层会产生变形、移动和破坏等现象,为控制由采掘工程引起的围岩及岩层变形、移动和破坏而采取的各种技术措施称为岩层控制。

岩层控制是保证煤矿安全高效开采的核心技术,其技术关键是在充分掌握采场覆岩活动、采场应力动态演化规律及其关联性的基础上,采取专项技术手段将矿山压力显现控制在一定范围内,保证采场开采活动正常进行,以实现安全高效回采。

3.1.2　矿山岩层控制理论对采矿工业发展的作用

地下矿山采掘活动过程中,无论是巷道还是工作面,其支护结构上承受的压力远远小于采动空间上覆岩层的自然重量。即使采用长壁开采方法,回采工作面支架上的压力一般也不超过上覆岩层重量的5%,因此采矿工作者认为已采空间是在某种结构的掩护之下。根据在不同煤层条件下的开采经验,国内外不同学者形成了以自然平衡拱、压力拱为代表的掩护"拱"假说,以悬臂梁、预生裂隙梁为代表的掩护"梁"假说,以及铰接岩块假说等早期假说和模型,用于解释开采过程中出现的矿山压力现象。

到20世纪70年代,我国学者开始关注矿山岩层运动的研究,并逐步形成了有重要国际影响力的传递岩梁理论和砌体梁理论，为覆岩科学定量控制奠定了理论基础。目前矿山岩层控制理论已成为我国采矿工业各历史阶段技术变革的重要保障，主要体现在以下五个方面。

1）保障安全和正常生产

矿山岩层控制理论为采掘工作面顶板控制设计提供了科学定量的依据，为支护技术及装备的发展奠定了基础，为大幅度降低顶板岩层塌落、片帮、冲击地压等事故做出了突出贡献。

2）保护生态环境

采场上覆岩层的移动会对地下水的分布、煤矸石的排放等与生态环境保护密切相关的问题带来直接影响。矿山岩层控制理论为实现保水采煤、完善条带开采和充填技术、进行井下矸石处理等奠定了理论基础。

3）减少资源损失

在矿产资源开采过程中，常常留设各类矿柱以保护巷道和管理采场顶板，这些矿柱是造成地下资源损失的主要根源。通过对开采引起的围岩应力重新分布规律的研究，采用无煤柱或小煤柱开采技术，可显著减少煤炭资源的损失。

4）完善开采技术

通过对采场、巷道支架-围岩相互作用关系的深刻认识，促进了围岩支护手段进步和开采技术快速发展。自移式液压支架的应用实现了采煤综合机械化，巷道可缩性金属支架和锚喷支护的应用改变了刚性、被动支护巷道的局面。同时，采场、巷道围岩稳定性分类为合理选择支护形式及参数等提供了科学依据。

5）提高经济效益

在分析研究采场各种类型直接顶、基本顶、巷道及矿山边坡各类围岩活动规律和各种控制技术的基础上，较完整地提出从围岩结构稳定性分类、稳定性识别、矿压显现预测、支护设计、支护质量与顶板动态监测、信息反馈直至确定最佳设计的一整套理论、方法与技术。由此创造了采矿工业良好的社会效益和经济效益。

3.2 矿山压力与覆岩破坏形式

3.2.1 矿山压力的来源

采动前，原始岩层中已经存在的应力，是矿山压力产生的根源。采动前原始应力场的特征，包括原岩中各点主应力的大小、方向及垂直应力与水平应力间的比值等，决定了采动后围岩应力重新分布的规律。采动前原岩中各点的应力，其来源主要有岩体的自重应力、构造运动的作用力和岩体膨胀的作用力。

3.2.1.1 岩体自重应力

根据 2.1.3 节研究，设岩体为半无限均质体，地面为水平面，距地表深度 H 处（图 3-3），

则垂直应力 σ_v 为

$$\sigma_v = \rho g H = \gamma H \tag{3-1}$$

式中，γ 为上覆岩体的容重，kN/m^3。

若岩体由多层不同容重的岩层组成，如图 3-4 所示，则垂直应力为

$$\sigma_v = \sum_{i=1}^{n} \gamma_i h_i \tag{3-2}$$

式中，γ_i 为第 i 层岩体的容重，kN/m^3；h_i 为第 i 层岩体的厚度，kN/m^3。

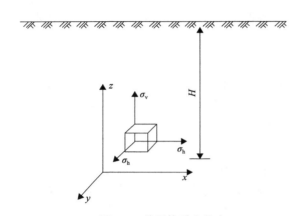

图 3-3　单元体受力状态

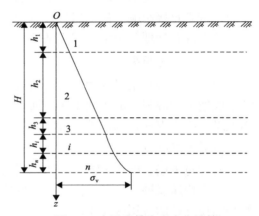

图 3-4　多层岩体自重应力计算

根据式(2-3)，水平应力为

$$\sigma_h = \lambda \sigma_v = \frac{\mu}{1-\mu} \sigma_v \tag{3-3}$$

岩石泊松比 μ 一般为 0.2～0.3，因此，λ 为 0.25～0.43，即在均匀、连续且各向同性岩层中，水平应力 σ_h 为垂直应力 σ_v 的 25%～43%。

岩石在高应力状态下进入塑性状态或遭到破坏后，其 μ 值将明显增大，并迅速向 $\lambda=1$ 的静水压力状态转化。

现场实践表明，处于浅部 μ 值很小的高强度岩层(如砂岩)在埋深超过 1500m 时，其 μ 值就可接近 0.5，即 λ 值将趋近于 1。这是当开采深度超过一定数值后，水平挤压力(侧压力)随开采深度的增加往往会呈非线性比例大幅度增长的原因。

综上所述，由覆盖岩层重量决定的重力原始应力场有以下特点。

(1)垂直应力及水平应力都是压应力，且水平应力是由垂直应力的作用所引起的。因此在一般深度条件下，水平应力都比垂直应力小得多。

(2)垂直应力随深度增加呈正比例的增加，但伴生的水平应力在深度超过某一数值后，随深度增加则呈非线性的增加，增加的比例随围岩性质的不同而不同。其基本规律是随采深增加，增长比例逐渐扩大。此外，由于各类岩石从弹性状态过渡到塑性状态均

需达到一定的应力值，其水平应力随深度增加而迅速增长的情况都有一定的深度界限，因此矿山压力随采深增加而呈比例增加的说法是不确切的。为了正确解决矿山岩层控制问题，必须找出不同岩石水平应力迅速增长的深度界限。

（3）在采动前，岩层中任何点的垂直面和水平面上都不存在剪应力分量，也就是说，分别作用于两平面上的应力都是主应力。

（4）应力场中各点最大最小主应力的方向基本不变，同一深度水平的同一岩层中的应力值大小也基本相同，而且与时间无关。因此自重应力场基本上是一个比较均一的稳定应力场。

3.2.1.2　构造应力

单一的自重应力场存在于未产生过构造运动的地区，或虽有过构造运动但受构造运动作用力影响不大的部位，如远离背斜和向斜轴部、岩层倾角变化比较平稳的单斜构造部位。在受构造运动作用力影响强烈的地区，特别是邻近背、向斜轴等构造线的部位，构造运动形成的应力场往往是重要的。在这些地区特别是深部岩层中各点的应力（包括大小和方向）将是自重应力场和构造应力场在该点应力的综合叠加，其最大主应力的大小和方向，在多数情况下往往由构造运动形成的应力所决定。

构造运动作用力来源于地壳运动。关于地壳运动的动力来源问题，有地壳收缩说、槽台说、海底扩张说、地壳板块运动说及我国李四光等学者的地质力学及岩浆活动隆起和侵入说等各种学派和学说。

垂直方向推动力形成的构造（即垂直成因构造）多是简单隆起或单一的背斜构造，如图 3-5（a）所示。在这类简单的构造单元中，靠近背斜轴部的岩层往往由于同时受到强烈挤压而出现压薄的现象。该部分岩层中常有很高的垂直应力和水平应力，并储存有较大的弹性能。相反，处于该构造两翼边缘的岩层往往会有拉应力存在。显然，在这些构造单元中，如果在背斜轴附近开掘和维护巷道，特别是当巷道平行其轴线（垂直最大主应力方向）时，会遇到很大的困难，可能会出现岩石大面积挤压片塌，甚至产生冲击地压等严重事故。

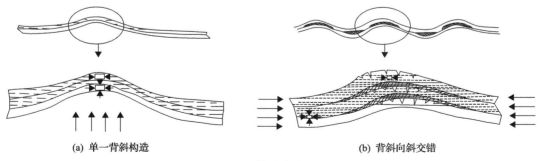

(a) 单一背斜构造　　　　　　　　　　　　(b) 背斜向斜交错

图 3-5　构造应力分布

水平方向推动力为主的构造（即水平成因构造）多是背斜向斜交错出现的波浪形式，如图 3-5（b）所示。在背斜构造中，靠近背斜轴部的岩层往往会出现岩层变厚和层间分离的现象，因此该部位岩层中的垂直应力及水平应力很小，当岩层的挠度超过限度时，其至会出现较大的拉应力。相反，在两翼边缘，也就是靠近向斜轴的部位，将存在很大的水平挤压应力。显然，在这个部位，岩石中平行于轴线开掘和维护巷道也会遇到很大的困难。如果巷道开在强度较高且呈脆性破坏的岩层中，同样有产生冲击地压的危险。

国内外一些开采深度较大的矿井应力测量结果表明：垂直成因构造的单元中，背斜轴部岩层中的垂直应力可以达到自重应力的 3～4 倍；水平成因构造的单元中，水平方向最大主应力可比垂直应力高出 3～5 倍，达到自重应力的 8～10 倍，甚至更大。

如果以 σ_z 表示来自垂直方向推动力产生的构造应力值，则由此伴生的水平方向构造应力值为

$$\sigma_x = \sigma_y = \frac{\mu}{1-\mu}\sigma_z = \lambda\sigma_z \tag{3-4}$$

如果构造运动推动力来自水平方向，其最大水平应力以 σ_x 表示，则处于深部的岩层同样可以假设 $\varepsilon_y = \varepsilon_z = 0$，由此可得其他两个方向的构造应力值，即

$$\sigma_y = \sigma_z = \frac{\mu}{1-\mu}\sigma_x = \lambda\sigma_x \tag{3-5}$$

必须指出，在水平成因构造的应力场中，对于埋藏深度较小、覆盖总厚度不大的岩层，或者被冲刷剥蚀部分露出地表的岩层，经历长时间的流变过程之后，可以出现 $\varepsilon_y \neq 0$ 或 $\varepsilon_z \neq 0$ 的情况。在这种情况下，水平面上两个方向的主应力往往不相等。实测证明，最小水平主应力与最大水平主应力的比值为 0.5～0.8。水平方向两个主应力差别较大是构造应力场的一个重要特点。

综上所述，受构造运动作用的地区，原始应力场中各点的应力是自重应力与构造运动残余应力叠加的结果。

3.2.1.3　膨胀应力

研究表明，由温度升高引起岩石膨胀而产生的应力 σ_T 及其影响因素之间的关系式为

$$\sigma_T = \alpha\beta EH \tag{3-6}$$

式中，σ_T 为岩体的温度膨胀应力，kN/m^2；β 为岩石的线膨胀系数；α 为岩石的温升梯度。

显然，σ_T 主要与开采深度有关，在一般深度条件下，由于其与温度应力、自重应力及构造应力相比很小，因此只是在开采深度比较大的条件下才对其考虑。

3.2.2　矿山压力显现的条件与特征

3.2.2.1　矿山压力显现条件

矿山压力显现是矿山压力作用下围岩运动的具体表现。由于围岩的明显运动是在满足一定力学条件后才会发生，所以矿山压力显现是有条件限制的。不同层位、不同围岩条件及不同断面尺寸的巷道，围岩运动发展情况大不相同。因此深入细致地分析围岩的稳定条件，找到促使其运动与破坏的主动力，以及由此可能引起的破坏形式，以此为基

础创造条件，把矿山压力显现控制在合理的范围，是岩层控制的根本目的。

1) 两帮岩体破坏条件

采动后围岩应力重新分布，两帮岩体承受较高的应力作用，由于两帮岩体处于单向应力状态，根据莫尔-库仑强度准则可以求得两帮岩体不发生剪切破坏的条件为

$$\sigma_1 < \frac{2c\cos\varphi}{1-\sin\varphi} \qquad (3-7)$$

两帮岩体破坏前承受的垂直应力为

$$\sigma_1 = K_z\gamma H \qquad (3-8)$$

式中，K_z 为垂直应力集中系数；γ 为容重。

由式(3-7)和式(3-8)可知，两帮岩体处于稳定状态时的采深应满足的关系式为

$$H < \frac{2c\cos\varphi}{K_z\gamma(1-\sin\varphi)} \qquad (3-9)$$

若将巷道截面视为一个平面模型，通过架设支架对两帮岩体提供侧向应力 σ_3，使两帮岩体由单向应力状态转化为两向应力状态，可以阻止破坏的发展，反映为莫尔应力圆由位置 I 转移到位置 II，如图 3-6 所示，岩体处于稳定状态。此时侧向应力为

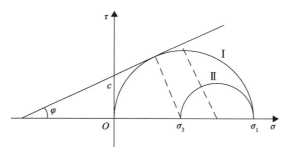

图 3-6　莫尔应力圆

$$3\sigma_3 < \frac{\sigma_1(1-\sin\varphi)-2c\cos\varphi}{1+\sin\varphi} \qquad (3-10)$$

式(3-10)中的 σ_3 是没有考虑两帮岩体与顶底板之间的摩擦力作用的值。只要 σ_3 满足式(3-10)就能保证岩体的稳定。如果考虑摩擦力的作用，则 σ_3 更容易满足式(3-10)。越是深部岩体，σ_1 越逐渐趋于原始应力；两帮岩体与顶底板之间的摩擦力越大，岩体稳定越容易实现。

2) 顶板岩层破坏条件

图 3-7 为巷道顶板岩层同时受到两个力的作用，即自重和轴向推力 N。轴向推力是由作用在巷道两侧的支承压力 $\sigma_z = K_z\gamma h$ 所引起的。在自重作用下，顶板岩层弯曲下沉，并在两嵌固端产生最大弯矩，即

$$M_A = M_B = ql^2/12 \qquad (3\text{-}11)$$

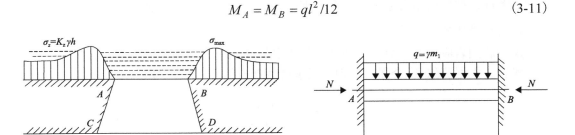

(a) 巷道结构　　　　　　　　　　(b) 顶板简化模型

图 3-7　巷道顶板受力状态

如果巷道宽度 l 超过顶板岩层维持平衡时的极限，两端拉应力超限，顶板岩层将垮落。另外，由于自重作用下顶板岩层弯曲下沉，这时轴向推力 N 将加剧顶板岩层的弯曲，当 N 超过某一界限时，顶板岩层会因屈曲而失稳、垮落。显然，顶板岩层破坏形式是以相应的破坏条件为前提的。

①弯拉破坏

如果按照传统的分析方法，即顶板岩层两端嵌固，在自重作用下两嵌固端所受弯矩超出允许限度而产生弯拉破坏，则条件为

$$\frac{M_A}{W_A} \geqslant R_t$

得

$$l \geqslant \sqrt{\frac{2m_1 R_t}{\gamma}} \qquad (3\text{-}12)$$

式中，m_1 为顶板岩层分层厚度，m；W_A 为岩梁的截面模量，m^2；R_t 为顶板岩层抗拉强度，Pa。

当巷道宽度与顶板岩层分层厚度满足式(3-12)时，顶板岩层将产生弯拉破坏。图 3-8 为不同 R_t 时，m_1 与极限跨度 l_0 间的关系曲线。从图 3-8 可以看出，当 R_t 相同时，分层厚度越小，产生弯拉破坏时的极限跨度越小。由于巷道宽度有限，且顶板岩层分层厚度一般不会很小，除非巷道宽度大于 5m，分层厚度小于 0.2m，否则顶板岩层一般不会仅因自重作用而产生弯拉破坏。

②屈曲破坏

由于巷道顶板岩层不仅受到自身重量的作用，还受到轴向推力 N 的作用。这时只考虑自重作用就不全面，顶板岩层的稳定性问题应转化为顶板岩层在自重 q 及轴向推力 N 共同作用下复合弯曲时的失稳问题。

如图 3-9 所示，梁 AB 在自重作用下弯曲变形，轴向推力 N 在梁的各个截面上又产生一个分布弯矩 $N\omega$。由于这一弯矩作用，梁的弯曲在原有基础上进一步加剧。而且梁

变形后轴向压力 N 又将产生新的弯曲变形，如果 N 不大，则弯曲变形很小，影响不大。当轴向推力 N 达到一定的限度后，由 N 产生的弯曲变形将是一个恶性循环，梁将无法达到新的平衡状态而导致破坏，这就是顶板岩层的屈曲破坏。

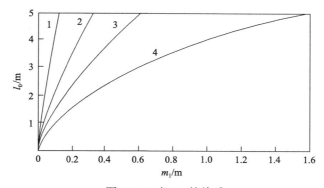

图 3-8 l_0 与 m_1 的关系

1-$R_t = 2\text{MPa}$；2-$R_t = 1\text{MPa}$；3-$R_t = 0.5\text{MPa}$；4-$R_t = 0.2\text{MPa}$

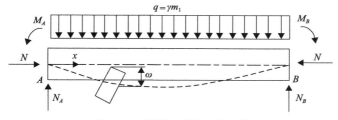

图 3-9 顶板岩层受力示意图

3.2.2.2 矿山压力显现的相对性

矿山压力显现是矿山压力作用下围岩运动的结果。围岩运动是由其受力大小、边界约束条件、自身强度极限等因素决定的，而且围岩运动过程中引起支架承受荷载的变化，不仅取决于围岩运动的发展情况，还与支架对围岩运动的抵抗程度密切相关。由此可见，矿山压力显现是相对的。

1）巷道围岩运动的相对性

采动过程中围岩要向采动空间运动，由于围岩承受的压力大小、自身强度和受力状况等不同，运动的发展程度也不相同。

开采深度越深，支承压力越大，即巷道周边岩体承受的垂直应力越大。研究表明：当开采深度超过 150m 后，一般条件下煤层巷道周边岩体都会出现明显的塑性破坏与变形，顶底板移近量明显增加；反之，浅部巷道（采深小于 150m）的周边岩体处于弹性状态，变形比较小，运动相对不明显，巷道容易维护。回采工作面也是同样，采深越大，煤壁承受的超前支承压力作用越强，煤壁压酥、片帮、顶板破碎等矿山压力显现越明显。

围岩变形能力不仅取决于所承受的压力大小，还与围岩强度有关。低强度岩体的变形能力要高于高强度岩体。如果顶底板是低强度、分层厚度小的粉砂岩、页岩或泥岩时，则在自重及轴向推力等作用下，顶板很容易弯曲下沉，底板鼓起，造成顶底板移近量增大。相反，如果顶底板是由高强度厚分层的砂岩、砂质页岩等组成时，顶底板移近量相对前种情形就要小得多。

通过架设支架等方法，可以达到控制矿压显现程度（变形程度）的目的。在一定采深及围岩条件下，巷道两帮岩体因处于双向应力状态而容易受压破坏[图 3-10（a）]，并不断向纵深部扩展，产生较明显的塑性变形，引起顶板下沉与底板鼓起加剧，巷道围岩无法稳定[图 3-10（b）]。如果及时架设支架，给两帮岩体提供侧向应力 σ_3 [图 3-10（c）]，使其转为三向应力状态，阻止破坏的继续发展，可以维持围岩的稳定，矿压显现程度就可以得到明显控制。

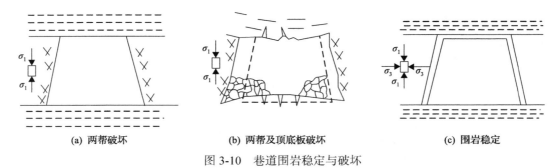

(a) 两帮破坏　　　　　(b) 两帮及顶底板破坏　　　　　(c) 围岩稳定

图 3-10　巷道围岩稳定与破坏

2）支架受力的相对性

支架上的压力显现是由围岩运动引起的，其大小主要取决于支架对围岩运动的抵抗程度、支架的力学特征和矿山压力显现时空观。

①支架对围岩运动的抵抗程度

支架作为围岩运动过程中的受载体，对围岩运动是否抵抗及抵抗到什么程度，压力显现有明显差别。抵抗程度越高，承受的荷载越大，围岩变形越小。相反，如果支架不能对围岩的运动进行抵抗，而是在运动过程中逐步"退让"，则支架受力较小，围岩变形相应增大。例如，同一种巷道是采用砌碹支护，还是采用可缩性支架支护，巷道变形及支架上受力大小差别很大。前者碹体受力大，巷道变形小（因为砌碹对围岩运动起到了限制作用）；后者支架受力相对减小，巷道变形相应增加。

②支架的力学特征

采用不同类型的支架（柱），由于工作特性不同，围岩运动过程中则有不同的压力显现。对巷道来说，支架一般是在"给定变形"情况下工作，如图 3-11 所示。采用木支柱时，随着顶板下沉，受力明显增加。由于木支柱可缩量很小，阻力很快升到允许界限而被压折[图 3-11（c）中曲线 1]。如果巷道底板松软，当支柱受力超过底板岩层抗压强度后发生钻底现象时，木支柱受力明显下降[图 3-11（c）中曲线 2]。

采用增阻、可缩性支柱支护时，随着顶板下沉，支柱受力随活柱下缩而逐渐增大。顶板下沉到不同位置，支柱上的压力显现是不同的。如果采用恒阻支柱支护，只要支柱受力超过安全阀开启压力 R_B，则支柱下缩，并保持压力恒定，即支柱上的压力显现在顶板下沉过程中基本不变（图 3-12）。

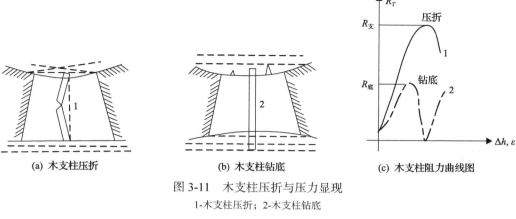

图 3-11　木支柱压折与压力显现

1-木支柱压折；2-木支柱钻底

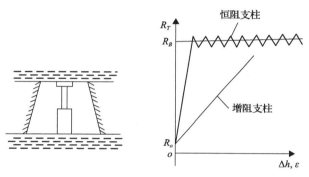

图 3-12　可缩性支柱压力显现

③矿山压力显现时空观

在回采工作面支护过程中，由于围岩运动不断发展，支架上的压力显现也在不断变化。以增阻支柱为例，由于支柱阻力增加是靠活柱下缩来实现的，围岩运动处于相对稳定阶段时，支架上的压力很小。一旦围岩开始显著运动，围岩变形(顶板下沉、底板鼓起等)加剧，支架承受的荷载明显增大，来压时刻支架上的压力达最大值。围岩运动呈周期性变化，支架上的压力显现也呈周期性变化。由此可见，即使是同一回采工作面，不同时刻的压力显现也是不同的。

图 3-13(a)为采动条件下煤壁处煤体没有发生塑性破坏(如采深比较小、煤强度较高时会出现这种情况)，仍处于弹性状态，支承压力高峰就在煤壁附近。此时，如在 A 处(压力高峰处)开掘巷道，压力高峰内移，巷道侧帮仍处于弹性状态，产生弹性压缩变形，巷道支架受力较小。如在 B 处(原始应力区)开掘巷道，同样也只产生弹性变形，但弹性变形量要小于 A 处，支架受力也会更小。

而在如图 3-13(b)、图 3-13(c)所示的条件下，煤体产生塑性破坏，支承压力高峰向深部转移，基本顶岩梁超前煤壁前方断裂。如还在压力高峰部位[图 3-13(b)中 B 处和图 3-13(c)中 C 处]开掘巷道，则巷道两帮岩体因承受不住集中支承压力而产生塑性破坏，甚至无法维护，矿山压力显现比较剧烈。

如果在原始应力区[图 3-13(b)中 C 处和图 3-13(c)中 D 处]开掘巷道，或在边缘处[即

图 3-13（b）和图 3-13（c）中 A 处]沿空留巷，或在内应力场中开掘巷道[图 3-13（c）中 B 处]，由于这些部位巷道围岩承受的支承压力很小，矿山压力显现的程度相对于 C 处会明显减弱，巷道围岩将易于维护和保持稳定。

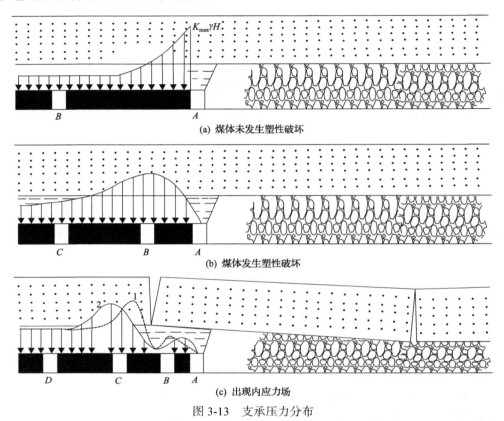

图 3-13　支承压力分布

3.2.2.3　矿山压力与矿山压力显现关系

研究与实践充分证明，矿山压力的存在是客观的、绝对的，它存在于采动空间的周围岩体中，但矿山压力显现则是相对的、有条件的，它是矿山压力作用的结果。然而，围岩中有矿山压力的存在却不一定有明显的显现，因为围岩的明显运动本身就是有条件的，只有当应力达到其强度后才会发生。支架受力也是如此，它不仅取决于围岩的明显运动，而且还取决于支架对围岩运动的抵抗程度。

压力显现强烈的部位不一定是压力高峰的位置。如图 3-13（b）所示，在 A 处顶板下沉量比 B 处大，但支承压力高峰却在 B 处。研究结果表明，在岩层运动发展过程中，矿山压力与矿山压力显现之间存在一定的对应关系，根据两者之间的关系，可以通过矿山压力显现来推断压力高峰的位置，为巷道布置提供依据。

就某一点而言，压力显现的变化幅度与该点压力大小的增减幅度是相关的、对应的，但不一定成正比。图 3-14 为煤体全应力-应变曲线，在弹性区域内，煤体上的压力越高，煤体弹性变形越大，两者成正比关系，即 $\sigma=E\varepsilon$；在塑性破坏区和塑性流动区，由于塑性破坏的发展和裂隙的扩展，煤体所能承受的压力随之降低，但对应某一应变的增加量为$\Delta \varepsilon$，应力也有一定的减少量$\Delta \sigma$。

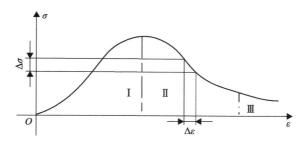

图 3-14　煤体全应力-应变曲线

Ⅰ-弹性区；Ⅱ-塑性破坏区；Ⅲ-塑性流动区

3.2.3　上覆岩层运动破坏的形式与力学条件

采动后，促使围岩运动的矿山压力主要取决于悬露岩层的面积、厚度及压力的传递情况。随着回采工作面的推进，上覆悬露岩层不断发生运动和破坏，矿山压力的大小和分布始终处于不断变化过程中。搞清上覆岩层运动和破坏的基本形式，是研究矿山压力显现规律及其控制要求的关键。

3.2.3.1　上覆岩层破坏的基本形式

上覆岩层悬露后从变形发展到破坏有两种基本运动形式，即弯拉破坏和剪切破坏。

1) 弯拉破坏的运动形式

弯拉破坏的发展过程：回采工作面推进→上覆岩层悬露[图 3-15(a)]→在其重力作用

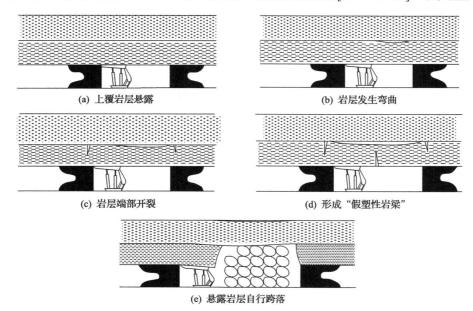

(a) 上覆岩层悬露　　　　　　　　　(b) 岩层发生弯曲

(c) 岩层端部开裂　　　　　　　　　(d) 形成"假塑性岩梁"

(e) 悬露岩层自行垮落

图 3-15　上覆岩层弯拉破坏的发展过程

下弯曲[图 3-15(b)]→岩层悬露达到一定跨度，弯曲沉降发展至一定限度后，在伸入煤壁的端部开裂[图 3-15(c)]→中部开裂形成"假塑性岩梁"[图 3-15(d)]→当其沉降值超过"假塑性岩梁"允许沉降值时，悬露岩层自行跨落[图 3-15(e)]。

岩层运动由弯曲沉降发展至破坏的力学条件是：岩层中的最大弯曲拉应力达到其抗拉强度，即

$$\sigma_{tmax} = [\sigma_t] \tag{3-13}$$

式中，σ_{tmax} 为悬露岩层中的实际最大拉应力，Pa；$[\sigma_t]$ 为悬露岩层中的允许拉应力，Pa。

悬露岩层中部拉开以后是否会发生垮落，则由其下部允许运动的空间高度决定。只有其下部允许运动的空间高度超过运动岩层的允许沉降值时，岩层运动才会由弯曲沉降发展至垮落。否则，将保持"假塑性岩梁"状态，如图 3-16 所示。

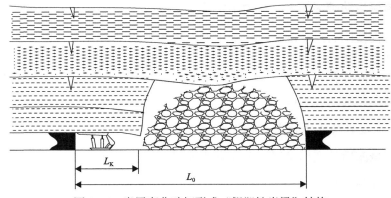

图 3-16　岩层弯曲破坏形成"假塑性岩梁"结构

由此，煤层上方第 n 个岩层从弯曲破坏发展至垮落的条件为

$$S_n > S_0 \tag{3-14}$$

$$S_n = h - \sum_{i=1}^{n-1} m_i (K_A - 1) \tag{3-15}$$

式中，S_n 为悬露岩层下部允许运动的空间高度，m；S_0 为悬露岩层发展为"假塑性岩梁"的允许沉降值，m；h 为采高，m；$\sum_{i=1}^{n-1} m_i$ 为已垮落岩层的总厚度，m；K_A 为已垮落岩层的碎胀系数。

反之，悬露岩层弯曲破坏后保持"假塑性岩梁"状态的条件为

$$S_n < S_0 \tag{3-16}$$

在岩层可以由弯曲发展至破坏的条件下，由于其运动是逐渐发展的，所以回采工作面矿压显现比较缓和。为保证岩层运动时回采工作面的安全，支架必须能支撑垮落岩层在控顶区上方的全部岩重，此时必须把"假塑性岩梁"的运动控制在要求的位置上。当

允许"假塑性岩梁"沉降至最终位置(即无须控制)时,支撑"假塑性岩梁"的支架阻力可以为零,但最大不超过岩梁跨度 1/4 的岩重,即支护阻力 p 可以表示为

$$A \leqslant p \leqslant A + \frac{m_\mathrm{E} \gamma_\mathrm{E} L_0}{4 L_\mathrm{K}} \tag{3-17}$$

式中,A 为支撑垮落岩层所必需的支护阻力,Pa;m_E 为"假塑性岩梁"的厚度,m;γ_E 为"假塑性岩梁"的容重,kN/m^3;L_0 为"假塑性岩梁"产生弯拉破坏的极限步距或跨度,m;L_K 为控顶距,m。

2) 剪切破坏的运动形式

岩层剪切破坏的发展过程:岩层悬露端产生很小的弯曲变形→悬露岩层端部开裂[图 3-17(a)]→在岩层中部未开裂(或开裂很少)的情况下突发性整体切断垮落[图 3-17(b)]。

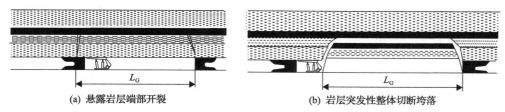

(a) 悬露岩层端部开裂　　　　　　(b) 岩层突发性整体切断垮落

图 3-17　岩层剪切(断)破坏的运动形式

悬露岩层剪断的充分必要条件是:当回采工作面推进至一定距离,上覆岩梁端部开裂,当其剩余抗剪断面上的剪应力超过限度时,虽其中部还未裂开,但只要岩层下部有少量运动空间,岩层即被剪断。

对于这类破坏形式,由于岩层剪断运动迅猛,回采工作面将受到明显的动压冲击。此时如果支架阻力不足,极易发生顶板沿煤壁切下的重大冒顶事故[图 3-17(a)]。即使回采工作面顶板不垮落,也会发生顶板台阶下沉[图 3-17(b)],使支柱回撤或支架前移工作非常困难。

为此,要避免采煤工作面顶板整体切断,回采工作面支架必须具有较高的初撑力,其工作阻力应能防止顶板沿煤壁切断,而把切断线推至控顶距之外。支架可缩量按照在煤壁处出现台阶下沉而支柱又不致被压死的情况考虑。对于如图 3-17(b) 所示情况,估算的支护强度 p_T 和支柱额定缩量 ε 分别为

$$p_\mathrm{T} \geqslant A + \frac{m_\mathrm{K} \gamma_\mathrm{K} L_\mathrm{G}}{2 L_\mathrm{K}} \tag{3-18}$$

$$\varepsilon \geqslant h - m_\mathrm{z}(K_\mathrm{A} - 1) \tag{3-19}$$

式中,m_K 为可能整体切断的岩层厚度,m;γ_K 为可能整体切断的岩层平均容重,kN/m^3;L_G 为岩层发生剪切破坏的极限步距或跨度,m。

由上述可见,两种岩层破坏形式在运动发展过程中,回采工作面矿压显现特点及控制要求方面存在重要差别,因此深入研究这两种破坏形式形成的力学条件及其在生产实

践中的判断方法，是十分必要的。

3.2.3.2　岩层运动发展至破坏的力学条件

1）岩层弯拉破坏的力学过程和条件

岩层弯拉破坏的力学过程，就是其支承（约束）条件由嵌固梁向简支梁发展的过程。因为一般情况下，回采工作面的倾斜长度通常较悬露岩层的极限跨度大得多，从而可以将悬露岩层简化为一端由工作面煤体支承，另一端由边界煤体支承的两端嵌固的梁，其上覆岩层的重量可通过该梁传递至两端的支承点（即工作面前方和后方煤体）上。为此，只要分析嵌固梁和简支梁的应力状态（图3-18），便可得到弯拉破坏的力学条件。

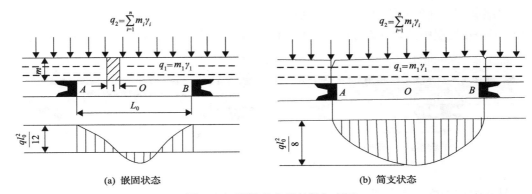

图 3-18　岩梁的支承条件与弯矩

在上覆均布荷载和自重的作用下，图3-18中岩梁中部 O 点开裂的条件为其弯矩达到拉应力极限的数值，即

$$\sigma_O = \frac{M_O}{W} = [\sigma_t] \tag{3-20}$$

式中，σ_O 为 O 点的实际拉应力；M_O 为 O 点的弯矩；W 为岩梁的截面模量。

对于嵌固梁来说，其端部和中部的弯矩分别为

$$M_A = \frac{qL_0^2}{12} = \frac{(q_1 + q_2)L_0^2}{12} \tag{3-21}$$

$$M_O = \frac{qL_0^2}{24} = \frac{(q_1 + q_2)L_0^2}{24} \tag{3-22}$$

式中，q 为上覆均布荷载 q_2 和自重 q_1 之和。

而简支梁的端部和中部弯矩分别为

$$M_A = 0 \tag{3-23}$$

$$M_O = \frac{qL_0^2}{8} = \frac{(q_1 + q_2)L_0^2}{8} \tag{3-24}$$

由式(3-21)～式(3-24)可知，嵌固梁端部和中部弯矩之和正好与简支梁中部弯矩相等。梁端开裂之后，端部弯矩向中部转移。因此只要梁端部拉开之后，支承条件迅速向简支梁转化，且中部拉开导致弯拉破坏是必然的。

至此，悬露岩层由弯曲发展至破坏的力学过程和条件，可以归纳为以下几点。

(1)工作面推至岩梁悬露的极限跨度 L_0 时，两端弯矩 M_A 为

$$M_A = \frac{(q_1+q_2)L_0^2}{12} \tag{3-25}$$

当梁端部的拉应力 σ_A 为

$$\sigma_A = \frac{M_A}{W} = \frac{\dfrac{(q_1+q_2)L_0^2}{12}}{\dfrac{m^2}{6}} = \frac{(q_1+q_2)}{2m^2}L_0^2 \geqslant [\sigma_t] \tag{3-26}$$

此时，由于悬露岩层弯曲下沉后与其上部岩层离层，因此不受其上部岩层重量的作用。故在悬露岩层上部没有软弱岩层时，该岩层只受本身重力的作用，其端部断裂时的拉应力 σ_A 为

$$\sigma_A = \frac{\gamma L_0^2}{2m} \geqslant [\sigma_t] \tag{3-27}$$

当悬露岩层上部存在更为软弱的岩层时，则形成由不同岩性的岩层组成下硬上软的组合岩梁，其端部裂断时的拉应力 σ_A 为

$$\sigma_A = \frac{\left(m+\sum_{i=1}^n m_i\right)\gamma}{2m^2}L_0^2 \tag{3-28}$$

式中，m 为强度高的下部支托层厚度，m；m_i 为随支托层同时运动的上部各较软弱岩层的厚度，m。

(2)在梁端部开裂发展过程中，随着端部弯矩的变小，梁中部弯矩将逐渐增大；随着支承条件向简支梁转化，中部弯矩将向接近 $\sigma_O' = \dfrac{3\left(m+\sum_{i=1}^n m_i\right)\gamma}{4m^2}L_0^2$ 的数值发展。

(3)在嵌固梁向简支梁转化的过程中，当岩梁中部拉应力达到极限时，中部必然拉开，岩梁发展至垮落或保持"假塑性岩梁"状态。

(4)岩梁端部和中部开裂的力学条件应为 $\sigma_A = \sigma_O' \geqslant [\sigma_t]$。为了便于应用，其力学条件可用岩梁悬露的极限跨度 L_0 表示。即

$$L_0 = \sqrt{\frac{2m^2[\sigma_t]}{\left(m+\sum_{i=1}^n m_i\right)\gamma}} \tag{3-29}$$

当 $\sum\limits_{i=1}^{n} m_i = 0$ ，即单一岩层弯曲破坏时，L_0 的表达式为

$$L_0 = \sqrt{\frac{2m[\sigma_{\mathrm{t}}]}{\gamma}} \tag{3-30}$$

显然，岩梁悬露的极限跨度随下部支托层厚度 m、允许抗拉强度[σ_{t}]的增加而增大，随支托层同时运动的上部较软岩层的总厚度 $\sum\limits_{i=1}^{n} m_i$ 的增加而减小。

2）岩层剪切破坏的力学过程和条件

悬露岩层剪切破坏的条件为梁端开裂后，其端部抗剪断面上的最大剪应力 $\tau_{\max}$ 超限，即

$$\tau_{\max} = [\tau] \tag{3-31}$$

式中，[τ]为岩层的抗剪强度，Pa。

根据材料力学对矩形截面剪应力进行公式推导，可知梁端抗剪断面上的最大剪应力 $\tau_{\max}$ 为

$$\tau_{\max} = \frac{3Q_{\max}}{2S} \tag{3-32}$$

式中，$Q_{\max}$ 为岩层的最大剪应力；S 为抗剪断面面积。

对照岩梁的受力情况（图 3-18），最大剪应力 $Q_{\max}$ 和抗剪断面面积 S 分别为

$$Q_{\max} = \frac{(q_1 + q_2)L_{\mathrm{G}}}{2} = \frac{\left(m + \sum\limits_{i=1}^{n} m_i\right)\gamma L_{\mathrm{G}}}{2} \tag{3-33}$$

$$S = 1 \times m_{\mathrm{c}} = m_{\mathrm{c}} \tag{3-34}$$

式中，m_{c} 为岩层端部开裂后的残余抗剪厚度，m。

将式（3-33）、式（3-34）代入式（3-32），整理后可得到以岩层悬露跨度表示的剪切破坏力学条件为

$$L_{\mathrm{G}} = \frac{4m_{\mathrm{c}}[\tau]}{3\left(m + \sum\limits_{i=1}^{n} m_i\right)\gamma} \tag{3-35}$$

当悬露岩层只受自重作用时，$\sum\limits_{i=1}^{n} m_i = 0$ ，则

$$L_{\mathrm{G}} = \frac{4m_{\mathrm{c}}[\tau]}{3m\gamma} \tag{3-36}$$

至此，可将岩层剪切破坏的力学过程归纳如下。

（1）当岩梁悬露跨度达到极限跨度 L_G 时，梁端因拉应力超限而开裂。

（2）当工作面煤壁推至开裂位置或构造断裂面附近，梁中部拉应力仍未超限时，由于悬露岩层端部残余抗剪断面不足，其剪应力超限，造成岩层沿工作面煤壁附近整体切断而垮落。如果工作面有较高的支护强度，岩层将沿放顶线切下。

3.2.3.3　上覆岩层破坏形式的判断

由岩层破坏的力学条件分析可知，当 $L_0 < L_G$ 时，岩层在悬露跨度的中部被拉坏，形成弯拉破坏形式。当 $L_0 \geqslant L_G$ 时，岩层在端部被剪坏，形成剪切破坏形式。

由此可以导出岩层剪断时的临界厚度 m_0 为

$$m_0 = \sqrt[3]{\frac{8m_c^2[\tau]^2}{9\gamma[\sigma_t]}} \tag{3-37}$$

当实际的岩层厚度大于 m_0 时，即有出现整体剪断的危险。

由式（3-37）可知，岩层剪断的临界厚度 m_0 主要由下列因素决定。

（1）悬露岩层的岩石力学性质。主要是岩石的抗剪强度和抗拉强度，而抗剪强度的影响更大。$[\tau]$ 越大，岩层剪断的可能性就越小；而随着 $[\sigma_t]$ 的增大，m_0 将减小。

（2）岩层的残余抗剪厚度 m_c。m_c 越大，m_0 就越大，岩层就越不容易剪断。而 m_c 的大小取决于悬露岩层在其悬露跨度中部的挠曲程度。在岩层弯曲下沉不受下部自由空间高度限制时，岩层中部的挠曲程度主要由岩层刚度和支承体（煤体或岩层）刚度所决定。

3.2.4　直接顶与基本顶

1）直接顶

直接顶是指在采空区内已垮落、在回采工作面内由支架暂时支撑的悬臂梁，其在回采工作面推进方向上不能始终保持水平力的传递。因此控制直接顶的基本要求是：当其运动时，支架应能承担其全部岩重，如图 3-19（a）所示。

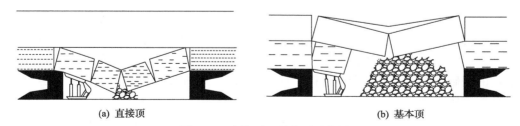

　　　　(a) 直接顶　　　　　　　　　　　　　(b) 基本顶

图 3-19　直接顶、基本顶示意图

2）基本顶

基本顶是指运动时对回采工作面矿压显现有明显影响的，位于直接顶或煤层之上，通常厚度及岩石强度较大、难于垮落的岩层。在初次断裂后，是一组在推进方向上能始终传递水平力的不等高裂隙梁，如图 3-19（b）所示。

对基本顶各岩梁控制的基本要求是：防止由于基本顶运动对回采工作面产生动压冲击和大面积切顶事故的发生，把基本顶岩梁运动结束时在回采工作面形成的顶板下沉量控制在要求的范围。显然，如果基本顶岩梁运动时没有动压冲击，岩梁运动结束后的自由位态所形成的回采工作面顶板下沉量满足生产要求，此时支架可不承担基本顶岩梁的岩重。即对于这部分岩梁，支架承担的压力大小取决于所控制的岩梁位态。

3）类基本顶

在我国西部浅埋矿区，煤层上方常常存在厚度较大的弱胶结砂质泥岩，这部分岩层成岩时期较晚，强度较低，胶结性差，其破断特征及运动规律与东部中硬或坚硬顶板不同，直接顶和基本顶岩层之间可能存在一种由若干小岩块挤压而成的岩梁结构。如图3-20所示，随着工作面的推进，直接顶上部砂质泥岩1首先悬露，断裂成较小块体、相互挤压并下沉搭接在采空区矸石上；砂质泥岩2，砂质泥岩3，……，砂质泥岩n依次下沉，两两岩层间的离层减小，最终黏结成一体，形成"岩块挤压岩梁"。这类岩梁由尺寸较小的岩块构成，能够传递水平力，但悬露岩梁由多个小岩块组成，其岩块尺寸小于传统的基本顶断裂岩块，因此这类顶板被定义为"类基本顶"。此时，类基本顶与上方抗压强度较大的岩层(基本顶)间出现离层，使基本顶逐渐悬露出来。

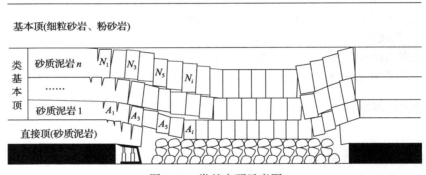

图3-20 类基本顶示意图

4）直接顶和基本顶的相互转化

对同一回采工作面，当地质条件和采动条件等发生变化或改变采空区顶板的处理方法时，直接顶和基本顶之间有可能相互转化，原属直接顶的岩层可能变成基本顶，原属基本顶的岩层也可以转化为直接顶。搞清两者转化的原因和条件，是预测回采工作面矿压显现的基础。根据需要创造条件促进这种转化，是控制回采工作面上覆岩层运动和矿压显现的重要手段。

实践证明，可能造成直接顶和基本顶两部分岩梁转化的原因，主要有以下几个方面。

(1)地质条件的变化，主要是岩层厚度和断层等构造的影响。岩层厚度变小，其允许沉降值S_0减少，原处于基本顶的岩层垮落；相反，岩层变厚，原垮落的岩层则可能向基本顶转化。大的断层构造可以切割传递岩梁，使很大范围内的基本顶向直接顶转化，这是十分危险的。

(2)采动条件的变化，主要是采高和推进速度的变化。采高变大，允许岩梁弯曲沉降的实际空间增大，可能造成 $S_A > S_0$（S_A 为岩梁的实际沉降值），因此基本顶中的岩梁可能转化为直接顶；相反，采高减小，原直接顶则可能转化为基本顶。在同样采高条件下，如果因岩层的岩性或厚度变化而扩大了直接顶的范围，则允许岩梁运动的空间减少，运动减缓，回采工作面的移顶范围也会相对地减少；相反，随着直接顶变薄，基本顶范围将相应扩大。

改变推进速度到一定限度，也可能造成两者间的转化。例如，肥城大封矿八层煤，石灰岩顶板在每日推进 2m 左右时不出现直接顶，而在同样采高条件下，当日推进速度超过 4m 后，厚度 2m 左右的最下层即发生垮落。

(3)改变采空区顶板处理方法。采用充填法处理采空区，减小岩层弯曲沉降的运动空间，可使 $S_A > S_0$，原直接顶转化为基本顶；采用强制放顶，可以使原整体垮落的运动形式转化为弯曲沉降的运动形式，原基本顶的大部分岩层转化为直接顶。

(4)改变开采程序。厚煤层或近距离煤层的上部存在坚硬顶板时，可能出现整体切断现象。此条件下若采用反程序开采，即先采下分层或下部煤层，则有可能使顶部分层的直接顶变为有预先形成裂隙的基本顶。

3.3　矿山岩层运动理论与模型

近年来，国内外专家学者在回采工作面支架与围岩相互作用研究方面取得了丰硕的成果，在支架工作阻力计算方面提出了一些力学模型和相应的计算公式。但不足的是，这些理论计算公式中往往涉及一些待定的或者是工程中难以确定的参数，估算结果的取值范围过大甚至与工程要求值完全不符。因此，正确地确定顶板岩层结构模型及其计算方法是分析问题的基础，而如何有效地确定有关计算参数则是决定该计算方法是否有实用价值的前提。

矿山岩层运动理论与模型是当下采矿科学发展的重要形式，是探索采场上覆岩层活动规律与矿山压力的关系、弄清矿山压力及其显现规律的有效途径。

矿山岩层运动理论与模型在建立时，一般都历经这样的步骤：首先，观察和收集地质及开采等资料；其次，分析整理所积累的资料，提出理论的基本观点；再次，根据相关理论，建立分析模型，进行数学力学分析推演，一方面为确定理论中各基本参数间的关系，另一方面为矿山生产提供指导；最后，通过一定方式进行检验。

基本观点的提出是最重要的，它一般包括下述内容：

首先，是对研究对象基本属性的认识，如对采场周围岩体属性的认识，有的侧重岩体的连续性特征，有的则侧重节理、断层等构造影响的非连续性特征。

其次，是对研究对象基本状态的认识，或把现象稳定在某一阶段，从瞬间平衡状态来认识矿压现象，如压力拱假说；或考虑到现象发生的时间过程，从发展变化状态中来考察矿压现象，如传递岩梁假说。

最后，就是对现象发生和发展规律的认识，有的假说只推测性地描述现象发生发展的基本过程；有的则直接说明现象发生发展的因果关系。二者同属对现象的规律性认识，但所反映的本质程度不同，前者肤浅，后者深刻。

辩证地学习和认识现存的矿山压力理论与模型，不仅能够促进矿山压力理论的进一步发展，而且对岩层控制的实践工作也会起到一定的指导作用。本书仅对较经典的传递岩梁理论、砌体梁力学模型、薄板理论、厚板理论及弱胶结岩块挤压岩梁模型进行介绍，其他理论如压力拱假说、松散介质假说、弹性基础梁假说等读者可自行了解。

3.3.1　传递岩梁理论

3.3.1.1　传递岩梁的定义

20 世纪 70 年代末，山东科技大学宋振骐院士等基于大量现场实测资料，建立了以上覆岩层运动为中心的矿山压力理论，即传递岩梁理论，其内涵为：回采工作面上覆岩层中除临近煤层的采空区已垮落岩层外，其他岩层均保持假塑性状态，两端由煤体支承，或一端由工作面前方煤体支承，一端由采空区矸石支承，在推进方向上保持传递力的联系，即把顶板作用力传递到前方煤体或后方采空区矸石上，如图 3-21 所示。把每一组同时运动或近乎同时运动的岩层看成一个运动的整体，称为传递力的岩梁，简称传递岩梁。

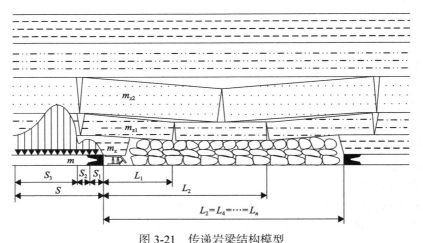

图 3-21　传递岩梁结构模型

m-煤层厚度；m_z-直接顶厚度；m_{z1}-第一岩梁厚度；m_{z2}-第二岩梁厚度

传递岩梁的厚度包括同时运动岩层的总和，对于相邻的两岩层，是同时运动组成一个传递岩梁，还是分开运动形成两个传递岩梁，可以用两岩层沉降中最大曲率（ρ_{max}）和最大挠度（ω_{max}）进行判断。

当 $\rho_{max\,上} \geqslant \rho_{max\,下}$ 或 $\omega_{max\,上} \geqslant \omega_{max\,下}$ 时，两岩层组合成一个传递岩梁同时运动，如图 3-22（a）所示。当 $\rho_{max\,上} < \rho_{max\,下}$ 或 $\omega_{max\,上} < \omega_{max\,下}$ 时，两岩层将形成两个传递岩梁分开运动，如图 3-22（b）所示。

由材料力学可知，固定梁弯曲时，最大曲率 $\rho_{max} = \dfrac{\gamma L^2}{2Em^2}$，最大挠度 $\omega_{max} = \dfrac{\gamma L^4}{32Em^2}$；简支梁弯曲时，最大曲率 $\rho_{max} = \dfrac{3\gamma L^2}{2Em^2}$，最大挠度 $\omega_{max} = \dfrac{5\gamma L^4}{32Em^2}$。显然，任何支承条件

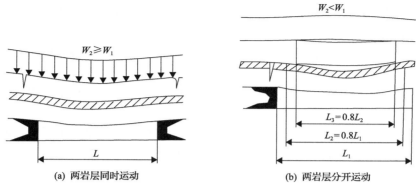

图 3-22 传递岩梁的形成

下梁的最大曲率和挠度都可表示为 $\rho_{\max}=\alpha\dfrac{\gamma L^2}{2Em^2}$，$\omega_{\max}=\beta\dfrac{\gamma L^4}{32Em^2}$，其中 α、β 为由梁支承条件决定的系数。当岩梁的支承条件一定时，其曲率和挠度与岩梁的跨度 L、厚度 m 及弹性模量 E 有关。其中跨度 L 的影响最大，厚度 m 的影响次之，弹性模量 E 的影响较小。

（1）两岩层在外载（上部岩重）作用下的运动组合分析。如图 3-22（a）所示，两岩层的悬露跨度相同，即

$$L_{上}=L_{下}=L$$

此时两岩层是组成一个岩梁同时运动，还是形成两个岩梁分开运动，主要由弹性模量 E 和岩层厚度 m 决定。当 $E_{下}m_{下}^2>E_{上}m_{上}^2$ 时，上下两岩层同时运动。当 $E_{下}m_{下}^2\leqslant E_{上}m_{上}^2$ 时，上下两岩层分开运动且下部岩层先运动。

（2）两岩层在自重作用下的弯曲沉降分析。如图 3-22（b）所示，两岩层在自重作用下弯曲时，由于 $L_{下}=1.25L_{上}$，下岩层的跨度和弯矩先于上岩层达到极限。上下两岩层同时运动的临界条件为

$$E_{下}m_{下}^2\geqslant\left(\frac{L_{下}}{L_{上}}\right)^4 E_{上}m_{上}^2=(1.25)^4 E_{上}m_{上}^2 \tag{3-38}$$

否则，两岩层将分开运动。即使 $m_{上}=m_{下}$ 和 $E_{上}=E_{下}$，但随着回采工作面的推进，下部岩层将先达到极限弯矩，满足 $\omega_{上}<\omega_{下}$ 的条件，因此必然先行破坏，两岩层分别形成传递岩梁依次运动。上岩层强度越高（$E_{上}$ 越大）、厚度 $m_{上}$ 越大，显著运动滞后的时间越长。

3.3.1.2 上覆岩层沿推进方向运动规律

岩梁传递到距煤壁 x 处的压力由式（3-39）给出：

$$\sigma_y=\sum_{i=1}^n m_i\gamma_i+\sum_{i=1}^n m_i\gamma_i L_i C_{ix} \tag{3-39}$$

式中，σ_y 为距煤壁 x 处的支承压力；m_i 为各传递岩梁的厚度；γ_i 为各传递岩梁的容重；

L_i 为各传递岩梁的跨度；C_{ix} 为各传递岩梁传递至该处岩层的重量比例系数；n 为直接作用于该处的岩梁数目，即在该处上方未出现离层的岩梁数目。

理论研究与现场实践证明，从回采工作面推进开始至基本顶各岩梁初次来压结束期间的支承压力分布可以划分为三个阶段。

第一阶段：从回采工作面推进开始至煤壁支承能力改变（即煤壁附近煤体进入塑性状态）之前。

在此阶段，随回采工作面推进，通过处于相对稳定状态的基本顶岩梁传递至煤层上的压力将逐渐增加。但由于各点的应力没有达到煤体的破坏极限，因此包括煤壁在内的整个煤层都处于弹性压缩状态，支承压力分布将是一条高峰在煤壁处的单调下降曲线，如图 3-23（a）所示。

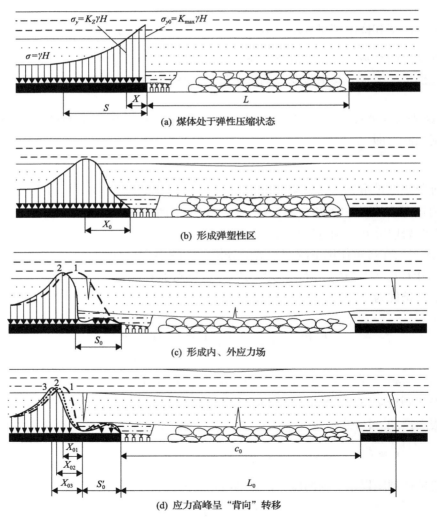

图 3-23　初次来压阶段支承压力发展规律

σ_y-距煤壁 x 处的支承压力；σ_{y0}-支承压力峰值；σ 为距地面 H 深处上覆岩层自重；L-岩梁跨度；X、X_0、X_{0i}-塑性区；S_0-内应力场；S-弹性区；S_0'-收缩后形成的内应力场；c_0-岩梁初次来压步距；L_0-采端拉开的极限跨度由于此阶段煤与岩层都处于弹性状态，因此可以假设各岩梁的跨度相等（$L_i=L$），且认为在煤层同一位置的岩层重量传递系数相同（$C_{ix}=C_x$）。由此可将式（3-39）简化为

$$\sigma_y = \sum_{i=1}^{N} m_i\gamma_i(1+LC_x) = K_z\gamma H$$

$$H = \sum_{i=1}^{N} m_i \qquad\qquad (3\text{-}40)$$

$$K_z = 1 + LC_x$$

式中，m_i 为第 i 个岩层厚度；γ_i 为第 i 个岩层容重；H 为距地层深度；K_z 为垂直应力集中系数；N 为从煤层到地表的覆盖岩梁数。

垂直应力集中系数 K_z 随岩梁跨度 L 的增大而增大。当 L 一定时，K_z 随煤壁距离 x 的增大而减小。有限元研究结果表明，K_z 衰减规律函数为

$$K_z = 1 + K_0\mathrm{e}^{-bx} \qquad\qquad (3\text{-}41)$$

式中，K_0、b 为与煤壁及矸石等弹性模量有关的系数。

第二阶段：从煤壁支承能力开始改变起，到基本顶岩梁端部断裂前为止。

进入此阶段，煤壁附近的应力值达到了煤层的极限强度，随着煤体的破坏，其支承能力开始降低，这一趋势随回采工作面推进和岩梁悬露跨度增加将逐渐向煤壁前方扩展。与此同时，岩层沉降幅度逐渐增大，由岩梁跨度中部开始的离层现象也将向两端扩展，一旦基本顶岩梁的作用力超过下部煤层的支承能力，离层就要向煤壁方向发展，甚至深入煤壁前方。显然在此阶段，煤体的支承能力已经下降，特别是离层已出现的部位，基本顶作为传递上部整体岩重的作用将逐步下降，而作为形成支承压力的"荷载作用"将越来越占据主导地位。随着煤体破坏的发展，煤壁附近的压力高峰将向煤体深部转移，煤层上的支承压力分布规律为：在塑性区（包括煤体已完全破坏的部分）压力逐渐上升，在弹性区压力则单调下降，弹塑性区的交界处为压力高峰的位置，如图 3-23（b）所示。

第三阶段：从基本顶岩梁端部断裂起至岩梁中部触矸为止。

在此阶段中，支承压力分布随基本顶岩梁显著运动的发展而明显变化。其主要特征如下。

（1）岩梁端部断裂前夕，在断裂线附近将伴有压力的集中，如图 3-23（c）中曲线 1 所示。

（2）岩梁断裂结束时，以断裂线为界将支承压力分布分为两个部分，即在断裂线与煤壁之间[图 3-23（c）中 S_0 范围]由已断裂岩梁自重所决定的内应力场及在断裂线外[图 3-23（c）中 S_0 以远]由上覆岩层整体重量所决定的外应力场，两应力场中的压力分布没有密切联系。在岩梁断裂结束时，两应力场中的压力分布如图 3-23（c）中曲线 2 所示。

（3）两应力场形成后，随工作面推进，各自的应力高峰以断裂线为界向相反的方向发展，即呈"背向"转移变化。其中内应力场中的支承压力随工作面的推进和岩梁的再次断裂，压力峰值逐渐增加，峰值位置逐渐转移向煤壁，形成压力的"收缩"，直至岩梁中部触矸，压力峰值降低到最低值为止，该过程中压力分布的变化趋势如图 3-23（d）中 S_0 范围内曲线 1、2、3 所示。其中曲线 1 为岩梁断裂时的压力分布，曲线 2 为岩梁回转、

压力向煤壁方向收缩、集中的情况，曲线 3 为岩梁中部触矸后压力降低后的分布情况。与此相反，外应力场中的支承压力高峰区随回采工作面推进和岩梁断裂线附近煤体破坏的发展，压力峰值逐渐降低，峰值作用位置逐渐向前方扩展，一直到煤体的支承能力与压力高峰的作用相抗衡为止。

在进入正常回采阶段后，随着基本顶岩梁的周期性断裂，支承压力的分布特征也将发生周期性变化，其变化及发展与初次来压阶段相似。因此，通过巷道压力的变化对采场来压预报是可行的。

3.3.2　砌体梁力学模型和关键层理论

3.3.2.1　砌体梁力学模型

在总结铰接岩块假说和预成裂隙假说以及在大量生产实践及对岩层内部移动进行现场观测的基础上，钱鸣高院士等于 20 世纪 70 年代末至 80 年代初提出了岩体结构的砌体梁力学模型。

砌体梁结构是基于采动岩体移动的如下特征而提出的。

(1) 采动上覆岩层岩体结构的骨架是覆岩中的坚硬岩层，因此可将上覆岩层划分为若干组，每组以坚硬岩层为底层，其上部的软弱岩层可视为直接作用于骨架上的荷载，同时也是更上层坚硬岩层与下部骨架联结的垫层。

(2) 随着工作面的推进，采空区上方坚硬岩层在裂缝带内将断裂成排列整齐的岩块，岩块间将受水平推力作用而形成铰接关系。岩层移动曲线的形态经实测开始呈现为下凹，而后随着工作面的推进逐渐恢复水平状态，由此决定了断裂岩块间铰接点的位置。若曲线下凹，则铰接点位置在岩块断裂面的偏下部；反之，在偏上部。如果在回采空间以及邻近的采空区上方出现明显的离层区，说明该区内断裂的岩块可以形成悬露结构。

(3) 由于垫层传递剪切力的能力较弱，因此两层骨架间的联结能用可缩性支杆代替。

(4) 当骨架层的断裂岩块回转恢复到近水平位置时，岩块间的剪切力趋近于零，此时的铰接关系可转化为水平连杆联结关系。

(5) 最上层为表土冲积层，可将其视为均布荷载作用于岩体结构上，而骨架层各岩块上的荷载将随垫层的压实程度而变化。

砌体梁假说认为：在基本顶岩梁达到断裂步距之后，随着工作面的继续推进，岩梁将会折断。但断裂后的岩块由于排列整齐，在相互回转时能形成挤压，由于岩块间的水平力以及相互间形成的摩擦力作用，在一定条件下能够形成外表似梁实质为半拱的结构，这种平衡结构形如砌体，故称为砌体梁。采场上覆岩层的砌体梁力学模型如图 3-24 所示。

根据分析，对工作面影响最大的是上覆岩层中离层区的 B、C 岩块。因此可将 B、C 岩块视为砌体梁的关键块体，并将其单独形成结构模型。根据对此结构的分析及生产实际情况的反映，此结构有两种失稳形式：滑落失稳及转动变形失稳。

由力学分析可得，砌体梁结构不致发生滑落失稳的条件为

$$h + h_1 \leqslant \frac{\sigma_c}{30\rho g}\left(\tan\varphi + \frac{3}{4}\sin\theta_1\right)^2 \tag{3-42}$$

砌体梁结构不致发生回转变形失稳的条件为

$$h + h_1 \leqslant \frac{0.15\sigma_c}{\rho g}\left(i^2 - \frac{2}{3}i\sin\theta_1 + \frac{1}{2}\sin^2\theta_1\right) \tag{3-43}$$

式中，h，h_1 为结构层及荷载厚度；σ_c 为岩层单轴抗压强度；θ_1 为回转变形角；i 为岩块的厚长比，即 $i=h/l$。

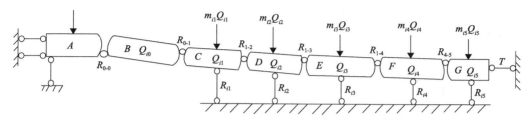

图 3-24 采场上覆岩层动态砌体梁力学模型及关键块结构

随着回采工作面的推进，上覆岩层所形成的砌体梁的稳定性主要受图中 B、C 岩块所控制。它既要防止在 θ_1 较小时（岩层刚断裂时）可能形成的滑落失稳，又要防止在 θ_1 增大时咬合点挤碎而形成的转动变形失稳。在满足这两个条件的砌体梁结构才是稳定的，因而称为砌体梁结构的"$S—R$"稳定理论。

此假说具体地给出了破断岩块的咬合方式及平衡条件，同时还讨论了基本顶破断时在岩体中引起的扰动，很好地解释了采场矿山压力显现规律，为采场矿山压力的控制及支护设计提供了理论依据。此假说结合现场观测和生产实践的验证已得到公认，对我国煤矿采场矿压理论研究及指导生产实践都起到了重要作用。

3.3.2.2 关键层理论

1）关键层的概念及特征

20 世纪末，钱鸣高院士、缪协兴教授等在砌体梁理论研究的基础上提出了关键层理论。众所周知，由于煤系地层的分层特性存在差异，因此各岩层在岩体活动中的作用是不同的。有些较为坚硬的厚岩层在活动中起控制作用，即起承载主体与骨架作用；有些较为软弱的薄岩层在活动中只起加载作用，其自重大部分由坚硬的厚岩层承担。因此关键层的定义可作如下表述：在采煤工作面上覆岩层部分或直至地表的全部岩层活动中起控制作用的岩层称为关键层。关键层判别的主要依据是其变形和破断特征。在关键层破断时，其上部全部岩层或局部岩层的下沉变形是相互协调一致的，前者称为岩层活动的主关键层，后者称为亚关键层。也就是说，关键层的断裂将导致全部或相当部分的上覆岩层产生整体运动。显然，关键层的断裂步距为上部岩层部分或全部的断裂步距，从而引起明显的岩层运动和矿压显现。

一般来说，关键层即为主承载层，在破断前以"板"（或"梁"）结构的形式承受上部岩层的部分重量，断裂后则形成砌体梁结构，其结构形态即岩层移动的形态，而各亚关键层之间或主关键层和亚关键层之间形成了岩体内部的离层。

采动岩体中的关键层有如下特征。

（1）几何特征。相对于其他岩层厚度较大。

（2）岩性特征。相对于其他岩层较为坚硬，即弹性模量较大，强度较高。

（3）变形特征。当关键层下沉变形时，其上覆全部或局部岩层的下沉量是同步协调的。

（4）破断特征。关键层的破断将导致全部或局部上覆岩层的破断，从而引起较大范围的岩层移动。

（5）支承特征。关键层破坏前以"板"（或"梁"）的结构形式作为全部或局部岩层的承载主体，断裂后则成为砌体梁结构，继续作为承载主体。

由于成岩时间及矿物成分不同，煤系地层形成了厚度不等、强度不同的多层岩层，其中覆岩关键层将对采场上覆岩层活动起主要的控制作用。为了弄清岩层移动由下往上传递的动态过程，并对岩层移动过程中形成的采场矿压显现、煤岩体中水与瓦斯的流动和地表沉陷等状态的变化进行有效监测与控制，关键在于弄清关键层的变形破断及其运动规律，以及在运动过程中与软岩层间的相互耦合作用关系。关键层理论的提出实现了矿山压力、岩层移动与地表沉陷、采动煤岩体中水与瓦斯流动研究的有机统一，为更全面、深入地解释采动岩体活动规律与采动损害现象奠定了基础，为煤矿绿色开采技术研究提供了新的理论平台。

2）覆岩关键层位置的判别

直接顶初次垮落后，随着回采工作面继续推进，将引起覆岩关键层的破断与运动。为了研究具体条件下覆岩关键层的破断运动规律，首先应对覆岩中的关键层位置进行判别。

根据关键层的定义与变形特征，在关键层变形过程中，其所控制的上覆岩层随之同步变形，而其下部岩层不与之协调变形，因而它所承受的荷载已不再需要其下部岩层来承担，在图 3-25 中，第一层岩层为第一层关键层，它的控制范围达第 n 层，则第 $n+1$ 层成为第二层关键层，必然满足：

$$q_{n+1} < q_n \tag{3-44}$$

式中，q_{n+1}，q_n 为计算到第 $n+1$ 层与第 n 层时，第一层关键层所受荷载。

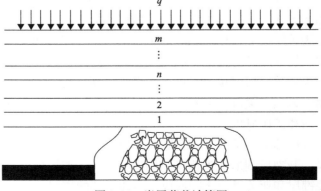

图 3-25　岩层荷载计算图

按照式(3-44)的原则，由下往上逐层判别，直至确定出最上一层可能成为关键层的硬岩层位置，设覆岩共有 k 层硬岩层满足式(3-44)要求。

按照式(3-44)确定出的硬岩层还必须满足关键层的强度条件，即满足下层硬岩层的破断距小于上层硬岩层的破断距，即

$$l_j < l_{j+1}, \quad j=1,2,\cdots,k \tag{3-45}$$

式中，l_j 为第 j 层的破断距；K 为由式(3-44)确定的硬岩层层数。

若第 j 层硬岩层不满足式(3-45)，则应将第 $j+1$ 层硬岩层所控制的全部岩层荷载作用到第 k 层上，重新计算第 k 层硬岩层破断距后再继续判别。

按照式(3-45)原则，由下往上逐层判别，最终确定出所有关键层位置。

3) 关键层复合破断规律

关键层理论研究发现，一定条件下相邻两层硬岩层产生同步破断。将满足式(3-44)的相邻两层硬岩层，不满足式(3-45)，从而出现同步破断的现象称为关键层复合破断。当产生复合破断的关键层邻近开采煤层而成为基本顶时，由于复合破断关键层一般一次破断岩层厚度相对较厚，作用在"砌体梁"岩块上的荷载较大，容易出现滑落失稳，因而会引起采场来压显现的增强。在薄基岩厚表土层条件下，更容易出现关键层复合破断现象，并对采场来压造成强烈影响。

假设覆岩中仅有两层硬岩层，则两层硬岩同步破断的条件为 $l_1 \geqslant l_2$，由此可得两层硬岩层同步破断的判别条件为

$$\frac{\sigma_1 E_{2,0} h_{2,0} \sum_{j=0}^{m_1} E_{1,j} h^3_{1,j} \left(\sum_{j=0}^{m_2} h_{2,j} \gamma_{2,j} + KH\gamma \right)}{\sigma_2 E_{1,0} h_{1,0} \sum_{j=0}^{m_1} h_{1,j} \gamma_{1,j} \sum_{j=0}^{m_2} E_{2,j} h^3_{2,j}} \geqslant 1 \tag{3-46}$$

式中，m_1，m_2 为硬岩 1、2 上软岩层组分层数；$E_{1,j}$，$h_{1,j}$，$\gamma_{1,j}$ 为硬岩 1 上软岩层组各分层的弹性模量、厚度、容重，当 $j=0$ 时，为硬岩 1 的弹性模量、厚度、容重；$E_{2,j}$，$h_{2,j}$，$\gamma_{2,j}$ 为硬岩 2 上软岩层组各分层的弹性模量、厚度、容重，当 $j=0$ 时，为硬岩 2 的弹性模量、厚度、容重；H 为表土层厚度；γ 为表土层容重；K 为表土层荷载传递系数。

表 3-1 为大柳塔矿 1302 面覆岩岩性表，通过关键层位置判别发现，位于 1-2 煤层上方第 3 层与第 6 层的两岩层满足式(3-44)，是覆岩硬岩层，但同时又满足式(3-46)，二者复合破断，从而导致 1302 面整层切落式来压显现和压架事故。

由式(3-46)可见，影响两层硬岩层破断的因素主要包括：①两硬岩层厚度、抗拉强度及弹性模量；②硬岩层所控软岩层的厚度、弹性模量；③表土层厚度及其荷载传递系数。

表 3-1　大柳塔矿 1302 面覆岩岩性表

层序	厚度/m	容重/(kN/m³)	抗拉强度/MPa	弹性模量/GPa	岩性	硬岩层位置	关键层位置
10	27.0	17.0	0	0	风积沙		
9	3.0	23.3	0	0	风化砂岩		
8	2.0	23.3	1.53	18.0	粉砂岩		
7	2.4	25.2	3.03	43.4	砂岩		
6	3.9	25.2	3.03	30.7	中砂岩	第 2 层硬岩	
5	2.9	24.1	1.53	18.0	砂质泥岩		
4	2.0	23.8	3.83	40.0	粉砂岩		
3	2.2	23.8	3.83	40.0	粉砂岩	第 1 层硬岩	主关键层
2	2.0	24.3	1.53	18.0	炭质泥岩		
1	2.6	24.3	1.53	18.0	砂泥岩或粉砂岩		
	6.3	13.0			1-2 煤层		

按式 (3-46) 计算可得到,当表 3-1 所示覆岩中,风积沙厚度小于 9.3m 时,两层硬岩层将不会同步破断,工作面也不会出现全厚切落式来压显现。

对于产生复合破断的关键层砌体梁结构,其不发生滑落失稳所承担的岩层厚度应满足:

$$h + h_1 \leq \frac{2\sigma_t}{\gamma}\left(\tan\varphi + \frac{3}{4}\sin\theta\right)^2 \tag{3-47}$$

式中,h 为关键层厚度;h_1 为随关键层同步破断的上覆岩层厚度;σ_t 为关键层抗拉强度;γ 为岩层平均容重;φ 为岩层内摩擦角;θ 为关键层破断块体回转角。

由式 (3-47) 可知,关键层破断后要防止出现滑落失稳,所能承受的岩层厚度是有限的。而对于产生复合破断的关键层,同步破断岩层厚度增加,因而更易出现滑落失稳,若产生复合破断关键层邻近回采煤层,将引起采场来压显现的增强,这正是大柳塔矿 1302 面尽管覆岩不存在Ⅲ级以上来压强烈的基本顶,但却出现了来压很剧烈甚至压死支架现象的原因所在。

3.3.3　薄板理论

3.3.3.1　基本顶"O—X"破坏模型

随着回采工作面自开切眼开始推进,根据已采空面积的情况,如我国华北地区的一般条件,回采工作面长 150～200m,推进 30m 左右,基本顶岩层初次断裂。一般基本顶岩层厚 2～4m,按照薄板的假设,其厚度 (h) 与宽度 (a) 的比值为 $h/a = 1/15 \sim 1/7$,因此,可视基本顶岩层为薄板,当基本顶与上部岩层形成离层后更是如此。根据开采条件及采区边界煤柱的大小,又可将基本顶岩层假设为如图 3-26 所示的情况。

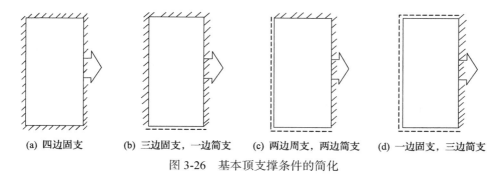

(a) 四边固支　　(b) 三边固支，一边简支　　(c) 两边固支，两边简支　　(d) 一边固支，三边简支

图 3-26　基本顶支撑条件的简化

根据薄板理论，求解这些板所处的应力状态是一个比较复杂的过程。但由于解决采矿问题所要求的精度，只求在宏观上说明一些问题，因而可采用板的 Maccus 简算法，即视"板"为分条的梁，对中部来说即为交叉的条梁，按挠度相等的原则可求得板中部及边界上的弯矩及其分布图，如图 3-27 所示。

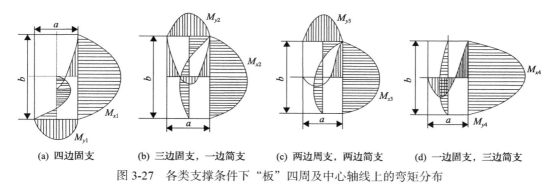

(a) 四边固支　　(b) 三边固支，一边简支　　(c) 两边固支，两边简支　　(d) 一边固支，三边简支

图 3-27　各类支撑条件下"板"四周及中心轴线上的弯矩分布

以四边固支条件为例，其关系式为

$$\begin{cases} q_x = q\dfrac{b^4}{a^4+b^4} \\[2mm] v_x = v_y = v \\[2mm] q_y = q\dfrac{a^4}{a^4+b^4} \\[2mm] v = 1 - \dfrac{15}{8}\dfrac{a^2 b^2}{a^4+b^4} \end{cases} \tag{3-48}$$

$$
M_{x1} = -\frac{q_x a^2}{12} \qquad M_{y1} = -\frac{q_y b^2}{12}
$$
$$
M_{x1\max} = \frac{q_x a^2}{24}v \qquad M_{y1\max} = \frac{q_y b^2}{24}v
\tag{3-49}
$$

式中，q 为板所承受的单位面积荷载(包括自重)；q_x，q_y 为板在 x、y 方向作为条梁时的单位长度荷载；b 为板的长度；M_{x1}，M_{y1} 为板的长边、短边中部边界处的弯矩；$M_{x1\max}$，

M_{y1max} 为板中部在 x、y 方向的最大弯矩；v_x，v_y，v 为在 x、y 方向上的弯矩修正系数。

随着弯矩的增长，基本顶岩层达到强度极限时，将形成断裂。以四边固支的板为例，弯矩的最大绝对值是发生在长边的中心部位，因而首先将在此形成断裂[图 3-28(a)]，而后在短边的中央形成裂缝[图 3-28(b)]，待四周裂缝贯通而呈 "O" 形后，板中央的弯矩又达到最大值，超过强度极限而形成裂缝，最后形成 "X" 型破坏，如图 3-28(c) 所示。

此时在板的支撑边四周形成上部张开下部闭合的裂缝，而在 "X" 型破坏部分则形成上部闭合而下部张开的裂缝。

为了说明板的破坏过程，可以随着裂缝的发展，将已形成的裂缝部位视为简支条件，进而考察其他部分的弯矩分布变化及新裂缝形成的部位和破坏方向。这样，可以按图 3-29 的方式进行推理。鉴于回采工作面长度在各种不同支撑条件改变时可作为一个常量，因而 α 值的大小表示了弯矩值的变化情况。

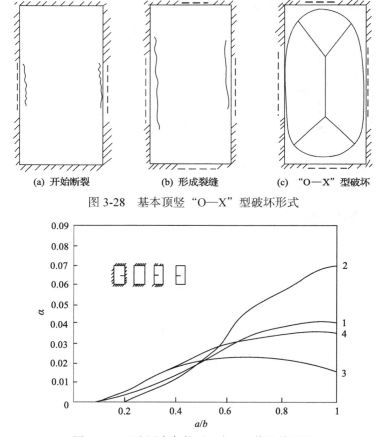

(a) 开始断裂　　　　　(b) 形成裂缝　　　　　(c) "O—X" 型破坏

图 3-28　基本顶竖 "O—X" 型破坏形式

图 3-29　四边固支条件下 α 与 a/b 值的关系图

图 3-29 中，曲线 1 表示四边固支条件下长边中部的弯矩系数 α 值随 a/b 值变化的情况。曲线 2 表示当全部长边形成裂缝时(变为简支)，短边中部的弯矩系数 α 值随 a/b 值变化的情况。曲线 3 表示此时板中央在 x 轴方向的弯矩系数变化情况。曲线 4 则表示四

周均形成裂缝时(变为简支)、板中央在 x 轴方向的弯矩系数变化情况。

由图 3-29 可知，当 $\alpha<0.02$ 时，板的破断将先沿固定边长边形成裂缝并沿其延伸，在长边形成裂缝的过程中，板中央沿 y 方向将随之形成裂缝，而后导致破坏；当 $\alpha=0.02$ 时，板的长边和短边形成裂缝，但此时未形成圆弧形贯通；当 $0.02<\alpha<0.032$ 时，破断裂缝先沿长边延伸→短边裂缝延伸→裂缝在四角形成圆弧形贯通→板中央沿 y 方向裂缝延伸→板形成"X"型断裂；当 $\alpha=0.032$ 时，破断裂缝先沿长边延伸→短边裂缝延伸→裂缝在四角形成圆弧形贯通，但下一步板的破坏过程有可能发生"X"型断裂也有可能处于稳定状态；当 $\alpha>0.032$ 时，破断裂缝先沿长边延伸→短边裂缝延伸→裂缝在四角形成圆弧形贯通→四周简支的板仍然处于稳定状态→工作面继续推进导致 a/b 值的增加→达到简支板的极限状态，原有工作面上方板的裂缝闭合，而后工作面上方重新形成新的裂缝并与短边的裂缝贯通，最终导致板的"X"型破断。

由上述可知，$\alpha<0.032$ 时，基本顶的初次断裂步距可以在四边固支条件下长边中部达到极限弯矩时(即按梁计算)作为计算准则；当 $\alpha=0.032$ 时，基本顶的初次断裂步距即可按梁计算，也可按板计算；但当 $\alpha>0.032$ 时，则应以四边简支条件板达到极限弯矩时(即按板计算)作为计算准则。

当采场处于一边采空的条件下(即该边简支)，其破断规律与四边固支时相近。但当基本顶岩层处于两边简支、两边固支时，则将出现下述的破坏现象，即长边出现裂缝→工作面推进→另一长边出现裂缝(原裂缝闭合)→短边出现裂缝→裂缝贯通，板中央出现"X"型破坏。

当工作面处于三边采空时，基本顶岩层的破坏过程与上述情况相仿。

当基本顶初次破坏后，随回采工作面推进将发生周期断裂过程。

在上述分析中，工作面长度 b 与推进距 a 满足 $a/b\leq1$，基本顶的破坏如图 3-28(c)所示的竖"O—X"型破坏形式。如工作面长度 b 较小，导致基本顶初次断裂时 $a/b>1$，基本顶的破坏将呈图 3-30 所示的横"O—X"型破坏形式。此时，仅在 $A—A'$ 剖面上满足砌体梁结构。

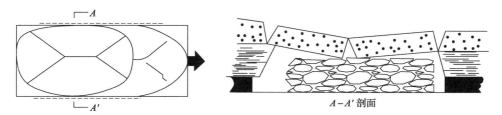

图 3-30 基本顶的横"O—X"型破坏

3.3.3.2 关键层断裂步距

根据关键层理论，工作面顶板岩层的破坏运动受关键层的控制。对于采深较大，上覆岩层较厚的煤层，覆岩关键层结构一般为多层关键层结构，分亚关键层和主关键层，主关键层的破坏失稳对工作面矿压显现与地表沉陷都有直接的显著影响，尤其是对工作面矿压会造成严重的影响。

稳定岩层条件下，回采工作面上方关键层初次来压步距通常远大于关键层的厚度，因此可视关键层为弹性薄板。根据支承状况的不同，在关键层初次断裂前，将其视为四边固支的矩形板。周期断裂时，关键层形成悬臂梁，考虑已垮落岩层对关键层的作用，将其视为三边固支一边受均布荷载的矩形板。依据弹性薄板相关理论可对基本顶极限荷载、断裂步距进行分析求解。

1）关键层初次断裂

关键层初次断裂前为四边固支的矩形板，如图 3-31 所示，a 为工作面推进距离，b 为工作面长度，q 为关键层所受荷载。根据塑性极限分析定理，矩形板主弯矩的方向难以确定，很难求得完全解，可采用机动法求上限荷载 q_s。

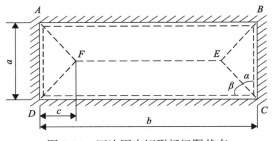

图 3-31　四边固支矩形板极限状态

根据关键层"O—X"型破坏形式，矩形板破坏时最可能的塑性绞线位置如图 3-31 中虚线所示。设中心板块的微小位移为 δ，则两侧板块的相对转角近似为 $4\delta/a$，塑性极限弯矩为 M_s，全部绞线形成所需内力功为 W_i，则

$$W_i = 2M_s\delta\left(\frac{2a}{c} + \frac{4b}{a}\right) \tag{3-50}$$

式中，c 为关键层的初次来压步距。

在形成该破坏时，外力所做的功为 W_e，其值为荷载 q 与板的初始中面和破坏后构成"屋顶型"体积的乘积，即

$$W_e = \frac{2}{3}qac\delta + \frac{1}{2}qa\delta(b - 2c) \tag{3-51}$$

由虚功原理，$W_i = W_e$，并消去 c，得

$$q_s = \frac{48b^2M_s}{a^2\left(\sqrt{a^2 + 3b^2} - a\right)^2} \tag{3-52}$$

塑性极限弯矩为

$$M_s = \frac{h^2}{4}\sigma_t \tag{3-53}$$

式中，h 为关键层厚度，m；σ_t 为关键层抗拉强度，MPa。

将式(3-53)代入式(3-52)，解出 a，即关键层的初次断裂步距 l_0。

$$l_0 = \frac{2h(bqR - 2h\sigma_t^2)\sqrt{\dfrac{-b(16h^3R - 9b^3q + 36bh^2\sigma_t)}{3b^2q - 16h^2\sigma_t}}}{\sigma_t(3b^2q - 4h^2\sigma_t)} \tag{3-54}$$

其中，$R = \sqrt{\dfrac{3\sigma_t^3}{q}}$。

2) 关键层周期断裂

关键层断裂后形成悬臂梁，但已垮落岩层仍对悬臂梁有一定的作用，可简化为均布荷载。因此，可将关键层周期断裂视为三边固支一边受均布荷载的矩形板，如图 3-32 所示。q_1 为已垮落顶板的荷载，作用于边界 AB 上。

设点 E 的微小位移为 δ，并假设 EF 位移相等，则两侧板块的相对转角近似为 $4\delta/b$，则

$$W_i = 2M_s\delta\left(\frac{4a}{b} + \frac{b}{a-c}\right) \tag{3-55}$$

$$W_e = \frac{b\delta}{6}\left[q(2a+c) + 3q_1\right] \tag{3-56}$$

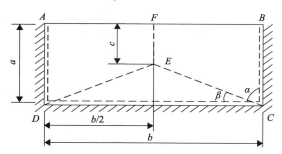

图 3-32　三边固支一边受均布荷载矩形板极限状态

由 $W_i = W_e$，并消去 c，得

$$q_s = \frac{3(16aM_s - b^2q_1)^2 T}{b^2(2bM_s + T)(48a^2M_s + 4b^2M_s + 2bT - 3ab^2q_1)} \tag{3-57}$$

其中，$T = \sqrt{48a^2M_s^2 - 3q_1ab^2M_s + 4b^2M_s^2}$。

已垮落顶板的荷载 q_1 可由式(3-58)近似计算：

$$q_1 = \frac{qa_q}{2} \tag{3-58}$$

式中，a_q 为关键层前次断裂步距，m。

将式(3-58)、式(3-53)代入式(3-57)，解出 a 的表达式，即关键层周期断裂期间的断

裂步距 l。

$$l = \frac{b^2(4\sqrt{3h^2 q\sigma_t} - 3qa_q)}{6(b^2 q - 4h^2 \sigma_t)} \tag{3-59}$$

3) 亚关键层断裂步距修正

对于主关键层而言，亚关键层的断裂对其影响很小，可以忽略不计；然而由于主关键层断裂时运动剧烈且下沉量大，亚关键层即使没有达到极限断裂步距，也会随主关键层断裂，因此需要根据主关键层的断裂对亚关键层断裂步距进行修正。修正方法为：①主关键层断裂时，使亚关键层同时断裂，保持两者断裂位置一致；②按修正后的亚关键层断裂步距代入式(3-59)，重新计算后面的周期断裂步距；③重复步骤①和②进行亚关键层断裂步距修正。

采场薄板矿压理论是把断裂前的顶板岩层视为薄板，设法借助弹性力学中的薄板理论，结合煤矿开采中的工程实际建立力学模型进行定量分析，利用理论计算方法定量地确定顶板岩层的来压步距和来压强度，对研究采场矿压显现具有重要意义。

3.3.4 厚板理论

厚板理论虽然在矿山领域的研究应用不多，但厚板理论考虑了横向剪力对变形的影响等，因此对板类模型问题的研究起到了完善的作用。在对采空区顶板的稳定性进行分析时，可以将整个顶板视为一个整体，将层状顶板岩层视为由基岩和定向结构面构成的一种宏观复合材料，以广泛的厚板理论作为理论基础，对研究采空区顶板稳定性具有重要意义。

3.3.4.1 弹性矩形厚板模型

为了便于分析，将采空区的几何区域简化为矩形区域，截取整个顶板的一部分作为研究对象，将模型视为边界不定的弹性矩形厚板，以某点为中心建立三维直角坐标系，取顶板板长为 a，宽度为 $b(b<a)$，顶板厚度为 h，顶板上部荷载为 $q(x, y)$，弹性矩形厚板模型的有关参数如图 3-33 所示。

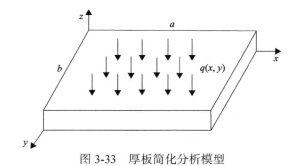

图 3-33　厚板简化分析模型

基于 Reissner 厚板理论，在上部荷载 $q(x, y)$ 下，顶板满足基本方程为

$$D\nabla^2\nabla^2\omega = q(x, y) - \frac{(2-\mu)}{(1-\mu)}\frac{h^2}{10}\nabla^2 q(x, y) \tag{3-60}$$

顶板内部应力函数满足的基本方程为

$$\nabla^2 \phi - \frac{10}{h^2}\phi = 0 \tag{3-61}$$

式中，D 为顶板的抗弯刚度，$D = Eh^3/[12(1-\mu^2)]$，N·m，E 为顶板的弹性模量，MPa；ω 为顶板的挠度，m；∇^2 为拉普拉斯算子；$q(x,y)$ 为作用在顶板上部的荷载，Pa；μ 为泊松比；h 为顶板的厚度，m；ϕ 为顶板应力函数。

利用厚板理论单元体应力分析可得顶板的剪切力公式为

$$Q_X = -D\frac{\partial}{\partial x}\nabla^2\omega - \frac{(2-\mu)}{(1-\mu)}\frac{h^2}{10}\frac{\partial q}{\partial x} + \frac{\partial \phi}{\partial y} \tag{3-62}$$

$$Q_Y = -D\frac{\partial}{\partial y}\nabla^2\omega - \frac{(2-\mu)}{(1-\mu)}\frac{h^2}{10}\frac{\partial q}{\partial y} + \frac{\partial \phi}{\partial x} \tag{3-63}$$

顶板内部的弯矩公式为

$$M_X = -D\left(\frac{\partial^2 \omega}{\partial x^2} + \mu\frac{\partial^2 \omega}{\partial y^2}\right) + \frac{h^2}{5}\frac{\partial Q_X}{\partial x} - \frac{\mu}{1-\mu}\frac{qh^2}{10} \tag{3-64}$$

$$M_Y = -D\left(\frac{\partial^2 \omega}{\partial y^2} + \mu\frac{\partial^2 \omega}{\partial x^2}\right) + \frac{h^2}{5}\frac{\partial Q_Y}{yx} - \frac{\mu}{1-\mu}\frac{qh^2}{10} \tag{3-65}$$

3.3.4.2 采空区顶板的力学过程和条件

根据经典弹性力学相关知识，顶板边界条件选取不同，最终得到的相关挠度函数的表达式也会不同，因此对上述弹性矩形厚板模型的研究可分为固支和简支两种情况进行讨论。根据经验可知，矿区在刚开始开采过程中，采空区面积较小，顶板处于较为稳定阶段，因此此时顶板边界处于固支阶段；随着采空区的增大，顶板中间部分出现下沉，但是顶板作为整体仍未失稳，此时可将顶板边界视为简支阶段。

1）固支条件

采空区顶板在破坏之前，顶板四周边界都是固定支撑的，由弹性力学相关知识可得边界条件为

$$\begin{cases} \omega \big|_{x=0,x=a} = 0 \\ \omega \big|_{y=0,y=b} = 0 \\ \dfrac{\partial \omega}{\partial x}\big|_{x=0,x=a} = 0 \\ \dfrac{\partial \omega}{\partial x}\big|_{y=0,y=b} = 0 \end{cases} \tag{3-66}$$

结合边界条件方程，为简化分析研究，取满足边界条件的挠度曲线函数为

$$\omega = k\left[x^2(x-a)^2\right]\left[y^2(y-b)^2\right] \tag{3-67}$$

将式(3-67)代入式(3-60)中，顶板上部荷载以均布荷载 q_0(N/m^2)进行推导研究，可求得参数：

$$k = \frac{q_0}{16Dh^2(a^2+b^2)} \tag{3-68}$$

因而在固支条件下，式(3-67)可表示为

$$\omega = \frac{q_0}{16Dh^2(a^2+b^2)}\left[x^2(x-a)^2\right]\left[y^2(y-b)^2\right] \tag{3-69}$$

对于四边固支的顶板而言，其最大弯矩及最大应力出现在四边的中点位置处，即在 $(a/2, b)$ 和 $(a/2, 0)$ 处出现最大弯矩和最大应力。

联立式(3-60)、式(3-61)、式(3-62)、式(3-64)和式(3-69)，可推导出顶板在长边中点处的最大弯矩为

$$M_{x\max} = \frac{(2-\mu)}{(1-\mu)}\frac{2a^2b^2q_0}{(a^2+b^2)} - \frac{\mu}{1-\mu}\frac{q_0h^2}{10} \tag{3-70}$$

由厚板理论和弹性力学相关知识可知弯矩和应力关系式为

$$\sigma = \frac{6M_x}{h^2} \tag{3-71}$$

联立式(3-70)、式(3-71)可求得顶板长边中点处最大应力即采空区顶板的极限荷载为

$$\sigma = \frac{(2-\mu)}{(1-\mu)}\frac{12a^2b^2q_0}{h^2(a^2+b^2)} - \frac{\mu}{1-\mu}\frac{3q_0}{5} \tag{3-72}$$

2) 简支条件

同理，顶板出现完全失稳前，在简支条件控制下，由弹性力学相关知识可得其顶板的四周边界条件控制公式为

$$\begin{cases} \omega|_{x=0,x=a}=0 \\ \omega|_{y=0,y=b}=0 \\ \dfrac{\partial^2\omega}{\partial x^2}|_{x=0,x=a}=0 \\ \dfrac{\partial^2\omega}{\partial x^2}|_{y=0,y=b}=0 \end{cases} \tag{3-73}$$

结合边界条件方程，为简化分析研究，试取满足边界条件的挠度曲线函数为

$$\omega = k \sin \frac{\pi x}{a} \sin \frac{\pi y}{b} \tag{3-74}$$

将式 (3-74) 代入式 (3-60) 中，顶板上部荷载以均布荷载 $q_0 (\mathrm{N/m^2})$ 进行推导研究，可求得参数：

$$k = \frac{a^2 b^2 h^2 q_0}{D \pi^2 (a^2 + b^2)} \tag{3-75}$$

因而在简支条件下，式 (3-36) 可表示为

$$\omega = \frac{a^2 b^2 h^2 q_0}{D \pi^2 (a^2 + b^2)} \sin \frac{\pi x}{a} \sin \frac{\pi y}{b} \tag{3-76}$$

对于四边简支的顶板而言，其最大弯矩及应力出现在顶板的中心位置处，即在 ($a/2$, $b/2$) 处出现最大弯矩和最大应力。联立式 (3-60)、式 (3-61)、式 (3-62)、式 (3-64) 和式 (3-76)，可推导出顶板在中心处的最大弯矩为

$$M_{x\max} = \frac{(1-\mu)}{(2-\mu)} \frac{24 a^4 b^4 q_0}{h^2 (a^4 + b^4)} - \frac{q_0 h^2}{10} \frac{\mu}{1-\mu} \tag{3-77}$$

同理联立式 (3-77)、式 (3-71)，可得到顶板最大应力即采空区顶板的极限荷载为

$$\sigma_{x\max} = \frac{(1-\mu)}{(2-\mu)} \frac{4 a^4 b^4 q_0}{h^2 (a^4 + b^4)} - \frac{3 q_0}{5} \frac{\mu}{1-\mu} \tag{3-78}$$

厚板理论对于分析顶板最大应力及最大弯矩具有较好的适用性，厚板理论是平板弯曲的精确理论，即从弹性力学出发研究弹性曲面的精确表达式，计算结果相对精确。

3.3.5 弱胶结岩块挤压岩梁模型

西部矿区广泛赋存着侏罗纪煤田，储量十分丰富，约占全国煤炭探明可采储量的 1/4 以上，在我国能源发展战略中占有重要地位。但该区域煤系岩层多以泥岩、砂质泥岩为主，胶结性差，抗压强度较小；煤层采出后其覆岩破断运动不同于东部中硬及坚硬顶板工作面，传统的煤层工作面顶板破断结构模型并不适用此类工作面，如类拱结构、砌体梁结构及传递岩梁结构等。因此针对此类工作面顶板破断结构及运动过程进行研究分析具有十分重要的意义。

3.3.5.1 弱胶结顶板运动过程

弱胶结顶板结构运动过程分成三个阶段。

(1) 阶段 I：直接顶垮落，上方弱胶结岩层断裂、挤压、离层。

如图 3-34 所示，当回采工作面从开切眼位置向前推进时，上覆岩层逐渐悬露，当工作面推进到一定距离时，由于重力作用弱胶结岩层 1 部分在煤壁两端及中部开裂，弱胶结岩层 1 断裂跨度较小，并与上方弱胶结岩层 2 之间出现小范围离层；当工作面继续向前方推进，采空区内弱胶结岩层 1 出现垮落现象，弱胶结岩层 1 与弱胶结岩层 2 之间的离层间距增大；随着工作面的推进，弱胶结岩层 1 垮落范围逐渐增大，弱胶结岩层 2、岩层 3、……、岩层 n 两两之间的层面剪切和离层也在慢慢发展并向两嵌固端延展，即离层发展有向上和两端发展的趋势。

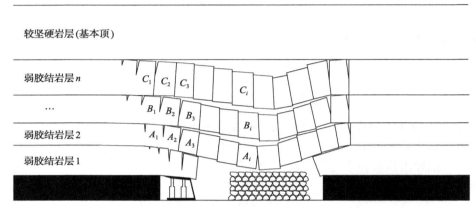

图 3-34　阶段 I：直接顶垮落阶段

(2) 阶段 II：“岩块挤压岩梁”结构形成阶段

如图 3-35 所示，随着回采工作面继续向前推进，弱胶结岩层 1 已垮落，在支承压力的作用下弱胶结岩层 2、岩层 3、……、岩层 n 逐渐断裂成小块段，并排列胶结在一起，同样弱胶结岩层 2 搭接在采空区矸石堆上，岩层 3、岩层 4、……、岩层 n 继续下沉，弱胶结岩层 2、岩层 3、……、岩层 n 两两之间的离层间距减小，最终黏结成一体，形成“岩块挤压岩梁”结构，也称“类基本顶”结构。此时，较坚硬岩层(基本顶)与类基本顶间出现较大的离层间距，使较坚硬岩层逐渐悬露出来。

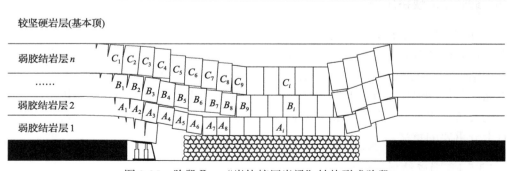

图 3-35　阶段 II：“岩块挤压岩梁”结构形成阶段

(3) 阶段 III：基本顶冲击沉降阶段

如图 3-36 所示，当工作面继续向前推进时，基本顶逐渐达到极限垮落步距后，在工作面煤壁前方发生断裂，进而中部开裂，断裂的基本顶突发性沉降，冲击在"岩块挤压岩梁"结构上，完成基本顶初次来压过程。该阶段由于基本顶快速沉降冲击，采场液压支架阻力将迅速上升，存在短暂剧烈的动载现象，矿压显现相对剧烈。

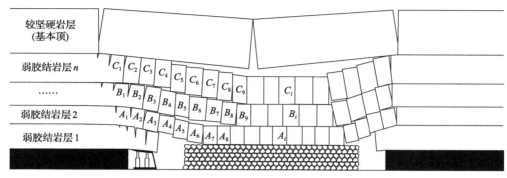

图 3-36　阶段Ⅲ：基本顶冲击沉降阶段

随后，工作面进入周期来压阶段，在每次周期来压期间，工作面顶板破断运动过程也大致可分为上述三个阶段，只是在阶段Ⅰ中各弱胶结岩层离层间距较小，离层运动不明显，阶段Ⅱ与初次来压时基本一致，阶段Ⅲ基本顶岩层在工作面煤壁前方断裂，断裂的基本顶沉降，冲击在"岩块挤压岩梁"结构上，完成一次周期来压过程，如图 3-37 所示。

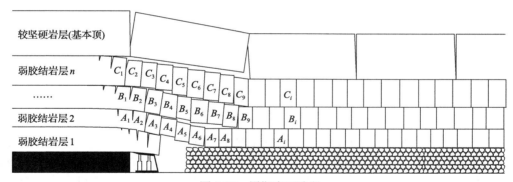

图 3-37　周期来压阶段

3.3.5.2　弱胶结顶板须控范围及初次垮落分析

1）直接顶厚度及初次垮落

悬露岩层的冒落由下向上逐步发展，直至自然接顶为止。在这个冒落过程中，直接顶并未运动，但上部类基本顶断裂沉降，对直接顶厚度产生影响，因此，直接顶厚度 m_z 可表示为

$$m_{\mathrm{z}} = \frac{h - S_{\mathrm{A}}}{K_{\mathrm{A}} - 1} \tag{3-79}$$

式中，m_z 为直接顶厚度，m；h 为采高，m；S_A 为类基本顶实际沉降量，m；K_A 为冒落

直接顶的碎胀系数。

预计直接顶初次垮落步距时，可采用材料力学中受均布荷载的两端嵌固梁模型，则初次垮落步距 L_z 为

$$L_z = \sqrt{\frac{2m_z\sigma_t}{\gamma_z}} \tag{3-80}$$

式中，σ_t 为直接顶抗拉强度，Pa；γ_z 为直接顶岩层容重，N/m^3。

当直接顶由下硬上软的岩层组成时，设上部软弱岩层厚度为 T，则直接顶初次断裂步距为

$$L_z = \sqrt{\frac{2(m_z - T)^2\sigma_t}{m_z\gamma_{z1}}} \tag{3-81}$$

式中，γ_{z1} 为直接顶内下部坚硬岩层的容重，N/m^3。

当直接顶岩性较软时，上述两式获得的初次垮落步距往往较大，此时需要首先统计一定质量指数 μ 的岩层初次断裂步距 L 与厚度 m_z 之间的关系，然后观察厚度不同时，样本空间 (μ, L) 的分布状态，最后总结出 $\mu\text{-}L$ 的曲线关系。例如，姜福兴等的研究表明，当直接顶岩层较坚硬时 ($\mu = 0.97$)，其初次垮落步距与厚度的关系为

$$L_z = 4.33m_z + 6.5 \tag{3-82}$$

式中，$m_z = 1\sim5\text{m}$。

当直接顶为软弱岩层时 ($\mu = 0.5$)，该关系式变为

$$L_z = 2.57m_z + 2.43 \tag{3-83}$$

式中，$m_z = 1\sim7\text{m}$。

2) 类基本顶厚度及初次垮落

在浅埋弱胶结顶板条件下，工作面开采后弱胶结顶板断裂成较小岩块，但并未完全丧失承载能力，这些小岩块相互挤压形成"岩块挤压岩梁"结构，这部分弱胶结顶板称为类基本顶。类基本顶位于直接顶岩层和基本顶岩层之间，其厚度范围可由覆岩岩性及其组合情况确定；也可首先确定直接顶和基本顶范围，再反推类基本顶的厚度。

类基本顶的初次垮落步距计算可参考直接顶垮落步距计算方法。

3) 基本顶厚度及初次垮落

关于基本顶的厚度范围的研究，宋振骐院士等曾经在开滦范各庄矿岩层运动实测的研究中进行了探讨，初步认为基本顶范围为采高的 $5\sim6$ 倍。后经过井下的实测研究，认为在一般条件下，这个结论比较接近客观实际。

井下采用岩层动态观测研究方法确定基本顶厚度，包括以下两方面的工作：①确定采煤工作面的传递岩梁的数目；②确定各传递岩梁的位置及厚度。

组成基本顶的岩梁数目，可以根据实测所得采煤工作面顶板下沉量 Δh、下沉速度 v、支架承载值 R_0 与工作面推进步距 L 的关系进行推断。例如，实测得到 $v = f(L)$ 及 $\Delta h = \varphi(L)$

动态曲线,如图 3-38(a)所示,从中可推断出影响采煤工作面的传递岩梁数目为 1 个。而图 3-38(b)所示曲线则说明影响采煤工作面的传递岩梁数目为 2 个。

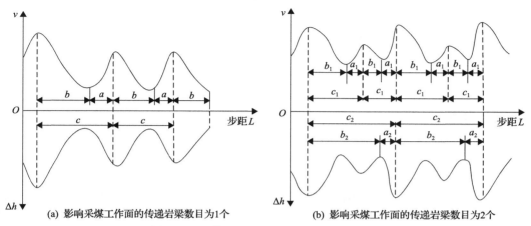

图 3-38 工作面顶、底板下沉速度和下沉量

各传递岩梁位置和厚度的确定,主要通过岩层柱状图或石门剖面所揭示的岩层分布情况,根据前面所述传递岩梁组合规律进行判断。

基本顶岩梁悬露后,可建立相应的固支梁模型,其受力分析如图 3-39 所示。

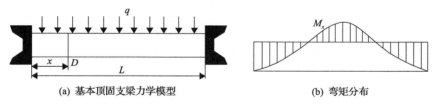

图 3-39 基本顶固支梁力学模型及弯矩分布

岩梁内任一界面的弯矩为

$$M_x = \frac{q}{12}(6Lx - 6x^2 - L^2)$$ (3-84)

式中,L 为基本顶岩梁跨度,m;q 为基本顶岩梁荷载,Pa。

则在基本顶岩梁的两端部弯矩达到最大,为

$$M_{\max} = \frac{qL^2}{12}$$ (3-85)

基本顶岩梁上、下两边缘处的正应力为

$$\sigma = \frac{12M_y}{h^3} = \pm \frac{q}{2h^3}(6Lx - 6x^2 - L^2)$$ (3-86)

式中,h 为基本顶岩梁厚度,m。

基本顶岩梁端部的最大拉应力为

$$\tau_{\max} = \frac{qL^2}{2h^2} \qquad (3-87)$$

根据拉破坏准则，基本顶岩梁的极限跨距为

$$L_{t\max} = h\sqrt{\frac{2R_t}{q}} \qquad (3-88)$$

式中，R_t 为基本顶岩层抗拉强度，Pa。

3.3.5.3　弱胶结顶板周期垮落分析

1）类基本顶周期垮落

如图 3-40 所示，以弱胶结岩层 1 为例推导类基本顶周期垮落步距，假设岩块 A_2、A_3、A_4 间力的作用位置在岩块底部，其余岩块间力的作用位置在岩块顶部。悬空部分岩块可看成受均布荷载作用的不等高三拱结构，其受力分析如图 3-41 所示。

图 3-40　弱胶结岩层 1 各岩块受力分析图

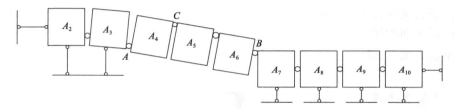

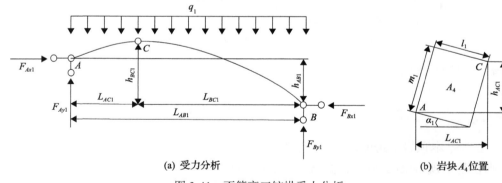

(a) 受力分析　　　　　　　　　　(b) 岩块A_4位置

图 3-41　不等高三铰拱受力分析

对图 3-41(a)建立力学平衡方程，有

$$\begin{cases} \sum F_{x1} = 0 \\ \sum F_{y1} = 0 \\ \sum M_{A1} = 0 \\ \sum F_{C1} = 0 \end{cases} \qquad (3-89)$$

对图 3-41(b)，有如下几何关系：

$$\begin{cases} L_{BC1} = L_{AB1} - L_{AC1} \\ h_{BC1} = h_{AC1} + L_{AB1} \end{cases} \tag{3-90}$$

联立式(3-89)和式(3-90)可得

$$\begin{cases} F_{Ay1} = \dfrac{L^2_{AB1}h_{AC1} + L^2_{AC1}L_{AB1}}{2(L_{AB1}h_{AC1} + L_{AC1}L_{AB1})}q_1 \\ F_{Ax1} = F_{Bx1} = \dfrac{L_{AB1} - L_{AC1}}{2(L_{AB1}h_{AC1} + L_{AC1}L_{AB1})}L_{AC1}L_{AB1}q_1 \end{cases} \tag{3-91}$$

其中：

$$\begin{cases} h_{AC1} = m_1 \cos\alpha_1 - l_1 \sin\alpha_1 \\ L_{AC1} = \dfrac{l_1}{\cos\alpha_1} + m_1 \sin\alpha_1 - l_1 \sin\alpha_1 \tan\alpha_1 \\ h_{AB1} = h + m_z - K_A m_z - m_1 \end{cases} \tag{3-92}$$

式中，h 为工作面采高，m；K_A 为直接顶碎胀系数；l_1 为弱胶结岩层 1 第一悬空岩块 A_4 的长度，m；m_1 为弱胶结岩层 1 的分层厚度，m；α_1 为弱胶结岩层 1 第一悬空岩块 A_4 的相对转角，(°)；L_{AB1} 为弱胶结岩层 1 悬露岩块水平投影长度，m。

F_{Ay1} 为弱胶结岩层 1 悬空岩块(岩块 $A_4 \sim A_6$)对直接顶的作用力，由结构力学可知，随着工作面的推进，该三铰拱结构将达到极限跨度，并发生垮落。其垮落条件为：岩块 A_3 与 A_4 之间的摩擦力小于岩块 A_4 在 A 点的垂直分力，即

$$F_{Ay1} > F_{Ax1} \cdot f_1 \tag{3-93}$$

因此，该三铰拱结构发生垮落的条件如下。

(1)当 $h_{AC1} - f_1 L_{AC1} > 0$ 时，

$$L_{AB1} > \dfrac{L_{AC1}\sqrt{f_1^2 L^2_{AC1} - 4h_{AB1}(h_{AC1} - f_1 L_{AC1})} - f_1 L^2_{AC1}}{2(h_{AC1} - f_1 L_{AC1})} \tag{3-94}$$

(2)当 $h_{AC1} - f_1 L_{AC1} < 0$ 时，

$$L_{AB1} < \dfrac{L_{AC1}\sqrt{f_1^2 L^2_{AC1} - 4h_{AB1}(h_{AC1} - f_1 L_{AC1})} - f_1 L^2_{AC1}}{2(f_1 L_{AC1} - h_{AC1})} \tag{3-95}$$

式中，f_1 为弱胶结岩层 1 各岩块间的摩擦因数。

另外，受岩石强度的限制，该结构在接触点 A 处还易发生由于岩块相互挤压破碎造成的结构失稳现象，其条件为

$$F_{Ax1} > a\eta\sigma_c \tag{3-96}$$

式中，a、η 的含义及取值可参考相关文献。

则

$$L_{AB1} > \frac{L^2_{AC1} + 2\xi h_{AC1} + \sqrt{(L^2_{AC1} + 2\xi h_{AC1})^2 + 8\xi L^2_{AC1} h_{AB1}}}{2L_{AC1}} \tag{3-97}$$

式中，$\xi = a\eta\sigma_c / q$。

式(3-94)、式(3-95)和式(3-97)中的最小值为弱胶结岩层 1 周期垮落步距。由于下部岩层悬露面积依次大于上部各岩层，因此，类基本顶各岩块所构成的不等高三铰拱结构将按弱胶结岩层 1、弱胶结岩层 2 以至弱胶结岩层 n 的顺序失稳。

2) 基本顶周期垮落

基本顶初次垮落结束后，其受力条件和支承条件发生了根本性变化，变化后的岩梁受力状态可以简化为一个不等高支承的铰接岩梁，如图 3-42 所示。

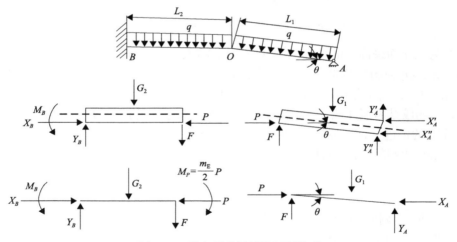

图 3-42　基本顶岩梁周期断裂模型

该力学模型中的铰接岩梁由原已裂断的部分 L_1 及可以近似看成是处于悬臂梁受力状态的部分 L_2 组成。如果不考虑岩梁的挠曲，则 L_2 部分所受的结构力将包括四部分：①岩梁的自重 $G_2 = m_E\gamma_E L_2$；②L_1 部分通过铰接点 O 的推压力 P 及相应的摩擦力 $F = Pf$；③将铰接点 O 的偏心力 P 移至岩梁中心（$m/2$ 处）所产生的附加力偶矩 $M_P = \frac{m_E}{2}P$；④支架反力，由于支架对岩梁采取等压工作状态，因此在岩梁端部未裂断前可以不加考虑。

根据铰接岩梁图 3-42 中 L_1 部分的平衡条件，令

$$\sum M_A = 0$$

则

$$G_1 \frac{L_1}{2} \cos\theta = P L_1 \sin\theta + F L_1 \cos\theta \qquad (3\text{-}98)$$

即

$$2P \tan\theta + 2F = G_1$$

在极限条件下 $F = Pf$，代入式(3-98)得

$$P = \frac{G_1}{2f + 2\tan\theta} \qquad (3\text{-}99)$$

$$F = Pf = \frac{fG_1}{2f + 2\tan\theta} \qquad (3\text{-}100)$$

$$G_1 = m_E \gamma_E L_1$$

式中，f 为摩擦因数。

在岩梁沉降值 S_A 较小的情况下，有

$$\tan\theta \approx \sin\theta = \frac{S_A}{L_1} \qquad (3\text{-}101)$$

由于一般情况下 L_1 比 S_A 大得多，因此当 $\tan\theta \approx 0$ 时，P 和 F 可以简化为

$$P = \frac{G_1}{2f} = \frac{m_E \gamma_E L_1}{2f} \qquad (3\text{-}102)$$

$$F = \frac{G_1}{2} = \frac{m_E \gamma_E L_1}{2} \qquad (3\text{-}103)$$

采煤工作面周期断裂的前提是岩梁在上述结构力的作用下从端部 B 处裂开，其力学条件是

$$\sigma = [\sigma_t]$$

式中，σ 为梁端开裂处的实际拉应力，其大小为结构中作用于该处各应力之差，即

$$\sigma = \sigma_1 - \sigma_2 \qquad (3\text{-}104)$$

其中，σ_1 为力系在 B 点产生的拉应力，Pa；σ_2 为力系在 B 点产生的压应力，Pa。

拉应力由岩梁弯曲产生，故有

$$\sigma_1 = \frac{M_B}{W_B} \qquad (3\text{-}105)$$

式中，M_B 为在梁端 B 处的弯矩，N·m。

$$M_B = M_q + M_F + M_P$$

$$= \frac{G_2 F_2}{2} + F L_2 + P \frac{M_{\mathrm{E}}}{2} \tag{3-106}$$

$$= \frac{m_{\mathrm{E}} \gamma_{\mathrm{E}} L_2^2}{2} + \frac{m_{\mathrm{E}} \gamma_{\mathrm{E}} L_1 L_2}{2} + \frac{m_{\mathrm{E}}^2 \gamma_{\mathrm{E}} L_1}{4f}$$

$$W_B = \frac{m_{\mathrm{E}}^2}{6} \tag{3-107}$$

将式(3-106)、式(3-107)代入式(3-105)得

$$\sigma_1 = \frac{3 \gamma_{\mathrm{E}} L_2^2}{m_{\mathrm{E}}} + \frac{3 \gamma_{\mathrm{E}} L_1 L_2}{m_{\mathrm{E}}} + \frac{3 \gamma_{\mathrm{E}} L_1}{2f}$$

压应力 σ_2 是由压力 P 造成的，该值为

$$\sigma_2 = \frac{p}{m_{\mathrm{E}}} = \frac{\gamma_{\mathrm{E}} L_1}{2f}$$

由此可得，B 点的实际拉应力为

$$\sigma = \sigma_1 - \sigma_2 = \frac{3 \gamma_{\mathrm{E}} L_2^2}{m_{\mathrm{E}}} + \frac{3 \gamma_{\mathrm{E}} L_1 L_2}{m_{\mathrm{E}}} + \frac{\gamma_{\mathrm{E}} L_1}{f} \tag{3-108}$$

使 $\sigma = [\sigma_{\mathrm{t}}]$，即可求得该周期断裂步距 L_2 为

$$L_2 = \frac{-3f \gamma_{\mathrm{E}} L_1 + \sqrt{9 f^2 \gamma_{\mathrm{E}}^2 L_1^2 - 12 f \gamma_{\mathrm{E}}^2 m_{\mathrm{E}} L_1 + 12 f^2 \gamma_{\mathrm{E}} m_{\mathrm{E}} [\sigma_{\mathrm{t}}]}}{6 f \gamma_{\mathrm{E}}} \tag{3-109}$$

研究证明，忽略根号中的负数项(即认为 P 对 B 点的压应力与移动该力至岩梁中部后，附加力偶矩产生的拉应力相抵消)并不影响计算结果。因此 L_2 的表达式可简化为

$$L_2 = -\frac{1}{2} L_1 + \frac{1}{2} \sqrt{L_1^2 + \frac{4 m_{\mathrm{E}} [\sigma_{\mathrm{t}}]}{3 \gamma_{\mathrm{E}}}} \tag{3-110}$$

式中，γ_{E} 近似取 25kN/m^3；$[\sigma_{\mathrm{t}}]$ 的单位为 kPa。

由式(3-110)可知，周期断裂步距随岩梁厚度 m_{E} 及强度 $[\sigma_{\mathrm{t}}]$ 增加而增加。

在式(3-110)中，如果令 $L_1 = 0$，即 L_2 处于自由悬臂状态，则

$$L_2 = \sqrt{\frac{m_{\mathrm{E}} [\sigma_{\mathrm{t}}]}{3 \gamma_{\mathrm{E}}}}$$

显然，该结果与按悬臂梁直接推导的结果完全相同。当考虑力 P 的作用时，L_2 随 L_1 的增加而略有减小。因此，如果各周期断裂步距依次用 $L_1, L_2, \cdots, L_{2n}$ 表示，则

$$L_2 > L_1, L_3 < L_2, L_4 > L_3, \cdots, L_{2n} > L_{2n-1}, L_{2n+1} < L_{2n}$$

3.4　回采工作面岩层控制

回采工作面上覆岩层垮落及破断运动，对工作面矿压显现起决定作用，需要根据岩层赋存条件及其可能运动情况进行针对性控制。回采工作面岩层控制通常需要遵循以下流程：首先，根据地表及岩层控制要求等，确定采空区顶板处理方式，预计顶板运动规律；其次，确定支架-围岩关系，确定合理支护强度；然后，根据围岩条件和支护强度，确定支架形式、支护方式和参数；最后，进行常见顶板事故控制设计，并通过现场实时监测反馈，完善支护设计。

3.4.1　工作面顶板处理方法

实践证明，回采工作面顶板处理方法的选择，既要考虑地表和岩层的保护要求，又要考虑对工作面矿压显现有明显影响的上覆岩层范围及其变形能力、运动方式和对工作面可能造成的威胁程度。

通常的顶板处理方法有煤柱支撑法（如房柱、刀柱等）、缓慢下沉法、自然垮落法、层状坚硬顶板运动形式转化法、厚层坚硬顶板特殊处理法和充填法。其中煤柱支撑法易造成大面积区域性顶板垮落，导致应力集中，给下部煤层开采带来困难，同时也不利于采煤机械化的发展，目前应用较少；厚层坚硬顶板特殊处理法主要采用强制放顶，常用的有注水软化法和爆破法；充填法在地表和岩层需要保护的地点广泛应用，主要有矸石充填、水砂充填和胶结充填等。

3.4.1.1　自然垮落法

对顶板不采取专门的处理措施，随着工作面的推进，顶板在采空区内自行垮落，称为自然垮落法处理顶板。它借助于顶板岩层自身的垮落性控制顶板，属于既安全又经济的方法，在条件允许时应优先选择。

3.4.1.2　缓慢下沉法

煤层上方直接顶由弯曲能力强的石灰岩或泥质页岩组成时，顶板可能随工作面推进而弯曲下沉，并在采空区内一定距离处与底板接触闭合。在采高不大、最大控顶距处顶板下沉量不超过支柱所允许的缩量时，采用缓慢下沉法控制顶板，回采工作面一般可以不采用特殊支护，如图 3-43（a）所示。

如果因顶板下沉量太大，工作空间过小，或超过支柱缩量的限度时，就需要在采空区进行部分充填，以减小最大控顶距处的顶板下沉量，如图 3-43（b）所示。

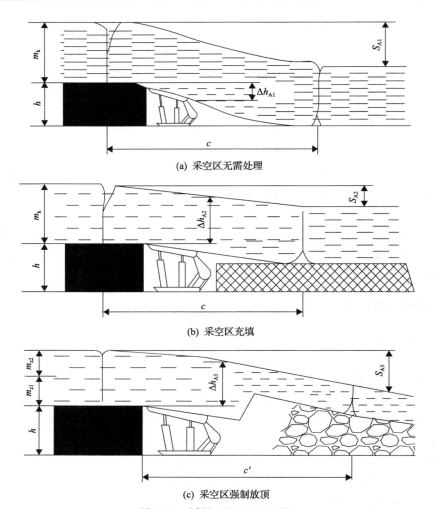

图 3-43　缓慢下沉法处理顶板

h-采高；　m_k-直接顶厚度；　Δh_{A1}-采空区无须处理时的最大顶板下降量；　S_{A1}-采空区无须处理时岩梁的实际沉降量；c-采空区无须处理时采空区充填时的岩梁运动步距；　c'-强制放顶后岩梁的运动步距；　Δh_{A2}-采空区充填时的最大顶板下沉量；　S_{A2}-采空区充填时岩梁实际沉降量；　Δh_{A3}-采空区强制放顶时的顶板下降量；　S_{A3}-采空区强制放顶时的岩梁实际沉降量

则采空区未充填及充填后的顶板下沉量分别为

$$\Delta h_1 = \frac{hL_K}{c} \qquad (3\text{-}111)$$

$$\Delta h_2 = \frac{h-h_z}{c}L_K \leqslant (\varepsilon)_{允} \qquad (3\text{-}112)$$

式中，Δh_1、Δh_2 为未充填、采空区充填时控顶距 L_K 处的顶板下沉量，m；h_z 为充填高度，m；$(\varepsilon)_{允}$ 为支柱活柱的最大缩量，m。

在这类顶板条件下，也可以采用强制放顶的方法增加采空区垫层的厚度，如图 3-43(c) 所示。此时，顶板下沉量为

$$\Delta h_3 = \frac{h - m_{z1}(K_A - 1)}{c'} L_K \leqslant (\varepsilon)_{允} \tag{3-113}$$

式中，c' 为强制放顶后岩梁的运动步距，m；m_{z1} 为强制放顶的厚度，m。

3.4.1.3 层状坚硬顶板运动形式转化法

1) 层状坚硬顶板的运动形式

层状坚硬顶板是指厚度不超过 5m 的坚硬顶板，包括在厚层坚硬顶板中的下部，由于层理和弱面的存在，可分离出独立运动的岩层组。这类顶板强度较高，初次垮落步距一般在 25m 以上，初次来压强烈。

在实际工程中，对于层状坚硬顶板的控制一般分两步进行：第一步，随工作面的推进，采用顶板动态观测法监测和判定顶板的实际运动形式，如果顶板呈弯拉运动形式，则无须采取特殊处理措施，可选择自然垮落法控制顶板；第二步，如果顶板是剪切(断)运动形式，则可以采取一些简单易行的处理措施，促使顶板由剪切(断)运动形式向弯拉运动形式转化，从而实现自然垮落法控制顶板。

2) 剪切(断)运动形式向弯拉运动形式转化的处理途径

根据岩梁弯拉破坏机理，将层状坚硬顶板由剪切(断)运动形式转化为弯拉运动形式的关键在于：①增大岩梁断裂线位置与煤壁的距离，使岩梁以煤壁处的实体煤为支撑，从而具备了稳固的支撑端，避免从煤壁切下；同时岩梁在端部断裂后，延长弯矩向岩梁中部转移的过程，促成中部断裂，形成弯拉运动。②减小岩梁厚度，特别是悬跨段中部的厚度，以促成中部断裂。

主要的转化措施如下。

(1) 顶板处理。采用循环放顶和中部拉槽放顶的办法减小岩梁厚度。

(2) 煤体处理。通常采用对煤体进行松动爆破或注水软化的方法。松动爆破可以按推进循环进行，也可以按推进步距进行。按推进步距进行松动爆破时，可根据预计的情况，当岩梁悬露跨度达到初次断裂步距前夕时采取措施。注水软化可以采取预注水，即在回采巷道准备出来以后，在回采巷道中对煤体进行预注水，也可以像松动爆破一样，在工作面推进过程中，按推进步距或推进循环进行注水。

(3) 反程序开采。在厚煤层分层开采或近距离煤层群开采的条件下，当上分层或上层煤顶板具有剪切(断)运动的危险时，可采用反程序开采，即先采下分层或下层煤。采用反程序开采时，原来具有剪切(断)运动特征的顶板，经历一次采动影响的破坏后，其强度有明显的降低，在重新开采时有可能将剪切(断)运动转化成弯拉运动。反程序开采无须对煤体及顶板进行人工处理，是最经济的方法，在条件具备时应优先选择。

3.4.2 工作面支架-围岩相互作用原理

在选择了采空区处理方式之后，需要预计顶板的运动范围、运动参数和回采工作面矿压显现特征，确定支架-围岩关系，建立位态方程，然后确定合理的支护强度。

3.4.2.1　支架对顶板的工作状态

1) 支架对直接顶的工作状态——"给定荷载"方案

由于直接顶在采空区内已经垮落，在工作面需由支架承担其全部重量，因此支架要有足够的支撑能力，在回采工作面支护住直接顶，使其不垮落；同时，由于直接顶比较破碎，支架还必须能够护住顶板，使破碎岩块不能进入工作面，只有这样才能保证回采工作面的安全，即支架对直接顶具有"支"与"护"的双重特性，因此顶板控制设计时必须按最危险状态(沿煤壁处切断)考虑。理论与实践已证明，在顶板岩层沉降过程中，支架对直接顶的工作状态按"给定荷载"考虑是接近实际的，即无论顶板沉降到什么位置，直接顶给支架的作用力可以近似地看成是恒定的。其表达式为

$$A = m_z \gamma_z f_z \tag{3-114}$$

式中，A 为直接顶给支架的作用力；m_z 为直接顶厚度；γ_z 为直接顶容重；f_z 为直接顶悬顶系数。

2) 支架对基本顶的工作状态——"给定变形"和"限定变形"

基本顶岩梁断裂后给支架的作用力，由支架对岩梁运动的抵抗程度或对岩梁位态控制的要求决定。因此岩梁运动结束时支架可在"给定变形"和"限定变形"两种状态下工作。

① "给定变形"工作方案

回采工作面支架对基本顶岩梁的运动处于"给定变形"工作状态时，岩梁运动稳定时的位置状态由岩梁的强度及两端支承情况决定。在岩梁由端部断裂到沉降至最终位态的整个运动过程中，支架只能在一定范围内降低岩梁的运动速度，但不能对岩梁的运动起到阻止作用。

在"给定变形"工作状态下，岩梁运动全过程中支架作用力与顶板压力之间的关系为

$$Q_i > R_i \tag{3-115}$$

其中：

$$R_i = P_i L_K$$

式中，Q_i 为沿倾斜每米顶板给支架的作用力，N/m；R_i 为沿倾斜每米支架的阻抗力，N/m；P_i 为回采工作面支架平均承载能力，N/m²；L_K 为控顶距，m。

显然，在这种情况下岩梁从运动到重新进入稳定的全过程，都无法建立起支架受力与顶板压力之间的直接关系方程。在这种工作状态下，岩梁运动至最终状态时的顶板下沉量(即岩梁的最终沉降值，图 3-44)为

$$\Delta h_A = \frac{h - m_z(K_A - 1)}{c} L_K \tag{3-116}$$

式中，h 为采高；K_A 为已垮落岩层的碎胀系数；c 为岩梁周期运动步距；Δh_A 为岩梁最

终沉降值。

在这种工作状态下，为防止支架在岩梁运动过程中被压死，所要求的最大允许缩量必须满足以下关系式，即

$$\varepsilon_{\max} = \Delta h_A - \sum\delta \tag{3-117}$$

式中，$\varepsilon_{\max}$ 为支架的最大允许缩量；$\sum\delta$ 为支柱破顶钻底及辅助支护物的压缩量。

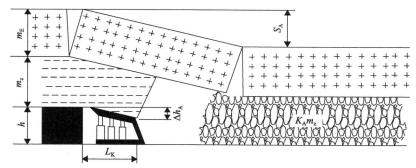

图 3-44　Δh_A 计算图

m_E 为基本顶厚度；S_A 为岩梁的实际沉降量

岩梁运动结束时回采工作面支架实际受力值 R_T 在不发生破顶钻底的理想条件下，将由支架的综合刚度（支架力学特性）所决定，即

$$R_T = E_T \Delta h_A \tag{3-118}$$

式中，E_T 为支架的综合刚度。

② "限定变形" 工作方案

回采工作面支架对岩梁运动采取 "限定变形"，是指回采工作面支架对岩梁运动进行必要的限制，即在支架阻力的作用下，岩梁不能沉降至最低位态。岩梁进入稳定时的位态（岩梁运动稳定时既定控顶距的回采工作面顶板下沉量）由回采工作面支架的阻抗力所限定。

支架在 "限定变形" 状态下工作时，支架阻力与取得平衡的岩梁位态之间存在着一定的力学关系，因此可以建立两者之间的力学方程。在支架刚度一定的条件下，要求控制的位态越高，所需支架的阻抗力越大。

在选择支架对基本顶控制状态时，应根据回采工作面的需要来选择是 "给定变形" 工作方案还是 "限定变形" 工作方案。

3.4.2.2　支架-围岩的一般关系

支护强度是指单位面积上支架给顶板的支撑力。从安全角度出发，除易碎直接顶回采工作面外，支护强度越大越好。但从经济角度出发，应该在保证安全的前提下尽可能减小支护强度，因为支护强度的提高是以增加材料投入为代价的。既安全又经济的支护强度称为合理的支护强度。由此也可以看出，针对不同的控制要求，支护强度是不同的，

通常所说的某一回采工作面的支护强度是针对一定的顶板控制状态而言的，因而不能笼统地认为该回采工作面的顶板压力就等于测得的支护强度。

人们通过实验室和现场的调压试验，很早就提出了顶板下沉量与支护强度之间存在双曲线关系(图 3-45)。该关系指出：要减小顶板下沉量，就必须提高支护强度。

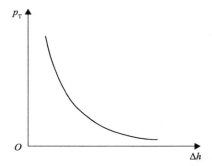

图 3-45　支护强度-顶板下沉量的双曲线关系

传递岩梁理论注意到上述双曲线只能定性地描述支架-围岩关系，因此基于梁式结构的力学模型，提出了位态方程的概念和表达式，即

$$p_T = A + K \frac{\Delta h_A}{\Delta h_i} \tag{3-119}$$

式中，A 为直接顶作用力；Δh_A 为控顶末排最大顶板的下沉量；Δh_i 为要控制的顶板下沉量；K 为位态常数，由岩梁参数和控顶距决定。

式(3-119)除了阐明支架-围岩之间双曲线关系外，还进一步指明了直接顶在位态方程中的作用。在具体回采工作面，可计算出 Δh_A，K 则不能定量计算，因为

$$K = \frac{m_E \gamma_E c}{K_T L_K} \tag{3-120}$$

式中，K_T 为岩重分配系数。

式(3-120)中，只有 K_T 是不定量的，因为 K_T 与岩梁断裂位置、结构形式、物理性质和支架性能等都有关系，只有搞清这些关系后 K_T 才能定量计算。然而，要搞清这些关系几乎是不可能的，因为很多参数无法准确得到，支架、煤壁、矸石与基本顶岩层之间是一种超静定关系，因此解决这个问题也只能用半定量分析，并配合量化控制准则和现场经验进行确定。

由于支架与多种形式基本顶结构的作用原理是一致的，因此多种形式基本顶结构与支架的作用关系可用一种有代表性的抽象模型表示，如图 3-46 所示。

图 3-46 中，阴影部分为非法工作区，$b'c$ 段为梁式结构"给定变形"Δh_A 工作段，bc 段为拱梁或类拱结构分层压实时的工作段，ΔS 为离层压实量，K 为直接顶与基本顶的接触应力。ab 或 ab' 段为"限定变形"工作段。cd 段表示支架不能支撑直接顶的重量，因此是非法工作区。

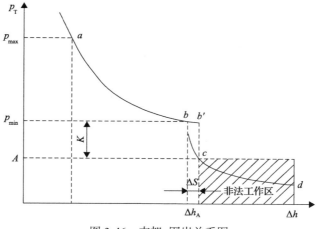

图 3-46　支架-围岩关系图

3.4.2.3　合理支护强度的确定

对于基本顶而言，其支撑点只有前支点煤壁端(包括支架)和后支点采空区矸石，如果把岩梁断口处视为铰接，不考虑接触点的弯矩，则该支撑体系属于超静定问题。因此单纯依靠解析方法无法进行支护强度的计算，只能采用半定量的支架-围岩关系、量化控制准则和成功经验相结合的方法。下面按工作面不同推进阶段，介绍支护强度的计算方法。

1) 直接顶初次垮落期间

(1) 支的准则。直接顶初次垮落期间要求把直接顶安全地切落，如基本支护达不到要求，则考虑其他措施。

(2) 力学保证条件。支架至少能承担起直接顶初次垮落步距一半的重力。

(3) 支护强度。其计算式为

$$p_T \geqslant \frac{m_z \gamma_z L_z}{2 L_K} \tag{3-121}$$

式中，L_z 为直接顶初次垮落步距。

2) 基本顶初次来压期间

(1) 支的准则。①防止直接顶向采空区推垮；②让基本顶缓慢沉降到要求的位态(防止冲击)；③保证支架不被压死；④对可能发生剪切的回采工作面，应采取特殊的处理方法，并进行回采工作面来压预报。

(2) 力学保证条件。①增加支柱初撑力和工作阻力，使直接顶和基本顶紧贴，可采取加大泵压、穿鞋或用大吨位升柱器等措施；②支架能在不被压死的情况下承担起基本顶的部分作用力和直接顶全部的作用力。

(3) 支护强度。其计算式为

$$P_T = A + \frac{m_E \gamma_E c_0}{2 K_T L_K} \tag{3-122}$$

式中，A 为直接顶给支架的作用力；c_0 为基本顶的初次来压步距。

大量研究证明，采空区充填得越密实，支架承受的基本顶作用力越小。根据现场控制的经验，一般条件下回采工作面的 K_T 选取见表 3-2。

表 3-2　K_T 选取表

N（直接顶厚度与采高之比）	$N\leqslant1$	$1<N\leqslant2.5$	$2.5<N\leqslant5$	$N>5$
K_T	2	$2N$	$38(N-2.5)+5$	∞

当悬顶距 $L_S<2\text{m}$ 时，式(3-122)中直接顶作用力 A 的计算公式为

$$A=\frac{m_z\gamma_z(L_S+L_K)^2}{L_K^2} \tag{3-123}$$

当悬顶距 $L_S\geqslant2\text{m}$ 时，式(3-122)中直接顶作用力 A 的计算公式为

$$A=m_z\gamma_z\left(1+\frac{L_S}{L_K}\right) \tag{3-124}$$

由式(3-123)可知，当悬顶距较小时，悬顶与采空区已垮矸石很难接触，所以应按力矩平衡来求 A。

由式(3-124)可知，当悬顶距较大时，悬顶自身有一定的支承能力，其作用力无须全部由支架承担，悬顶断裂后，在沉降过程中，根据静力平衡，支架必须承受悬顶的全部重力(不考虑力矩的作用)。

3）正常推进阶段

(1)支的准则。①在类拱结构回采工作面，防止类拱在煤壁处切落，即沿图 3-47 中 AB、CD 线；②在基本顶梁式结构回采工作面，防止基本顶来压时出现大的台阶下沉和冲击；③在多岩层结构回采工作面，防止上位岩梁对下位岩梁的冲击；④防止支架压死。

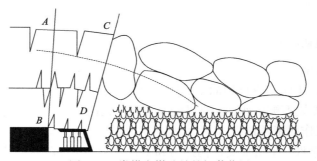

图 3-47　类拱在煤壁处的切落位置

(2)力学保证条件。①在类拱结构回采工作面，保证支架能支撑直接顶和悬跨度一半的基本顶重量；②支架在"给定变形"状态工作时，必须能支撑直接顶并能承担部分基本顶的作用力，以减缓基本顶的来压速度；③支架在"限定变形"状态下工作时，必须能支住直接顶的全部作用力并能承担控制顶板下沉量 Δh_i 时对应的基本顶悬跨度 L_i 的部

分作用力。

（3）支护强度。

对于类拱结构，其支护强度的计算公式为

$$p_{\mathrm{T}} = A + \frac{m_{\mathrm{E}} \gamma_{\mathrm{E}} c}{2 L_{\mathrm{K}}} \tag{3-125}$$

对于"给定变形"状态下工作时，其支护强度的计算公式为

$$p_{\mathrm{T}} = A + \frac{m_{\mathrm{E}} \gamma_{\mathrm{E}} c}{2 K_{\mathrm{T}} L_{\mathrm{K}}} \tag{3-126}$$

对于"限定变形"状态下工作时，其支护强度的计算公式为

$$p_{\mathrm{T}} = A + \frac{m_{\mathrm{E}} \gamma_{\mathrm{E}} c \Delta h_{\mathrm{A}}}{K_{\mathrm{T}} L_{\mathrm{K}} \Delta h_i} \tag{3-127}$$

对于多岩梁结构，其支护强度的计算公式为

$$p_{\mathrm{T}} = A + \frac{2 m_{\mathrm{E}} \gamma_{\mathrm{E}} c}{K_{\mathrm{T}} L_{\mathrm{K}}} \tag{3-128}$$

（4）防止直接顶滑动的支护强度。防滑准则为一般情况下基本顶自身能形成平衡结构，为防止基本顶向采空区方向滑动，支架除承受直接顶的全部作用外，还需使直接顶与基本顶有足够大的接触压力，使直接顶与基本顶紧贴。

基本顶初次来压期间，按照防滑准则计算的支护强度为

$$p_{\mathrm{T}} = A + \frac{Q m_{\mathrm{z}} \gamma_{\mathrm{z}} (L_{\mathrm{S}} + L_{\mathrm{K}}) \sin \alpha_0}{f L_{\mathrm{K}}} \tag{3-129}$$

$$\sin \alpha_0 = \frac{2 [h + m_{\mathrm{z}} (1 - K_{\mathrm{A}})]}{c_0} \tag{3-130}$$

式中，Q 为由基本顶结构形式决定的摩擦力安全系数，见表 3-3；f 为基本顶与直接顶之间的摩擦系数，一般取 0.3；α_0 为基本顶初次来压完成后的顶板下沉角。

表 3-3　Q 选取表

基本顶结构	类拱结构	拱式结构	安全系数梁式结构
Q	1.5	2	3

在回采工作面正常推进期间，按照防滑准则计算的支护强度为

$$p_{\mathrm{T}} = A + \frac{Q m_{\mathrm{z}} \gamma_{\mathrm{z}} (L_{\mathrm{S}} + L_{\mathrm{K}}) \sin \alpha}{f L_{\mathrm{K}}} \tag{3-131}$$

$$\sin \alpha = \frac{h + m_{\mathrm{z}} (1 - K_{\mathrm{A}})}{c} \tag{3-132}$$

式中，α 为基本顶周期来压完成后的顶板下沉角。

(5)合理支护强度的确定。按支的准则和防滑准则计算支护强度，并取其中的最大值作为合理支护强度，这样既可以防止直接滑动，又可以防止出现动压冲击和台阶下沉。

3.4.3 综采工作面顶板控制设计

综合机械化是煤矿现代化的重要标志，我国综合机械化回采(简称综采)目前已广泛应用，回采工作面的安全条件大有改观。综采的效率与安全很大程度上取决于液压支架与地质条件的适应状况。也就是说，在给定具体矿井地质条件和技术条件下，解决综采工作面液压支架架型和工作阻力等参数的合理选择问题，是保证综采高效安全的关键。

3.4.3.1 综采工作面支架选型

1)液压支架选型的内容和要求

液压支架架型选择是指针对具体顶板类型和顶板岩层组成情况选择不同的支架类型。不仅包括支架的架型及额定工作阻力、支护强度等参数，而且涉及顶梁、护帮、底座、侧推及阀组等主要部件的选型及其参数。液压支架选型必须与开采地质条件相适应，在支架选型前应掌握相关地质资料及类似条件下的矿压监测资料。

2)液压支架选型步骤

(1)根据直接顶岩石力学性质、厚度、岩层结构及弱面发育程度确定直接顶类型。

(2)根据基本顶岩石力学特性及矿压显现特征确定基本顶级别。

(3)根据底板岩性、底板抗压入强度及刚度测定结果，确定底板类型。

(4)根据矿压实测数据计算额定工作阻力，或根据采高、控顶宽度及周期来压步距，估算支架必需的支护强度和每米阻力。

(5)根据顶底板类型、级别及采高，初选必需的额定支护强度，初选支架形式。

(6)考虑工作面风量、行人断面、煤层倾角，修正架型及参数。

(7)考虑采高、煤壁片帮(煤层硬度和节理)的倾向性及顶板端面垮落度，确定顶梁及护帮结构。

(8)考虑煤层倾角及工作面推进方向，确定侧护结构及参数。

(9)根据底板抗压入强度，确定支架底座结构参数及对架型参数的要求。

(10)利用支架参数优化程序(考虑结构受力最小)，使支架结构优化。

此外，还要考虑巷道及运输等对支架选型的影响。上述选型顺序和相互关系如图3-48所示。其中最重要的是初选额定支护强度及架型。

3)液压支架选型方法

常用液压支架选型方法为系统分析比较法，就是对矿山地质条件进行分析、比较，决定支架各部分的类型及参数的方法。其选型原则如下。

(1)主要根据直接顶、基本顶的厚度、物理性质、层理和裂隙发育情况及类级，结合采高、开采方法等因素确定支架的额定工作阻力、初撑力、几何形状、立柱数量及位置、移架方式、顶板覆盖率。下位顶板的稳定性对液压支架选型尤为重要。例如，经分析认

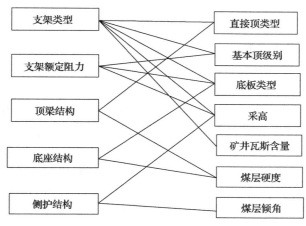

图 3-48　支架选型顺序

为，目前适用最广的架型为两柱支顶式掩护支架及支撑掩护式支架，而前者可适用于基本顶为Ⅰ～Ⅱ级、动压系数为 1.2～1.5、直接顶较稳定、采高小于 5m 的煤层；后者主要适用于Ⅱ级以上基本顶、动压系数约 1.5 以上、直接顶中等稳定以上的煤层。

(2)对于"三软"煤层，目前采取的架型有短顶梁的支掩式托梁掩护支架(为了缩小控顶距可采用插底式支架)和对顶板全封闭方式的支顶式掩护支架(如采用长侧护板的整体顶梁加伸缩梁，加大支柱的倾斜，以增大支架指向煤壁的水平支撑能力)。

(3)根据煤厚、变化范围及其规则程度，确定支架最大和最小高度、活柱伸缩段数及加高装置。结合煤层强度和节理发育程度，确定是否采用护帮装置及装置的形式和尺寸。煤层厚度小于 2.7m 时，一般不使用护帮装置。

(4)煤层倾角数据主要用于固定支架稳定性，如防倒、防滑装置、锚固站及调架装置。

(5)底板抗压入强度及平整程度用于确定底座类型；根据底板荷载集度分布确定底座面积。在软底时采用减少底座端部荷载集度峰值的架型。

(6)依据煤层的瓦斯含量及释放方式，确定支架的最小过风断面是否能满足通风要求。

(7)根据全矿井内地质构造情况，特别是断层的落差、影响范围，陷落柱的范围和规律，选择相适应的液压支架架型，特别是应选对地质构造变化适应能力强的架型。在综采区段布置时尽量避开地质构造复杂区域，宜用于断层落差小于 1m，最大不超过煤厚 1/2 的稳定煤层。

根据以上原则，提出可供选择的支架架型及各部件的多个方案，然后进行分析比较确定最优的架型和参数。

3.4.3.2　液压支架合理工作阻力确定方法

1)国外液压支架合理工作阻力的确定方法

国外确定液压支架合理工作阻力的方法有岩石自重法、顶底板移近量法和统计法。

①岩石自重法

德国、日本、波兰、美国、印度等国根据顶板运动的特点，采用采高的倍数和岩石密度的乘积来计算支护强度，计算式为

$$p_{\mathrm{T}} = kh\gamma \tag{3-133}$$

式中，p_{T} 为液压支架支护强度，MPa；k 为煤层赋存条件决定的系数，随国家的不同而不同；h 为采高；γ 为岩石的容重。

众所周知，垮落带和断裂带的增长率不与采高成正比关系，而国外液压支架工作阻力多以采高为自变量，随采高增大呈直线增加。显然，采高越大，液压支架工作阻力越高，而且偏离得越多。即采高越大，液压支架工作阻力越偏大。

②顶底板移近量法

英国、法国等国的科研人员经研究发现，顶底板移近量与支架支护强度之间存在双曲线关系，因此可以通过寻找曲线的拐点来确定支架的工作阻力。但利用调整支护阻力的方法求得顶底板移近量与支架支护强度的关系曲线是不容易的。因此计算式中许多系数不得不从试验中获得，这样就容易与实际情况产生误差。

③统计法

德国埃森采矿研究中心以液压支架端部顶板垮落高度和台阶下沉量作为衡量支护强度是否足够的指标，当端面垮落高度大于 30cm 或台阶下沉大于 10cm，长度占回采工作面 10%以上时，则表明支护强度不够。通过对比支架支护强度、顶板垮落高度和顶底板移近量等指标，可获得合理的支架支护强度的经验数据。

2）我国液压支架合理工作阻力的确定方法

我国确定液压支架合理工作阻力的方法有荷载估算法、理论分析法和实测统计法。

①荷载估算法

该法认为支架合理工作阻力 p 应能承受控顶区内及悬顶部分的全部直接顶岩重 Q_1 和基本顶来压时形成的附加荷载 Q_2（图 3-49），则

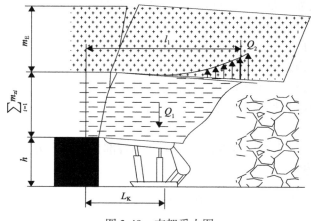

图 3-49　支架受力图

$$p = Q_1 + Q_2 = \sum_{i=1}^{n} m_{zi} l_i \gamma_i + Q_2 \tag{3-134}$$

式中，m_{zi}、l_i、γ_i 为第 i 层直接顶的厚度、悬顶距及容重。

当直接顶随采煤而垮落时，l_i 等于控顶距 L_K，则合理支护强度 p_T 为

$$p_T = \gamma_z m_z + \frac{Q_2}{L_K} \qquad (3\text{-}135)$$

由于荷载 Q_2 难以精确地计算，故认为不来压时的支架荷载仅是直接顶的作用力，以此再乘以来压时动压系数 n，得

$$p_T = n\gamma m_z \qquad (3\text{-}136)$$

若考虑直接顶的初始碎胀系数为 1.25～1.5，动压系数一般不超过 2，则

$$p_T = (4 \sim 8)h\gamma \qquad (3\text{-}137)$$

显然，在顶板条件较好、周期来压不明显时可取低倍数，而周期来压比较剧烈时则可用高倍数。

②理论分析法

以上覆岩层运动为中心的矿压理论认为，在既定采高下，岩层组成及其各部分运动规律不随所用支护手段的改变而发生明显的、质的变化。在同一顶板条件下，不管是采用单体支柱支护，还是采用液压支架，顶板控制设计的基本要求和所需支护强度的计算方法是相同的。因此综采工作面控顶所用的支护强度可以直接利用位态方程进行计算，在此基础上对液压支架额定工作阻力进行设计、选择或校验。

③实测统计法

大量的实测统计表明，当支架初撑力低于支架-围岩相对平衡阻力时，同一循环的支架时间加权平均工作阻力 p_t 与相对平衡阶段工作阻力相近。支架的时间加权平均工作阻力在每一循环是不同的，它是一个随机变量。据一些工作面的统计，它服从正态分布，故支架合理工作阻力 p 可表示为

$$p = p_t + k\hat{\sigma} \qquad (3\text{-}138)$$

式中，$\hat{\sigma}$ 为标准均方差；k 为置信度系数。

如果支架安全阀的开启条件是只要有 3% 的支架时间加权平均工作阻力大于额定工作阻力，则 k 值约为 2，故式 (3-138) 为

$$p = p_t + 2\hat{\sigma} \qquad (3\text{-}139)$$

若以支架最大工作阻力作为统计值，k 可取 1～1.3，则支架合理工作阻力 p 为

$$p = p_m + (1 \sim 1.3)\hat{\sigma}_m \qquad (3\text{-}140)$$

式中，$\hat{\sigma}_m$ 为最大工作阻力的标准均方差。

当工作面有明显基本顶来压现象时，应按来压期间统计的支架阻力确定合理工作阻力。

应当指出，上述计算一般应用在液压支架初撑力低于支架-围岩平衡必需的阻力时计

算结果较正确,对于高初撑力的支架,结果可能偏高。

3.4.3.3　液压支架初撑力的确定

液压支架初撑力是指支架架设时对顶板岩层的支撑力,其作用是压缩顶梁和底座下的浮煤、浮矸等中间介质,增加支架-围岩力学系统中的总体刚度,使支架的支撑能力得到尽快发挥,并能改善直接顶内的应力分布状态,抑制直接顶悬露后的挠曲离层。液压支架初撑力是提高中等稳定以下顶板控制效果的关键参数之一,其确定方法主要有以下两种。

(1)按防止直接顶与基本顶之间离层的要求确定初撑力。此时,初撑力应当能承受住直接顶的重量,即

$$p_{OH} = \frac{m_z \gamma_z}{q\eta} \tag{3-141}$$

式中,p_{OH} 为支架初撑力,MPa;q 为工作压力损失系数,取 0.8 左右;η 为支架支撑效率。

由式(3-141)计算出的初撑力,是控制直接顶所必需的最低值,从维护直接顶稳定和完整的角度看,还应考虑一个安全系数。

(2)依据 p_{OH} 与额定支护强度 p_H 的合理比值确定支架初撑力。在进行支架设计时,目前多从寻求支架初撑力与额定工作阻力间合理比值的角度来确定初撑力。根据 44 个综采工作面的统计,实测初撑力和额定初撑力之比为 0.714,均方差为 0.11。因此设计时应考虑初撑力的利用率,一般设计初撑力高一些较好。

根据实测结果,为使支架发挥较高的支撑水平,又考虑到支柱安全阀开启压力通常要低于 10%额定压力的要求,p_{OH} / p_H 合理值宜取 60%~85%。对于 1、2 类直接顶,p_{OH} / p_H 合理值宜取 75%~85%;对于 2、3 类直接顶,p_{OH} / p_H 值宜取 60%~75%。

3.5　综放开采岩层控制

放顶煤开采由来已久,法国等国于 20 世纪 40 年代末至 50 年代初开始应用放顶煤开采法。1957 年苏联研制出 KTY 型放顶煤支架,1963 年法国研制出"香蕉"形放顶煤支架,并于 1964 年用于法国布朗齐矿区。之后,英国、德国等都相继引进了这一技术。我国于 1982 年引进了综采放顶煤技术,并于 1984 年开始工业性试验。30 多年来,综放技术在我国得到了迅速发展,目前综放工作面年产已超 10Mt,处于世界领先水平。

3.5.1　综采放顶煤的概念及其分类

3.5.1.1　综采放顶煤的概念

综采放顶煤采煤工艺的实质是在开采煤层的底部或在煤层中某一高度范围的底部布置一个采煤工作面,用机械化方法回采底煤,工作面上方的顶煤则利用矿山压力作用或辅以人工松动方法使其破碎,并随工作面推进在后方放出。目前,主要产煤国家已普遍

认为它是开采厚度 5～20m 的厚煤层最好的工艺方法之一。

3.5.1.2　综采放顶煤分类

1) 按工作面布置方式分类

根据煤层及围岩的赋存条件(厚度及物理力学性质)，放顶煤采煤法分为整层放顶煤采煤法、预采顶分层放顶煤采煤法、预采中间分层放顶煤采煤法和特厚煤层水平分段放顶煤采煤法，如图 3-50 所示。

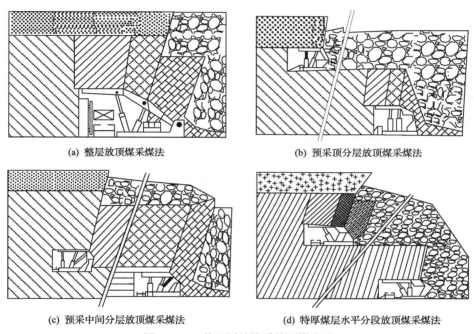

(a) 整层放顶煤采煤法　　　　　　　　(b) 预采顶分层放顶煤采煤法

(c) 预采中间分层放顶煤采煤法　　　　(d) 特厚煤层水平分段放顶煤采煤法

图 3-50　4 种不同的综采放顶煤方法

整层放顶煤采煤法[图 3-50(a)]是沿煤层底板布置放顶煤工作面，当采煤工作面推进一定距离(放煤步距)后，将上部顶煤放出，从而一次采出煤层的全部厚度。

预采顶分层放顶煤采煤法[图 3-50(b)]首先沿顶板在煤层中布置一个普通长壁采煤工作面(即采顶分层)，然后再沿底板布置放顶煤工作面进行回采，将底分层上部的顶煤放出。这种采煤法主要解决三个问题：一是直接顶坚硬，不能随采随垮，需要采取人工措施处理顶板，如我国大同煤矿集团的坚硬顶板，需经注水软化处理，顶板才能垮落，或是由于易垮直接顶较薄，不能满足放顶煤后充填采空区的要求，需预先使上方较坚硬顶板产生松动破坏；二是防止在底部放顶煤时发生混矸现象，在预采顶分层时铺设隔离网，形成网下放煤；三是当煤层中瓦斯含量较大或有突出危险时，预采顶分层可起到预先释放瓦斯的作用，或进行抽放工作。但这种采煤法的煤层厚度须在 8m 以上，并且预采顶分层后将减弱矿山压力对顶煤的一次破碎作用。

预采中间分层放顶煤采煤法[图 3-50(c)]是先在煤层中间布置一个普通长壁采煤工作面进行开采，然后再沿底板布置放顶煤采煤工作面。中间分层工作面的位置应使底部放顶煤采煤工作面上方有 0.5m 以上的护顶煤。对于厚度大于 10m、硬度较大、难以直接放落的煤层或需预疏干的煤层，可采用这种采煤法使顶煤预先垮落破碎，然后再放煤回收。但若煤层埋藏不稳定、底板起伏较大时，则无法保证下部的分层厚度，将给放顶煤工作面的开采造成困难。此外，由于顶煤预先垮落松碎，还将增加自然发火的危险性和放煤时的煤尘量。

对于厚度超过 20m，甚至上百米的极厚煤层，可以把煤层厚度按 10～20m 分成若干个分段，使用放顶煤采煤法依次自上而下分段回采，这种方法叫作特厚煤层水平分段放顶煤采煤法[图 3-50(d)]。

在急倾斜特厚煤层中，水平分段放顶煤采煤法类似于水平分层采煤法，其差别是按高度划分为分段，在分段底部采用水平分层采煤法的落煤方式(机采或炮采)，分段上部的煤炭由采煤工作面后方放出运走，各段依次自上而下使用放顶煤采煤工艺进行回采。目前，我国急倾斜煤层放顶煤开采段高已达 25m 左右。

2)按支护方式分类

(1)综采放顶煤。采用综采放顶煤支架进行放顶煤开采，简称综放。

(2)轻型综采放顶煤。轻型综采放顶煤是在综采放顶煤的基础上，将综采放顶煤支架改造，使支架结构简单，骨架变小，从而使支架重量大幅度降低，成为轻型结构，利用放煤机构实现放煤，简称为轻放。

(3)悬移支架放顶煤。悬移支架由顶梁与双作用(支、移)液压支柱等组成，是可提腿迈步前移的支架，支架靠两个相邻的顶梁交错向前移动来前移。由于支架一般没有放煤机构，因此主要靠人工方式放煤，简称为简放。

3.5.2　综放开采矿山压力显现的基本规律

放顶煤工作面也具有单一煤层采面的一般矿压显现规律，如初次来压、周期来压等。但由于一次采高增大，煤炭开采对直接顶岩层和基本顶的扰动范围增大，加之直接顶力学特性的变化，势必引起工作面矿压显现的新特点。基于大量的现场观测与理论研究，其基本结论如下。

(1)综放面的支承压力分布规律是：与单一煤层开采相比，在顶板以及煤层条件、力学性质相同情况下，综放开采的支承压力分布范围大，峰值点前移，支承压力集中系数没有显著变化。

(2)综放面支承压力的分布同时受到煤层强度、煤层厚度等影响。一方面，煤层越软，支承压力分布范围越大，峰值点距煤壁越远。一般来说，对于软煤层，峰值点为 15～25m，分布范围为 40～50m；对于硬煤层，峰值点为 5～8m，分布范围为 20～30m。另一方面，煤层越厚，支承压力分布范围越大，峰值点距煤壁越远。放顶煤工作面支承压力峰值点前移的原因是顶煤强度较低引起的。此外，如果顶煤中存在一层厚度较大、强度较高的夹矸层时，不仅会使顶煤冒落形态受到影响，还会对支承压力分布造成影响，使其显现出较硬煤层的支承压力分布特征。

(3)由于顶煤强度低，因此在直接顶与基本顶荷载作用下，靠近工作面的顶煤首先发生破坏，进入塑性区。破坏的顶煤刚度迅速降低，变成弹塑性介质。当荷载继续增加，大于顶煤残余强度时，顶煤不再具有抗载能力，致使顶板荷载向远处逐渐转移，煤体内形成塑性区的范围大，荷载向前方转移的距离较远。煤层强度越低，转移的距离越大，支承压力峰值处越远离工作面，如图 3-51 所示。

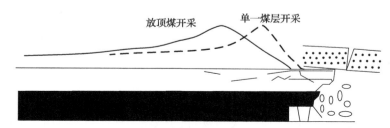

图 3-51 放顶煤开采与单一煤层开采的支承压力分布对比

(4)实测资料表明，放顶煤工作面支架荷载不大，且支架受载并不因采高加大而增加，仅与煤的强度有关。煤的强度大，则顶煤的完整性好，支架荷载稍大。放顶煤工作面仍有周期来压现象，但不明显，初次来压强度也不大。这是由于破断岩层离工作面较高。

(5)在正常回采阶段，采空区已由垮落矸石充满。上覆岩层规则垮落带中形成的砌体梁平衡结构离采场较远，不规则垮落带岩梁周期性垮落以及采空区内矸石对岩梁侧向挤压形成的拱式平衡，在跨度增加时也要失稳，并引起小规模的压力波动。

(6)放顶煤工作面的煤壁及端面顶板的维护显得特别重要。因为顶煤容易破碎，尤其当煤壁片帮、顶煤节理和裂隙比较发育，遇有局部断层和褶曲构造以及基本顶来压时，加上放顶煤工作面推进速度较慢，容易产生端部冒顶。因此，改善支架端部结构，加大支架的实际端面初撑支护强度就十分重要的。

(7)放顶煤工作面的端头压力和两端平巷压力并不大，虽然由于一次采高增加引起支承压力增加，但由于是一次采全厚，故回采巷道的矿压显现较分层多次开采缓和，在兖州、郑州及石炭井等矿区的测定均是这样。

(8)支架前柱的工作阻力大于后柱的工作阻力。放顶煤工作面综放支架前柱的工作阻力普遍大于后柱，一般为 10%～15%，最高可达 37%。受放煤工序的影响，支架后立柱在放煤后有相当比例呈现阻力下降，甚至降为零，造成支架整体支护强度下降，稳定性和可靠性降低。具体情况与顶煤的硬度和冒落形态有关。对于软煤而言，顶煤破碎和放出较充分，支架顶梁后部上方的顶煤较少，不利于传递上覆岩层的作用，因此相对硬煤而言，支架前柱工作阻力大于后柱工作阻力这一特点表现得更加明显。同时，支架承受冒落煤矸冲击造成的动荷载影响明显。

(9)下分层综放时的矿压显现规律。有时为了排放瓦斯的需要，或是由于煤层厚度过大，不利于提高煤炭采出率等，采取了先用综采方法预采顶分层，然后剩余的下部煤层采取综放开采技术。下分层综放开采时的矿压显现仍然具有一般开采的矿压规律，但矿山压力显现程度有所减弱，见表 3-4。

表 3-4　某煤层预采顶分层和一次采全高综放面矿山压力显现比较

采煤方式	初次来压		周期来压		平均初撑力/kN	工作阻力/kN
	步距/m	增载系数	步距/m	增载系数		
预采顶分层	26～28	1.22	7～8	1.08～1.20	1332	1438
采全高	26～28	1.37	8～10	1.11～1.28	1118	1305

3.5.3　综放工作面顶板结构及支架-围岩关系

3.5.3.1　综放工作面的顶板结构

搞清综放工作面的顶板结构形式及支架-围岩关系,是科学进行回采工作面支护设计和提高放顶煤开采综合效益的前提。在不同的煤层和顶板厚度、结构及物理力学性质下,综放工作面所形成的顶板结构也不同,可能存在以下三种主要顶板结构。

1)"煤-煤"结构

在顶煤较厚、煤层结构复杂的情况下,很可能出现支架上方未冒顶煤(T_2)与采空区已冒顶煤之间的拱式平衡结构,且这个结构不易被人为破坏,称为"煤-煤"结构,其状态如图 3-52 所示。

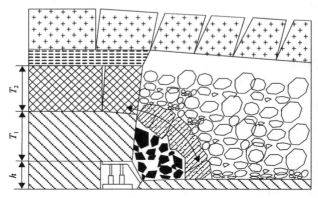

图 3-52　"煤-煤"结构示意图

容易出现"煤-煤"结构的回采工作面条件是:①顶煤中存在较厚、较硬的夹矸,大块夹矸形成"煤-煤"结构的基底岩层。②上部顶煤坚硬,呈大块状垮落,或煤中含有黏土成分,呈团块状垮落。

在这种结构下,由于下部顶煤已放出,在采空区内形成空洞,空洞上方是"煤-煤"结构,尽管在采空区侧能看到它,但又很难破坏它,因此这类综放工作面除特殊情况外,最好不采用放顶煤开采。若用放顶煤开采,应在开采前用软化(注水、松动爆破)方法对顶煤进行预处理。

2)"岩-矸"结构

"岩-矸"结构是指未垮落岩层与已垮落矸石挤压而形成的半拱结构。为了能说明这种结构的形成及变化过程，假定在上一放煤循环中垮落的顶煤已全部放出，且空穴被矸石全部充满，此时采空区内煤岩的状态如图3-53所示，下位岩层呈不规则垮落，上位岩层呈大块状较规则地垮落。

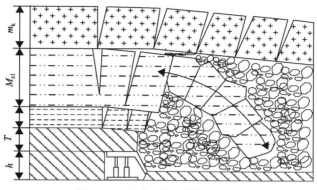

图3-53 "岩-矸"结构示意图

移架后，顶煤和直接顶垮落充满采空区，随着放煤的进行，矸石上表面高度逐渐下降，上位大块矸石下降、再破碎，导致拱结构上移。图3-54为当放出率为η时的岩层状态。图3-53是图3-54的极限状态，即图3-53为最高拱结构位置。

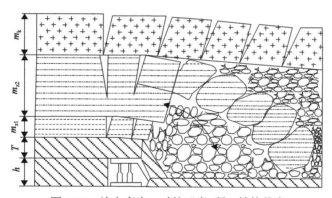

图3-54 放出率为η时的"岩-矸"结构状态

3) 岩梁结构

当煤层上存在大厚度坚硬岩层且直接顶厚度较小、顶煤较薄时，可能存在岩梁结构（图3-55），且岩梁的断裂长度为周期来压步距。

岩梁结构能否存在的近似判别依据为

$$M > h + T + m_z(1 - K_A) - C \tag{3-142}$$

式中，M为坚硬岩层厚度（一次同时运动的厚度，有时不是岩层的总厚度）；h为采高；T为顶煤厚度；m_z为直接顶厚度；K_A为已垮落岩层的碎胀系数；C为残煤厚度。

由式(3-142)可知，顶煤放出率对基本顶和直接顶的相互转化起控制作用，即顶煤放出率不同，回采工作面支架的荷载也不同。

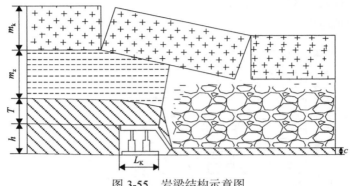

图 3-55　岩梁结构示意图

3.5.3.2　综放工作面支架-围岩关系

1）"煤-煤"结构下的支架-围岩关系

根据实测，该结构不来压时，支架仅支住下位顶煤的作用力即可保证回采工作面的安全，来压时需同时支住上位顶煤的作用力。支护设计时，应考虑到最危险的状态，并有一定的安全系数。因此对照图 3-52，支架应能同时承担下位和上位顶煤的作用力，并同时考虑基本顶的作用，"煤-煤"结构下支架-围岩关系为

$$p_T = (pT_2 + pT_1)\gamma_t + p_c \tag{3-143}$$

式中，p_T 为支护设计时支架的合理支护强度，Pa；p 为状态系数，平时为 0，来压时为 1；T_1、T_2 为下位和上位顶煤厚度，m；γ_t 为顶煤平均容重，N/m^3；p_c 为直接顶和基本顶间的接触应力，Pa。

2）"岩-矸"结构下的支架-围岩关系

与图 3-53 对应的支架-围岩关系为

$$p_T = T\gamma_t + m_z'\gamma_z + p_c \tag{3-144}$$

式中，m_z' 为下位直接顶厚度（随顶煤放出率而变化），m；γ_z 为下位直接顶的容重。

在现场实测中，如测得来压后的最小支架荷载 p_T，则可根据式(3-145)，令 $p_c \approx 0$，近似地反推下位直接顶的厚度 m_z'，以此确定"岩-矸"结构的位置。

3）岩梁结构下的支架-围岩关系

与上述过程相类似，与图 3-55 对应的支架-围岩关系为

$$p_T = T\gamma_t + m_z\gamma_z + p_c \tag{3-145}$$

上述三种结构下的 p_c 值均为基本顶与直接顶间的接触应力。大量实测数据表明，基本顶运动引起的工作面矿压显现的差异较大，动载系数一般为 1.05～1.8，因岩梁结构运动时压力显现明显，因此选择基本顶来压时的动载系数应比其他两种结构下的大，以避

免基本顶来压时对支架产生大的冲击。由于各矿煤层及顶底板情况差异较大，因此基本顶来压时的动载系数最好通过矿压观测来确定。

3.5.4 综放开采顶板控制设计

与综采工作面顶板控制设计类似，进行综放开采顶板控制设计时，重点是解决液压支架架型和工作阻力等参数的合理选择问题。与综采工作面不同，综放开采时，工作面采用综采放顶煤支架(简称综放支架)进行支护，即在普通综采液压支架的基础上增设了放煤机构。综放支架按照放煤位置的不同一般分为高位放顶煤支架、中位放顶煤支架和低位放顶煤支架，按支架重量及其生产能力可分为普通放顶煤支架和轻型放顶煤支架。

3.5.4.1 综采放顶煤支架选型

在进行放顶煤工作面的支架选型时，首先要研究放顶煤工作面上覆岩层结构及支架-围岩关系，计算出支架的合理支护强度。在支架设计工作阻力满足工作面支护强度的前提下，还应根据工作面具体地质条件选择合理的支架类型，以期达到既经济又安全的目的。影响放顶煤支架选择的因素有很多，但最主要的是煤体强度和煤层倾角。

1) 根据煤体强度选择架型

煤体强度是影响放顶煤开采效果的最主要因素。实践表明，放顶煤开采比较适应的煤体强度为 $1 \leqslant f \leqslant 3$，在这个强度范围内，顶煤不需要采取人为松动或软化措施，在矿山压力作用下即能自行垮落，且块度适宜，即使有个别大块煤产生，依靠支架本身的二次破碎功能，也能实现顶煤的顺利放出。如果煤体强度 $f < 1$，煤壁易于片帮，顶煤在支架的反复作用下超前垮落，不但工作面机道上方难维护，而且支架受力状态也不合理，支架不能实现良好的支护作用。煤体强度 $f > 3$ 时，支架移架后，顶煤形成一定长度的悬顶，不能自行垮落，同时在垮落过程中块度过大，靠支架本身的二次破碎能力也难以破碎，因此在放煤时必须采取人为放煤措施，使放顶煤工序复杂化。

选择支架的大体原则如下。

(1) 对于较软煤层，应选用短顶梁支架，减少对顶煤的反复支撑次数，增加支架前方的支护能力，以维护机道上方顶煤不垮落，宜选用掩护式放顶煤支架。

(2) 对于强度较大不易垮落的煤层，应选用长顶梁支架，增加支架对顶煤的反复支撑次数，宜选用支撑掩护式支架。支架顶梁长度大于 3m，顶煤经受支架 5～6 次的反复支撑后，基本都能在支架顶梁与掩护梁铰接点前后顺利垮落。同时，放煤口到顶梁的距离比较大，顶煤在垮落过程中有较大的运动空间，达到充分破碎而又不产生大煤块。

2) 根据煤层倾角选择支架架型

急倾斜放顶煤工作面均采用水平分段布置，支架受力以静压为主，侧压力较小；倾斜煤层放顶煤工作面不但要随时受到基本顶断裂时产生的冲击荷载，而且支架是沿着煤层倾角坡度方向排列，还要受到较大的侧向力作用。因此急倾斜煤层尽量选用掩护梁插板式放顶煤支架，倾斜煤层宜选用底座与掩护梁连接式(单铰接或四连杆式)支架。

3.5.4.2　支架的合理工作阻力

直接顶垮落高度与采高有关。放顶煤支架因一次采高在 6m 以上，甚至更高，支架必须支撑住由此产生的静压和动压。支架工作阻力的增加，可有效地控制顶板。但如果阻力过大，往往阻力利用率不高还增加支架重量、造价，经济效益降低。因此，必须合理选择支架的工作阻力。

根据已有的试验结果，缓斜放顶煤开采时支架的工作阻力情况见表 3-5。

由表 3-5 可见，虽然表中所列测定结果是在不同放煤高度、架型、支护强度等条件下的矿压显现，然而支架的实际支护强度一般为 200～380kPa，基本顶来压强度对支架受载的变化影响并不大，采放高度与对支架受载影响也不大。

表 3-5　综放工作面支架阻力

使用矿区	架型	初撑力/kN	平均阻力/kN	末阻力/kN	支护强度/kPa	动压系数
阳泉	FD440—1.65/2.6	540	1433	1704	262	1.4
潞安	ZFD4000-17/33	1237	1784	2059	233	1.15
平顶山	FD440-16	1800	2040	2232	385	1.3
阜新	BYC400—16/28	358	1011	1360	200	1.23

1）估算法

估算支架阻力的力学模型（图 3-56）可按下列原则考虑。

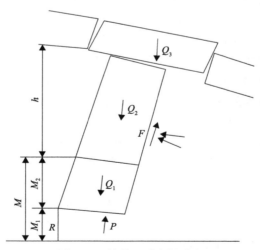

图 3-56　综放开采支架受力

（1）采场上方顶板在靠煤壁一侧为顶板断裂线，即顶煤及顶板断裂线一般超前发生在煤壁内，当断裂线移至煤壁附近时为支架受载最大的时刻，以此作为计算基础。

（2）采空区一侧顶煤、岩层按垮落角上伸，其侧面有垮落后的矸石支撑，且对顶煤、岩层的下沉具有相应的摩擦阻力。

（3）基本顶荷载 Q_3，或称为裂隙体梁结构失稳形成的荷载，对顶煤及直接顶的破碎垮落起重要作用。但由于放顶煤开采垮落带较高，此平衡结构有可能在下位裂隙带内，即使岩块间有剪切滑移的情况仍能继续保持横撑力而形成裂隙体梁式平衡结构，而此结构以上的荷载对支架的影响可忽略不计。

按 $\sum F_y = 0$ 建立以下方程：

$$P = K(Q_1 + Q_2 - R - N - F\cos\alpha) \qquad (3\text{-}146)$$

式中，P 为支架合理支撑力，kN/架；Q_1 为顶煤重量，$Q_1 = M_2 \cdot l \cdot \gamma_m$；$Q_2$ 为直接顶重量，$Q_2 = h \cdot l \cdot \gamma_2$；$K$ 为考虑砌体梁失稳时附加力的动载系数，取 $K=1.8$；R 为顶板在煤壁断裂线处的摩擦阻力，当支架阻力处于极限情况下时，取 $R=0$；N 为碎矸和部分规则垮落带的横撑力；F 为块矸和顶煤、岩石间的摩擦力；$F=N\cdot\tan\varphi$。

碎矸支撑力可表示为

$$N\cos\alpha = \frac{\gamma}{2}(M_2 + h)^2 \frac{1-\sin\varphi}{1+\sin\varphi} \qquad (3\text{-}147)$$

支架外载形成的力矩一般靠液压支架阻力的分布来平衡。

设 $\tan\varphi = 0.8$，$\alpha = 20°$，$\gamma_m = 1.4$，$\gamma_2 = 2.5$，$l = 5m$，当采放高为 6m、8m、10m 和 12m 时，支架阻力分别为 3504kN/架、4 229kN/架、4 566kN/架和 4560kN/架，相应的支护强度为 467～609kPa。

2）实测统计法

据实测结果统计所得，随着采放煤厚增加，顶板来压时支架的循环末支护强度随之升高，但增加幅度很小。如以煤层厚度与岩石容重的乘积表示支架支护强度，可写成

$$p_T = k \cdot n \cdot M \cdot \gamma \qquad (3\text{-}148)$$

式中，p_T 为支架支护强度，kPa；k 为安全系数，取 $k=1.2\sim1.5$；n 为折算系数；M 为煤层全厚，m；γ 为岩石容重，取 25kN/m^3。

据统计，折算系数在来压与非来压期间是不同的，来压时其关系为

$$n = 9.768M^{-0.79}, \; R = 0.98; \; s = 0.06 \qquad (3\text{-}149)$$

如果以顶板来压时支架的荷载作为设计支架工作阻力的基础，则可写成

$$p_T = 9.768kM^{0.21}\gamma \qquad (3\text{-}150)$$

如果支架工作阻力利用率按 75%考虑，即 $k=1.33$，则 $p_T = 325M^{0.21}$。

4 矿山巷道变形破坏与控制

4.1 回采巷道围岩变形量组成及预计

4.1.1 巷道围岩变形过程及组成

回采巷道开掘位置、时间以及经受采动影响次数不同，决定着巷道受顶板活动和支承压力作用的过程，也决定了可能产生的围岩变形。为使巷道在最终使用时有适宜的断面，必须正确预计围岩变形量，确定初始开挖断面。预计变形量也是选择支护类型、确定支护可缩量的基础，通过实测岩层(特别是基本顶)的运动情况，可以对巷道围岩变形量做出预计。

弄清回采巷道自开挖至报废的服务全过程中围岩变形形成的过程和原因，是进行围岩变形量预计的基础。根据围岩经受采动影响过程不同，一般可将回采巷道分为沿空(小煤柱)留巷、沿空掘(送)巷和宽煤柱回采巷道三类。

1) 沿空(小煤柱)留巷

沿空(小煤柱)留巷包括完全沿空留巷和小煤柱沿空留巷两种类型，要经历顶板活动和支承压力作用的全过程，在整个服务期间其围岩变形过程可分为 7 个阶段，如图 4-1 所示。

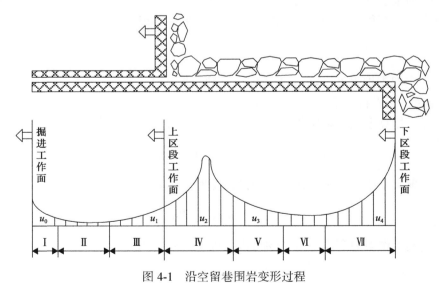

图 4-1 沿空留巷围岩变形过程

阶段Ⅰ：在煤体内开掘巷道，破坏了原始应力状态，巷道围岩出现应力集中，在围岩塑性破坏发展过程中，巷道周边发生显著移近。随着掘进时间的延长，围岩移近速度将逐渐降低。

阶段Ⅱ：掘巷引起的应力重新分布趋向稳定后，由于煤层一般具有流变性质，巷道围岩仍保持一定变形速度。

阶段Ⅲ：在上区段工作面超前支承压力的作用下，围岩塑性区进一步扩大，围岩变形增长较快。

阶段Ⅳ：在工作面后方岩梁断裂前的弯曲下沉及岩梁断裂后的显著运动过程中，基本顶岩梁运动迫使巷道顶板快速下沉，将造成很大的下沉量。

阶段Ⅴ：在基本顶触矸后，随着采空区矸石被压实，巷道围岩移近速度逐渐趋于稳定。

阶段Ⅵ：回采引起的顶板活动和应力分布趋向稳定后，巷道围岩保持一定的流变速度。

阶段Ⅶ：受下区段工作面回采影响，由于支承压力叠加使煤柱塑性区显著增大，引起巷道围岩变形。

留巷在整个服务期间的围岩变形量可表示为

$$u = u_0 + u_1 + u_2 + u_3 + u_4 + u_5 \tag{4-1}$$

式中，u_0 为阶段Ⅰ的围岩变形量，因掘巷破坏了原始平衡状态所产生的变形量，主要与围岩稳定性和采深有关，占总变形量的比例很小；u_1 为阶段Ⅲ的围岩变形量，超前支承压力作用下的巷道变形量，一般占总变形量的 10%左右；u_2 为阶段Ⅳ的围岩变形量，工作面后方岩梁弯曲下沉和显著运动过程的变形量(由直接顶厚度、采高和基本顶悬露跨度决定)，占总变形量的 60%～70%，是沿空留巷围岩变形的主要组成部分；u_3 为阶段Ⅴ的围岩变形量，基本顶显著运动后压实矸石过程中的巷道变形量，一般占总变形量的 5%～8%；u_4 为阶段Ⅶ的围岩变形量，巷道复用时工作面超前支承压力作用下的巷道变形量，一般占总变形量的 20%左右；u_5 为巷道存在期间各阶段围岩流动变形总和，它与围岩(特别是煤层)流变特征和围岩应力大小及其变化情况有关。如果 u_d 为围岩流变速度，T 为存在时间，则 $u_5 = \int_D^T u_d \mathrm{d}t$。如果 u_d 的变化幅度不大，用 u_p 表示平均流变速度，则 $u_5 = u_p T$。

生产实践表明，在工作面后方采动剧烈影响区内沿空留巷，由于岩梁弯曲沉降和回转引起的巷道顶底板移近量 u_2 为煤层采高的 10%～15%，总的顶底板移近量为煤层采高的 15%～20%。

2) 沿空掘(送)巷

基本顶触矸后在内应力场中掘(送)巷，巷道只受采空区矸石压缩和下区段工作面回采的影响，其变形量为

$$u = u_0 + u_3 + u_4 + u_5 \tag{4-2}$$

沿空留巷的变形量主要由 u_1、u_2、u_4 构成，而在基本顶触矸后，内应力场中送巷的变形量主要由 u_4 构成，此时送巷的变形量远小于留巷。但如果在基本顶裂断回转来压前送巷，则巷道变形量要增加 u_2，几乎与留巷的变形量相同。因此正确选择送巷时间是决

定其变形量大小的关键。

　　3）宽煤柱回采巷道

　　留设宽煤柱护巷的回采巷道，上区段工作面开采后，回采巷道将直接报废，不再为下区段工作面服务，即只经受一次工作面采动影响，其变形量为

$$u = u_0 + u_1 + u_5 \tag{4-3}$$

　　此时，宽煤柱回采巷道服务时间短，围岩变形量与沿空（小煤柱）留巷相比要小得多，维护难度小。与沿空掘（送）巷相比，掘巷期间围岩完整性好，掘巷容易，不易发生冒顶等事故，且两帮变形基本一致。

4.1.2　沿空留巷围岩变形量预计

　　沿空留巷的围岩变形主要是由岩梁弯曲沉降和显著运动引起的，正确预计这部分变形量即可对沿空留巷的全部变形量做出大概预计。由于沿空留巷上方基本顶岩梁显著运动后形不成三铰拱结构，且巷道要经历覆岩运动发展到稳定的全过程，巷道支架不可能对基本顶岩梁的运动加以限制，只能限制直接顶运动，因而巷道顶板下沉量由基本顶运动的位态决定。显然，通过实测确定基本顶岩梁运动特征参数，特别是端部裂断位置和采空区触矸位置，即可对留巷的主要变形量做出预计。

　　沿空留巷受顶板运动影响的状况如图 4-2 所示，可知：

$$\frac{\Delta h}{C} = \frac{h + m_z - Km_z}{L} \tag{4-4}$$

则

$$\Delta h = \frac{C[h - m_z(K-1)]}{L} \tag{4-5}$$

式中，C 为巷道中线与岩梁端部裂断线的距离，m；L 为岩梁悬露跨度，即端部裂断线到触矸点间的水平距离，m；h 为巷道高度，m；K 为岩石碎胀系数；m_z 为直接顶高度，m。

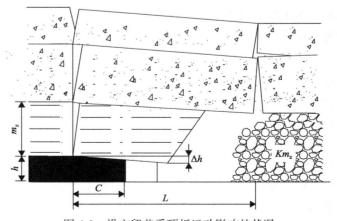

图 4-2　沿空留巷受顶板运动影响的状况

如果 $K=K_A$（K_A 为岩石碎胀系数），则式(4-5)为岩梁弯曲下沉和显著运动过程中的巷道变形量 u_2，即

$$u_2 = \frac{C\left[h - m_z\left(K_A - 1\right)\right]}{L} \tag{4-6}$$

同理，压实矸石过程中的巷道变形 u_3 为

$$u_3 = \frac{Cm_z\left(K_A - K_c\right)}{L} \tag{4-7}$$

式中，K_c 为矸石压实后的残余碎胀系数，1.00～1.05。

则受顶板活动影响的总变形量为

$$u_2 + u_3 = \frac{C\left[h - m_z\left(K_c - 1\right)\right]}{L} \approx \frac{Ch}{L} \tag{4-8}$$

可见，沿空留巷的顶板下沉量与采高、岩梁悬露跨度、端部断裂线距煤体边缘的距离（内应力场范围）有关。送巷的变形量取决于送巷的位置和时间，巷道中线距端部断裂线的位置越近（C 越小），同一时间送巷的变形量将越小；送巷的时间不同，同一位置送巷的变形量可能相差很大，如岩梁来压后送巷比来压前送巷少一项 u_2。

埃森采矿研究中心根据大量实测资料，对鲁尔矿区沿空留巷（以拱形可缩性支架作为巷内支架）的顶底板移近量和底臌量作统计分析，其回归方程为

$$\bar{U} = -78 + 0.66H + 4.3S_V M + 24.3\sqrt{GL} \pm 2.7 \tag{4-9}$$

$$S_H = -58 + 0.039H + 3.7S_V M + 20.9\sqrt{GL} \pm 4 \tag{4-10}$$

式中，$\bar{U}$ 为由工作面前方大于 20m 处的超前掘进工作面算起，到工作面后方 300m 范围内的巷道顶底板移近量，以巷道原始高度的百分数表示，%；S_H 为底臌量占巷道原始高度的百分比，%；H 为开采深度，m；S_V 为护巷方法指数，刚性充填为 1，木垛为 2，无巷旁为 3；M 为开采厚度，m；GL 为底板岩性指数，砂岩取 1，砂页岩取 2，泥页岩取 3，软岩取 4，煤取 5，页岩和底板软岩互层、分层厚度在 20cm 以下取 6。考虑煤层以下 6m 以内的底板，如该范围内有几种岩层，就取其厚度的加权平均值（只考虑分层厚度在 20cm 以上的各分层）。

4.1.3 影响巷道围岩变形量的因素

从回采巷道受采动影响的围岩变形量组成及其预计中可以看出，回采巷道围岩变形量主要与自然因素和开采因素有关。

1）自然因素

①围岩岩性

围岩岩性是指矿物组成成分、岩石成因和结构特性等相关的物理性质。例如，沉积

岩的变形与胶结和层厚的物理性质关联密切；火成岩通常强度高而变形小；泥质沉积岩会发生蠕变问题；石灰岩则通常会形成溶洞等。围岩风化、水解的能力通常由易风化、水解的矿物质的含量决定，随着时间的推移，围岩岩体风化水解，导致围岩的力学特性减弱，最后发生破坏。

②岩体结构和裂隙

岩石是在许多次不同强烈程度的构造运动中形成和存在的，在形成过程中就会出现构造痕迹，如节理、裂隙和断层。同时，岩体中还存在许多结构面，如接触面、间断面、夹层、层理等。因此，由于岩体结构和裂隙的影响，深埋巷道围岩形成了不规则的弱结构面，使巷道易发生失稳破坏。岩体结构面及裂隙是巷道围岩变形的决定因素之一。

③顶底板条件

基本顶岩梁的运动情况对沿空留巷的顶板下沉量影响很大，基本顶岩梁悬露跨度越小，端部断裂线进入煤体内部的距离越大(内应力场范围越大)，则沿空留巷的顶板下沉量也越大。

底板岩性对底臌量的影响很大，特别是开采深度较大时这种影响更明显。底板岩性越差，底臌量越大，底臌量占顶底板移近量的比例最高能达到60%～70%。

④地应力

地应力是存在于巷道围岩的初始应力状态，主要包括岩石的自重应力和由于岩石构造运动等产生的构造应力。开采深度越大，岩体自重应力越大，巷道支承压力越大，煤体塑性破坏范围就越大，它不仅导致煤帮鼓出，而且支承压力高峰和岩梁端部裂断位置将向煤体内部移动，因而巷道顶板下沉量、底臌量、两帮移近量都随开采深度增大而增加。大深度开采时巷道矿压控制越来越困难就是这个道理。巷道围岩应力预计值和围岩变形量观测结果的对比表明，绝大部分煤层巷道的围岩变形量与围岩应力的大小呈线性增长关系。

而在地下结构开挖开始后，受施工影响，地应力发生变化，应力重分布产生应力集中易导致巷道发生变形破坏。

此外巷道的变形稳定与地应力中最大主应力方向、围岩岩层主要节理组的方向及深埋巷道主要临空面的方向密切相关。研究表明，当以上三方互相组成锐角时，对巷道的变形破坏影响最大。通常来说，当地应力较大及主应力方向已知，在设计及布置巷道时碰到节理发育的岩体，应使主临空面避免暴露在主应力同主要节理构成的锐角方向上。

⑤地下水和地温的影响

由于开挖，地下水通过渗入岩石里的开裂裂隙，使岩石发生不同程度的软化，从而岩石强度降低发生破坏，故地下水是影响巷道围岩稳定的因素之一。有一定透水能力的岩层会在巷道开挖后形成新的自由面，地下水通过此通道进行排放并产生水力梯度。这时，围岩岩体产生一个指向洞内水的压力，使岩的变形加大。另外岩体部分饱和水充斥的裂隙或有效应力在静水压力作用下变小，围岩的三维受力状态发生改变，使围岩的受力条件趋于恶化。而围岩岩体的强度参数在地下水的作用下降低，其自身承载能力减小，也因为地下水的存在，围岩产生物理化学反应，围岩的侵蚀和泥化加剧。故地下水也是致使围岩变形的主要因素之一。

目前，煤矿建设逐渐向深井转化。随着井筒的加深，深度每增大100m，井下巷道温度便升高3～5℃，在淮南矿区等深埋巷道，部分地区温度达30～50℃。岩石在高温作用下，原本脆性状态的岩石逐渐向塑性状态转化，继而发生塑性变形。而在高温的巷道里水汽增多导致围岩软化，使巷道围岩变形进一步加剧。故温度对深部巷道围岩的影响也十分明显。

⑥时间因素

深部巷道围岩具有高应力的性质，在开挖卸荷损伤后，岩石从弹性状态向脆性状态转化，接着进入塑性状态，最后处于峰后承载状态。伴随时间的增加，具有流变性的围岩变形会逐渐变大，围岩在变形达到限度时会完全丧失承载能力，发生冒顶、片帮及底臌等破坏。

2）开采因素

①巷道开掘的位置和时间

大量分析和现场实践表明，巷道开掘的位置和时间不同，变形量也不同。岩梁触矸后在内应力场中送巷，不受顶板剧烈活动的影响，且避免了高应力的作用，是较合理的。

②支护阻力的大小

研究和实践证明，支护阻力在一定程度上对围岩变形起着限制作用。在基本顶处于"给定变形"状态时，支护阻力使直接顶与基本顶贴紧，并保持其稳定性，可以减少巷道变形量。采用强力的巷旁支护，巷道顶底板移近能得到一定的控制。另外，增大支护对煤帮的侧向工作阻力，可减小煤体塑性破坏区，从而减小顶底板和两帮的移近量。

③巷道的形状与大小

围岩的应力重分布在不同的巷道形状和大小有不同的影响。截面形状直接影响了应力重新分布的结果，不同开挖截面形式的巷道或硐室开挖造成破坏区的模式和破坏范围是不同的；从顶板活动对沿空留巷顶板下沉的影响可以看到，沿空留巷的顶板下沉量与巷道宽度呈线性增长；顶底板移近量与巷道高度呈线性关系增长。

4.2　回采巷道围岩支护理论与技术

4.2.1　锚杆（索）支护理论

锚杆支护促使围岩由荷载体转化为承载体。尽管锚杆在不同地质条件下作用机理有所不同，但都是在巷道周边围岩内部对围岩加固，形成围岩承载体，有利于围岩稳定。国内外现场对比试验表明，在同一条件下采用锚杆支护与刚性金属支架支护相比，巷道围岩移近量减少一半左右。传统的锚杆支护理论都是以一定假说为基础，各自从不同角度、不同条件阐述锚杆支护的作用机理，其力学模型简单，计算方法简捷，适用于不同的围岩条件。近年来，锚杆支护理论研究有了进一步发展，提出了巷道锚杆支护围岩强度强化理论，并且把锚固技术作为一个系统进行整体研究，阐明了锚杆对围岩结构面离层、滑动、节理裂隙张开等扩容变形的约束作用，以及保持巷道围岩完整性的重要性，进一步揭示了锚杆支护的实质。

1) 悬吊理论

1952 年，帕内科（Panck）等经过大量理论分析和实验室及现场测试提出了悬吊理论，认为锚杆支护的作用是将巷道顶板较软弱岩层悬吊在上部稳定岩层上，增强下部较软弱岩层的稳定性，即悬吊理论。

对于回采巷道揭露的层状岩体，直接顶均有弯曲下沉变形趋势，如果使用锚杆及时将其挤压，并悬吊在基本顶上，直接顶就不会与基本顶离层乃至脱落，如图 4-3（a）所示。如果巷道浅部围岩松软破碎，或者开掘巷道后应力重新分布，顶板出现松动破裂区，锚杆的悬吊作用是将这部分易冒落岩体锚固在深部未松动的岩层上，如图 4-3（b）所示，冒落拱高可采用普氏压力拱理论估算，这是悬吊理论的进一步发展。利用悬吊理论进行锚杆支护设计时，锚杆长度可根据坚硬岩层的高度或平衡拱的拱高来确定，锚杆的锚固力可根据所悬吊岩层的重量来确定。

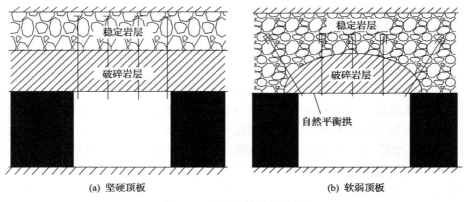

图 4-3　锚杆支护悬吊作用

悬吊理论直观地揭示了锚杆的悬吊作用，在分析过程中不考虑围岩的自承能力，而且将被锚岩体与锚固岩体分开，与实际情况有一定差距，计算结果有时存在很大偏差。

这一理论提出得较早，满足其前提条件时，有一定的实用价值。但是大量的工程实践证明，即使巷道上部没有稳固的岩层，锚杆亦能发挥支护作用。如果顶板中没有坚硬稳定岩层或顶板软弱岩层较厚，围岩破碎区范围较大，无法将锚杆锚固到上面坚硬岩层或者未松动岩层上，悬吊理论就不适用。此外悬吊理论只适用于巷道顶板，不适用于巷道两帮、底板。

2) 组合梁理论

德国雅克比（Jacobio）等认为在层状岩体中开挖巷道，当顶板在一定范围内不存在坚硬稳定岩层时，锚杆的悬吊作用居次要地位，提出了锚杆支护的组合梁理论。如果顶板岩层中存在若干分层，锚杆的作用一方面是依靠锚杆锚固力增加各岩层间的摩擦力，防止岩石沿层面滑动，避免各岩层出现离层现象；另一方面是锚杆杆体可增加岩层间的抗剪刚度，阻止岩层间的水平错动，从而将巷道顶板锚固范围内的几个薄岩层锁紧成一个较厚的岩层（组合梁）。这种组合厚岩层在上覆岩层荷载作用下，其最大弯曲应变和应力都将大大减小，组合梁的挠度亦减小，而且组合梁越厚，梁内的最大应力、应变和梁的挠度也就越小，如图 4-4 所示。

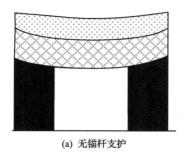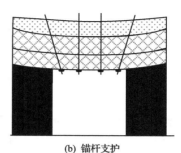

(a) 无锚杆支护　　　　　　　　　　(b) 锚杆支护

图 4-4　层状顶板锚杆组合梁

组合梁理论很好地解释了层状岩体锚杆的支护作用，即将顶板岩层锁紧成一层较厚的岩层，从而提高其稳定性。但组合梁作为保持岩体稳定的支护体，其承载能力难以计算，组合梁形成和承载过程中，锚杆的作用难以确定。组合梁设计中，采用弹塑性分析得出的最小抗力来确定锚固力，往往难以准确反映软弱围岩的情况，同时将锚固力等同于框式支架的径向支护力也不确切。另外，将锚杆作用与围岩的自稳作用分开，与实际情况有一定差距，并且随着围岩条件的变化，在顶板较破碎、连续性受到破坏后，组合梁也就不存在了。

组合梁理论只适合于层状顶板锚杆支护的设计，对于巷道的两帮、底板也不适用。此外该理论在处理岩层沿巷道纵向有裂缝时梁的连续性问题和梁的抗弯强度问题时有一定的局限性。

3) 组合拱(压缩拱)理论

组合拱理论认为，在拱形巷道围岩的破裂区中安装预应力锚杆时，在杆体两端将形成圆锥形分布的压应力，如果沿巷道周边布置锚杆群，只要锚杆间距足够小，各个锚杆形成的压应力圆锥体将相互交错，就能在岩体中形成一个均匀的压缩带，即组合拱(亦称承压拱或压缩拱)，这个组合拱可以承受其上部破碎岩石施加的径向荷载。在组合拱内岩石的径向及切向均受压，处于三向应力状态，其围岩强度得到提高，支撑能力也相应加大，如图 4-5 所示。因此，锚杆支护的关键在于获取较大的承压拱厚度和较高的强度，其厚度越大，越有利于围岩的稳定和支承能力的提高。

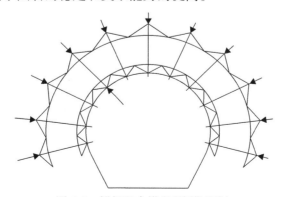

图 4-5　锚杆组合拱(压缩拱理论)

组合拱理论在一定程度上揭示了锚杆支护的作用机理，但在分析过程中没有深入考虑围岩-支护结构的作用机理，只是将各支护结构的最大支护力简单相加，从而得到复合支护结构总的最大支护力，缺乏对被加固岩体本身力学行为的进一步分析探讨，计算也与实际情况存在一定差距，一般不能作为准确的定量设计依据，但可作为锚杆加固设计和施工的重要参考。

4) 最大水平应力理论

该理论由澳大利亚学者盖尔(Gale)在 20 世纪 90 年代初提出，其认为矿井岩层的水平应力通常大于垂直应力，水平应力具有明显的方向性，最大水平应力一般为最小水平应力的 1.5～2.5 倍。巷道顶底板的稳定性主要受水平应力的影响，且有三个特点：①与最大水平应力平行的巷道受水平应力影响最小，顶底板稳定性最好；②与最大水平力呈锐角相交的巷道，其顶底板变形破坏偏向巷道某一帮；③与最大水平应力垂直的巷道，顶底板稳定性最差。

围岩层状特征比较突出的回采巷道开挖后引起应力重新分布时，垂直应力向两帮转移，水平应力向顶底板转移，在最大水平应力作用下，顶底板岩层易发生剪切破坏，出现错动与松动而膨胀造成围岩变形，垂直应力的影响主要显现于两帮而导致两帮的破坏，如图 4-6 所示。锚杆的作用即是约束岩层沿轴向膨胀和垂直于轴向的岩层剪切错动，因此要求锚杆必须具备强度大、刚度大、抗剪阻力大等性能，才能起到约束围岩变形的作用。

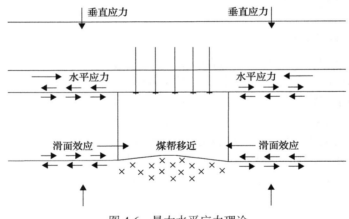

图 4-6　最大水平应力理论

最大水平应力理论论述了巷道围岩水平应力对巷道稳定性的影响以及锚杆支护所起的作用。在设计方法上，借助于计算机数值模拟不同支护情况下锚杆对围岩的控制效果，然后基于监测结果进行优化设计，在使用中强调监测的重要性，并根据监测结果修改完善初始设计。

5) "关键承载圈" 及 "扩容-稳定" 理论

"关键承载圈" 及 "扩容-稳定" 理论由康红普院士提出，该理论认为：回采巷道围岩的变形和破坏状态在掘进、稳定、回采等不同阶段是不同的，具有显著差别。因此主张根据围岩的状态特点分别按"关键承载圈"理论和"扩容-稳定"理论分析阐述锚杆支护的作用机理。

"关键承载圈"是指在巷道围岩一定深度的范围内，存在一个能承受较大切向应力的"岩石圈"，该岩石圈处于应力平衡状态，具有结构上的稳定性，可以用来悬吊承载圈以内的岩层。"关键承载圈"理论认为，承载圈以内的岩石重量是支护的对象，关键承载圈以下不稳定岩层的高度称为荷载高度。

理论分析及工程实践表明，承载圈厚度越大，圈内应力分布越均匀，承载能力越大；围岩未采取人工支护等控制措施时，承载圈离巷道周边越近，荷载高度越低，巷道越易维护。关键承载圈的位置及厚度，可以根据对围岩状态的分析计算得出。

"关键承载圈"理论认为，当荷载高度不大、锚杆长度能够伸入到关键承载圈内时，可用"关键承载圈"理论阐述锚杆支护机理，主要观点如下。

(1)关键承载圈以内的岩石是支护的对象，荷载高度是关键承载圈以下不稳定岩层的高度。

(2)锚杆的支护作用主要是将破碎区岩层与关键承载圈相连，阻止破碎岩层垮落；对围岩提供径向、切向约束力，阻止破碎区岩层的扩容、离层、滑动，提高破碎区的承载能力，如图4-7(a)所示。

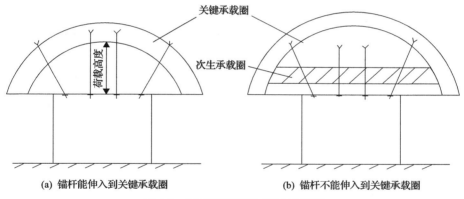

(a) 锚杆能伸入到关键承载圈   (b) 锚杆不能伸入到关键承载圈

图4-7 "关键承载圈"理论示意图

"扩容-稳定"理论是指巷道经受采动影响之后，围岩的破坏范围会逐渐扩大，当锚杆的长度不能伸入到关键承载圈内时，依据"扩容-稳定"理论阐述锚杆支护的作用，其主要观点如下。

(1)锚杆要控制围岩的扩容变形，阻止深部破碎岩层的进一步扩容和离层。

(2)在破坏区内形成"次生承载层"，使围岩深部关键承载圈内的应力分布趋于均匀和内移，提高关键承载圈的承载能力。

(3)锚杆对煤帮的控制效果尤为明显，由于煤层强度较低且受到采动影响较为严重，所以回采巷道两帮支护显得尤为重要，安装锚杆后，对煤帮的扩容、松动和挤出均有控制作用，加钢带后效果会更好。

"扩容-稳定"理论的核心思想就是控制围岩的扩容变形，形成次生承载层，提高承载圈的承载能力使围岩趋于稳定，如图 4-7(b) 所示。

影响次生承载层厚度的因素有很多，当其厚度较薄且远小于巷道尺寸时，在水平应力的作用下，次生承载层很容易发生压曲失稳、弯曲失稳破坏，造成巷道支护失败。因此，合理确定次生承载层的厚度至关重要。而锚杆的存在减小了岩层压曲失稳或者弯曲失稳的可能性，且锚杆预紧力越大，支护效果越好。

6) 围岩强度强化理论

围岩强度强化理论是针对软岩煤巷围岩特点提出的。通过巷道围岩锚固前后相似材料模拟试验(表 4-1、表 4-2)和理论分析，围岩强度强化理论的要点如下。

(1) 巷道锚杆支护的实质是锚杆和锚固区域岩体的相互作用形成统一的承载结构。

(2) 巷道锚杆支护可提高锚固体的力学参数(E、c、φ)，改善被锚固岩体的力学性能。

(3) 巷道围岩存在破碎区、塑性区和弹性区，锚杆锚固区的岩体一般处于破碎区或上述 2~3 个区域中，则锚固区的岩石强度处于峰后强度或残余强度，锚杆支护使巷道围岩特别是处于峰后区的围岩强度得到强化，提高了峰值强度和残余强度。

(4) 煤巷锚杆支护可以改变围岩的应力状态，增大围压，从而提高围岩的承载能力。

(5) 巷道围岩锚固体强度提高以后，可减少巷道周围破碎区、塑性区的范围和巷道的表面位移，控制围岩破碎区、塑性区的发展，从而有利于保持巷道围岩的稳定。

表 4-1　巷道围岩锚固前后围岩力学参数模拟试验结果

锚杆布置密度/(根/400cm²)		0	2	4	6	8
弹性模量 E/MPa		280.8	282.58	288.24	299.69	310
软化模量 M/MPa		32.00	32.63	39.65	43.15	46.32
锚固体破坏前	等效黏聚力 c/MPa	0.3466	0.3568	0.3677	0.3773	0.3869
	等效内摩擦角 φ/(°)	31.51	31.53	35.57	38.8	40.4
锚固体破坏后	等效黏聚力 c/MPa	0.0168	0.0182	0.0184	0.0194	0.021
	等效内摩擦角 φ/(°)	31.51	31.53	35.57	38.8	40.4
单向加载	峰值强度/MPa	1.238	1.275	1.43	1.575	1.675
	残余强度/MPa	0.060	0.065	0.0715	0.081	0.089
平面应变加载	峰值强度/MPa	1.65	1.725	1.928	2.17	2.275
	残余强度/MPa	0.525	0.588	0.668	0.75	0.82

表 4-2　锚固节理岩体与无锚固节理岩体力学参数之间的关系(节理倾角 70°)

锚杆根数	0	1	2	4	6	8
抗压强度	1	1.073	1.128	1.192	1.261	1.299
弹性模量	1	1.152	1.313	1.466	1.418	1.748
泊松比	1	0.932	0.77	0.75	0.8	0.714
扩容起始应力	1	1.068	1.184	1.316	1.368	1.605
残余强度	1	1.072	1.184	1.273	1.337	1.369

4.2.2 注浆加固机理与技术

4.2.2.1 注浆加固机理

在维护巷道稳定的各种控制手段中,只安设支护结构来维护巷道稳定是一种被动的办法,仅从支护的角度研究围岩稳定是一种较为局部的研究,采用注浆等地质体改造的办法则是维护巷道稳定的一种主动办法。由于注浆具有良好封闭性,理所当然地成为控制巷道变形的关键手段。注浆是借助于外力把浆液注入岩体中,产生充填、挤压、压密、固结、封堵作用,形成强度高、抗渗性好、稳定性强的密实结构体,从而达到改善岩体物理力学性质的目的。它能够通过改善局部围岩的力学性能,充分调动围岩自身强度进行自组织支护,保持围岩稳定。注浆作为改善岩体性质的重要技术,能在原位对岩体进行加固或改性,使一定范围内的岩体成为工程结构不可分割的一部分,充分挖掘岩体的承载潜力。

由于注浆技术能够有效控制围岩变形,显著改善支护效果,而且很容易与其他支护手段配合使用,在对煤矿巷道围岩控制时,尤其是破碎程度较高的围岩,显示出极大潜力。在动压影响下,不能把注浆单纯作为一种支护手段,而应使其参与巷道变形与稳定过程,使注浆施工与巷道变形过程相结合。由于巷道围岩变形不同阶段的可注性、注浆固结规律、加固与封闭目的、合理注浆时机、浆液流动与扩散规律及注浆参数等工程应用中的关键问题尚未得到很好的解决,直接影响到注浆效果和技术经济指标的提高。

煤岩体注浆是通过外界压力将浆液注入煤岩体中,浆液以充填、渗透、压密、劈裂等方式驱走煤岩体裂隙中的水分或空气,使裂隙煤岩体胶结成一个整体,以改善煤岩体的物理力学性能,提高煤岩体稳定性。从力学原理和岩体破坏机制的角度,可以认为岩体注浆加固与封闭主要有以下几方面的作用机理。

1)渗透注浆机理

在注浆压力作用下,浆液克服各种阻力而渗入岩体的孔隙、裂隙,使岩体孔隙、裂隙中存在的气体和水被排挤出去,浆液充填孔隙或裂隙,形成较为密实的固化体,从而使地层的渗透性减小,强度得到提高。注浆压力越大,吸浆量及浆液扩散距离就越大。这种理论假定,在注浆过程中地层结构不受扰动和破坏,所用的注浆压力相对较小。此外注浆材料的渗透性好坏与诸多因素有关,如岩体的孔隙率及孔隙大小、材料的可注性、注浆施工方法、地下水的流动、注浆材料的时间特性等。

渗透注浆通常是在不足以破坏地层构造的压力(即不产生水力劈裂)下,把浆液注入岩体的孔隙中,从而取代、排出其中的空气和水。一般渗透注浆的必要条件是满足可注性条件。渗透注浆浆液一般均匀地扩散到岩体的孔隙内,将岩体颗粒胶结起来,增强岩体的强度和防渗能力。

浆液扩散形状取决于注浆方式。当由钻杆端孔注浆时,注浆孔较深,这时相当于点源注浆,浆液呈球面扩散,如图 4-8(a)所示;当采用花管式分段注浆时,浆液则呈柱面扩散,如图 4-8(b)所示。

2) 压密注浆机理

岩体内有裂隙和其他弱面存在时，承载过程中会在裂隙端部形成强烈的应力集中，当裂隙尖端的应力集中达到一定程度时，岩体的裂缝会出现失稳扩展，并进一步形成宏观破坏，如图 4-9 所示。

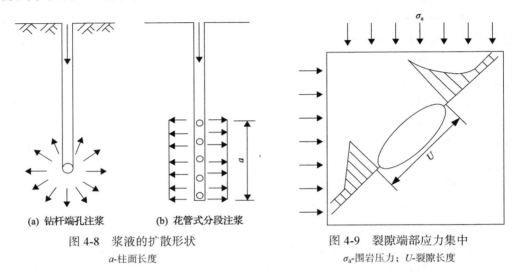

(a) 钻杆端孔注浆　　　　(b) 花管式分段注浆

图 4-8　浆液的扩散形状
a-柱面长度

图 4-9　裂隙端部应力集中
σ_a-围岩压力；U-裂隙长度

围岩中较大裂隙的裂隙面附近岩体实际处于二向应力状态，注浆时由于浆液优势取向作用，张开度比较大的裂隙先受浆，化学浆液在泵压和自身反应形成的膨胀应力作用下将裂隙内充满加固材料。加上加固材料对裂隙面的黏结作用，使周围裂隙面岩体转化为三向应力状态，强化弱面两侧的约束和传力机制，改善岩体的内部应力，使裂隙端部的应力集中大大削弱或消失，从而改变裂隙的破裂机制，岩体强度必将显著增大。对于张开度较小的裂隙，由于粒度和表层效应等原因不能进浆，浆液在把一些较大的裂隙充填满的同时将一些充填不到的封闭裂隙和小裂隙挤压，甚至使其闭合，从而对岩体整体起到压密作用，提高围岩的弹性模量、强度和密实度。

浆液在泵压、自身膨胀压力以及微裂隙的吸渗作用下，挤压或透到岩体的裂隙中，反应固结，以固体的形式充填在裂隙中，这些充填的材料在岩体内形成纵横交错的网络状骨架结构。由于化学浆液固结体具有良好的韧性和黏结性，当外载增加时，固结材料发生变形，传递与转移应力，使得荷载主要由强度较高的网络骨架内密实岩块承担，这样围岩的破坏条件由原来的裂隙弱面强度条件向接近完整岩块强度条件转化。当外载超过围岩强度而发生较大变形时，固结材料的网络以其良好的韧性和黏结强度起到骨架作用，限制岩体破坏范围的扩展，可使岩体继续保持较好的完整性，仍具有较高的残余强度和承载能力，从而改善巷道维护状况。

3) 劈裂注浆理论

劈裂注浆理论的基本原理是在钻孔内施加液体压力于岩体中的软弱结构面，当液体压力超过劈裂压力时岩体产生劈裂现象，劈裂面发生在阻力最小的主应力面，如图 4-10 所示。浆液沿原生和次生裂隙流动并形成网状浆脉，通过浆脉挤压岩体和浆脉的骨架作用加固岩体，从而提高岩体强度达到加固岩体的目的。

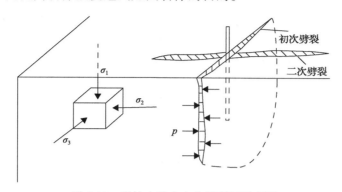

图 4-10　岩体中的应力和劈裂面示意图

　　劈裂注浆的浆液在注浆压力作用下先克服岩层的剪应力和抗拉强度，一方面浆液充填已产生的岩体破碎裂隙，另一方面由于浆液带压产生挤压劈裂作用，使已有微小裂隙的弱面产生较大裂缝，浆液便沿此裂缝渗入和挤密岩体，并在其中产生化学加固作用。

　　一般情况下，完整岩石的抗拉强度在 7MPa 以上，一般岩体内注浆压力不超过 5MPa，完整的岩石很难发生水力劈裂，而以不同形式存在于岩体中的软弱结构面和微小裂隙的强度很低，多数在 2MPa 左右，较小的压力首先从软弱结构面劈裂或使微小裂隙扩张并导致岩层变形。因此，软弱结构面和软弱层的存在控制着劈裂的发生和发展，同时也为劈裂注浆提供了必要条件。

　　劈裂注浆是一个先充填后劈裂的过程，浆液在岩体中的流动分为三个阶段。第一阶段为局部充填阶段，劈裂注浆初期浆液所具有的能量不足以劈裂岩层，浆液主要聚集在注浆孔周边岩体，首先充填周边岩体中存在的孔洞和裂隙，这阶段一般持续时间较短、吃浆量少，而压力增长较快。

　　第二阶段为劈裂充填阶段，随着注浆时间的增长，在周边岩体中的孔洞和裂隙完全被充填后，注浆压力便很快上升，则会出现第一个注浆压力峰值，即起裂压力。当注浆压力大于起裂压力时，浆液在岩层中可能发生一次或多次劈裂现象。劈裂作用一方面会产生新的次生裂隙，另一方面也可能使原生裂隙不断扩展，并在部分区域与次生裂隙沟通。浆液沿次生和原生裂隙流动，并充填其所占据的空间。劈裂充填阶段提高了浆液的可灌性和扩散性，为岩体的整体加固创造了必要条件。

　　第三阶段为充填固结阶段，劈裂充填阶段后注浆压力会继续增大，在更大的压力作用下浆液充满原生裂隙和次生裂隙，并使其与岩体凝固胶结。在达到一定的注浆压力并稳定后，再进行下一段注浆，如此反复进行，直至注浆结束。

4.2.2.2　注浆工艺

注浆工艺主要包括注浆孔布置、注浆管安装、浆液配制、注浆、封孔五个环节。

1）注浆孔布置

注浆孔布置参数包括孔径、孔深、孔间距和孔的排列方式。煤矿井下巷道围岩注浆用的注浆孔多为小直径孔，孔径通常为 12～60mm，可采用普通风钻或小型钻机钻孔。孔深主要根据被加固岩层的松动圈深度而定，一般加固深度与松动圈深度大体相当。松动圈深度可采用声波测试仪在现场测定。如果松动圈深度较深，而围岩较破碎，打深孔较困难，则可采取由浅入深分段打眼、分段注浆固结的方法，每段注浆深度可不超过 2m。

　　注浆孔的布置应使相邻两孔固结浆液的分布在一定程度上相互渗透，且浆液的多余部分能充填固结体之间的空隙。孔的排列方式一般有按行排列及三角形排列两种，如图 4-11 所示。孔间距则应根据每个注浆孔的扩散半径及孔的排列方式而定。当采用按行排列方式时，为满足前述要求至少应使得 $A_1=2A_2$，A_1 为矩形 $ABCD$ 的面积，A_2 为矩形 $ABCD$ 内各注浆孔的注浆扩散面积。

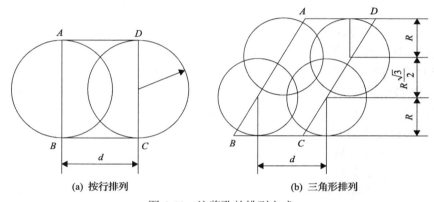

(a) 按行排列　　　　　　　(b) 三角形排列

图 4-11　注浆孔的排列方式

　　R 为每一注浆孔的扩散半径，其大小与岩体的破碎程度、渗透系数、浆液的黏度、可注性和注浆压力等因素有关，可根据实验或现场实测确定。我国煤矿巷道围岩注浆时的 R 值通常为 1～2.5m。设孔间距为 d，则 $A_1=2Rd$，故应有 $2Rd=\pi R^2$，此时，$d=1.57R$；若注浆孔按等边三角形布置，则菱形 $ABCD$ 的面积为

$$A_1 = \left(2R + \frac{\sqrt{3}}{2}d\right)d \tag{4-11}$$

而 $A_2=\pi R^2$，故

$$A_1 = \left(2R + \frac{\sqrt{3}}{2}d\right)d = 2\pi R^2 \tag{4-12}$$

求得 $d=1.77R$。

　　2) 注浆管安装

　　由于煤矿井下围岩加固注浆的注浆压力均不太高，注浆管采用普通钢管即可，管外径可比孔径小 10mm 左右，以利于装管。管的孔底端应呈圆锥形，管壁应钻有放射状径

向小孔，孔径为 4～8mm，以便浆液经小孔进入围岩。注浆管的孔口端至少应留有 100mm 长度的无孔段，管口加工有丝扣，便于安设螺母及阀门。注浆管的固管工作质量好坏是注浆的关键，应先在管口装上阀门，并使管口丝口连接严密，再将注浆管打入孔内，孔口四周用 600# 硅酸盐水泥和 51Be 的水玻璃进行封堵，封孔时必须压紧压实。封孔约 1h 后即可注入清水，关闭阀门，安设压力表试压，以检查封孔质量，发现漏水应及时处理，试压必须将阀门打开。

3）浆液配制

安设搅拌器、注浆泵、浆液混合器及有关管路、阀门、压力表及管接头等。注浆主料可用袋装、灌装或封闭矿车等方式从地面运至注浆站。在注浆站内按设计的配比，将主料与各种添加剂、水经搅拌器搅拌均匀后排入浆池或储浆容器内待用。

4）注浆

注浆时只需开动注浆泵从储浆容器内吸入浆液，加压后经输浆管、注浆管注入围岩中即可。注水泥浆液时一般采用单液泵系统。注水泥水玻璃和化学浆液时需采用双液泵系统，在注浆泵出口管以外，应设一组混合器以保证浆液混合均匀。以围岩加固为目的的围岩注浆，其起始注浆压力一般为 0.8～1MPa，终止注浆的压力为 1.5～2MPa，即可满足要求。以防堵水为主要目的的围岩注浆，其起始注浆压力应与注浆点处的静水压力相当，终止注浆的压力为静水压力的 1.5 倍即可。

5）封孔

注浆封孔是注浆孔最后一段达到注浆结束标准后，采用全孔灌浆封闭法进行封孔。封孔材料可采用水灰比为 0.6∶1 的浓水泥砂浆，封孔压力使用最大灌浆压力，持续时间不小于 30 min。封孔结束后，对空孔段使用浓水泥砂浆回填饱满。

4.2.3 回采巷道超前支护技术

回采工作面及回采巷道的超前支承压力分布如图 4-12、图 4-13 所示。根据极限平衡理论，将工作面前方煤体分为弹性区和塑性区（极限平衡区）两部分，并根据弹塑性力学理论分析。

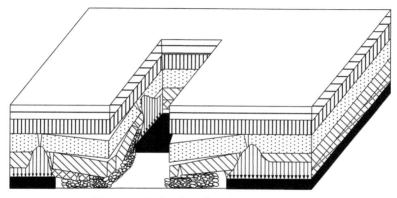

图 4-12　回采工作面附近支承压力分布图

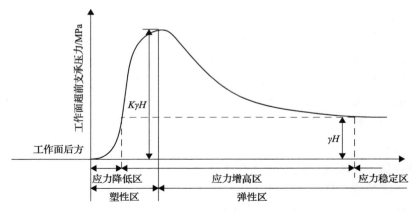

图 4-13　回采巷道超前支承压力分布图

在工作面前方一定范围内，存在煤体支撑能力与支承压力的极限平衡状态。在该极限平衡区内的任意位置 x 处取一单元体，可建立以下平衡方程：

$$m\sigma_x + 2f\sigma_y \mathrm{d}x - m\left(\sigma_x + \mathrm{d}\sigma_y\right) \tag{4-13}$$

式中，m 为采高，m；f 为层间摩擦因数；σ_x 为单元体水平应力，MPa；σ_y 为单元体垂直应力，MPa。

可以近似认为 σ_y 和 σ_x 分别为最大和最小主应力，根据莫尔-库仑强度准则，有

$$\sigma_y = 2c\sqrt{\frac{1+\sin\varphi}{1-\sin\varphi}} + \frac{1+\sin\varphi}{1-\sin\varphi}\sigma_x \tag{4-14}$$

式中，c 为煤体黏聚力，MPa；φ 为煤体内摩擦角，(°)。

令

$$\begin{cases} R_1 = 2c\sqrt{\dfrac{1+\sin\varphi}{1-\sin\varphi}} \\[3mm] R_2 = \dfrac{1+\sin\varphi}{1-\sin\varphi} \end{cases} \tag{4-15}$$

则有

$$\begin{cases} \sigma_y = R_1 + R_2\sigma_x \\ \mathrm{d}\sigma_y = R_2\mathrm{d}\sigma_x \end{cases} \tag{4-16}$$

联立式(4-13)、式(4-16)可得

$$\sigma_y = A\mathrm{e}^{\frac{2xfR_2}{m}} \tag{4-17}$$

式中，A 为积分常数，当 $x=0$ 时，煤壁的支撑能力为 N_0，则有 $A=N_0$，即

$$\sigma_y = N_0 \mathrm{e}^{\frac{2xfR_2}{m}}, \quad N_0 \leqslant \sigma_y \leqslant \sigma_{\max} \tag{4-18}$$

塑性区内的煤壁支撑力即煤壁残余抗压强度 N_0：

$$N_0 = \tau_0 \cot\varphi \frac{1+\sin\varphi}{1-\sin\varphi} \tag{4-19}$$

式中，τ_0 为剪应力，MPa。

一般来说，工作面超前支承应力峰值为

$$\sigma_{y\max} = K\gamma H \tag{4-20}$$

式中，K 为煤壁前方煤层上的最大应力集中系数；γ 为上覆岩层的平均容重，kN/m^3；H 为煤层的埋藏深度，m。

认为 $x=x_1$ 处，$\sigma_y = \gamma H$，分别在 $\sigma_y = K\gamma H$ 和 $\sigma_y = \gamma H$ 处求解 x，则有

$$x_0 = \frac{M}{2fR_2} \ln \frac{K\gamma H}{N_0} \tag{4-21}$$

$$x_1 = \frac{M}{2fR_2} \ln \frac{\gamma H}{N_0} \tag{4-22}$$

进一步，可得工作面超前支承压力峰值位于工作面前方 x_0 处：

$$x_0 = \frac{m}{2f}\left(\frac{1+\sin\varphi}{1-\sin\varphi}\right)\ln\left[\frac{\sigma_{y\max}}{\tau_0 \cot\varphi}\left(\frac{1-\sin\varphi}{1+\sin\varphi}\right)\right] \tag{4-23}$$

目前回采巷道的超前支护形式主要有单体液压支柱、超前液压支架和注浆锚索等。

1）单体液压支柱

单体液压支柱受力介质包括柱体和内部液压悬浮力，在外在压力的作用下缸体内部液体压力增减产生工作阻力来实现支柱的伸缩。单体液压支柱根据液压油的注入方式可划分为内注式和外注式两种，其中内注式因存在结构复杂、生产成本较高、初撑力较小等缺点而逐渐被淘汰，目前使用较多的单体液压支柱均为外注式。利用单体液压支柱进行超前支护如图 4-14 所示。

单体液压支柱作为体积较小的环保型超前支护设备，具有重量小、成本低、使用及维护简便等优点，使其在全国被快速推广应用。随着应用范围及对象日渐广泛，其使用期间的局限性逐渐显现，主要表现如下。

(1)支护强度低。在矿压显现较为剧烈的回采巷道超前区域，单体液压支柱配合铰接顶梁的超前支护形式已无法实现对围岩稳定性控制，巷道顶底板及两帮依旧存在较大变形，且单体液压支柱易出现钻底的现象，其回撤难度大幅度增加。

(2)支护效率低。采用单体液压支柱进行回采巷道超前支护时，单体液压支柱的搬移

及布设均需人为操作，效率低的同时增大了作业人员的劳动强度，且作业积极性受到一定程度的打击。

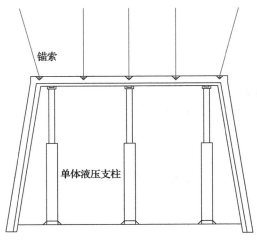

图 4-14　单体液压支柱超前支护断面图

（3）成本高，安全性差。当矿压显现剧烈、单体液压支柱的支护强度无法支撑顶板时，易造成单体液压支柱损坏，同时对作业人员安全构成一定威胁。

2）超前液压支架

随着采煤工作面机械化、自动化程度的提高，采用单体液压支柱进行超前支护严重制约工作面的安全高效生产。在国内众多专家学者的持续攻关下，研制出了适用于回采巷道超前支护的超前液压支架，很好地克服了单体液压支柱的各类缺点，提高了工作面两巷超前段的稳定性，同时提高了工作面的开采效率。目前常用的超前液压支架形式有两种，根据两者运移形式可将其分为交替迈步式自移支架和整体自移式支架，其中前者应用范围更广。超前液压支架相较于单体液压支柱具有以下优势。

（1）提高了超前支护的安全性。超前液压支架的顶梁及底座面积大，支护工作阻力及强度大，在矿压显现明显的矿井中依旧可有效控制回采巷道的围岩稳定性。

（2）降低了作业人员的劳动强度。超前液压支架采用自移式搬移，无须人工进行搬运，实现了回采巷道超前支护的机械自动化。

（3）提升了工作面开采效率。相较于单体液压支柱超前支护技术，超前液压支架实现了降架、移架、升架自动化，移架速度大幅度提升，减小了超前支护段设备搬移对工作面开采的影响，提升了开采效率。

但随着应用范围逐渐增加，超前液压支架的缺点逐渐显现出来。

（1）反复支撑顶板，破坏围岩与锚杆索支护系统。超前液压支架移架期间，需将整体进行运移，此时顶板在降架时卸压，待支架运移完成，升架时再次对顶板进行加压，在高频率反复加卸压的情况下，将造成顶板围岩破碎程度加剧，原有锚杆索支护系统失效。

（2）前期投资及后期维护成本高。超前液压支架的研制很大一部分借鉴了工作面液压支架，制造成本较高，在现场应用期间出现损坏维护难度及成本也较高。

因此目前许多煤矿回采巷道的超前支护主要支护形式依旧为传统的单体液压支柱配合铰接顶梁。

3）注浆锚索

针对当前超前支护面临劳动强度大、支护效率低、安全性差等问题，我国专家学者基于巷道顶板围岩裂隙发育与矿压规律实测，通过对工作面两巷超前段"主动支护"强度进行校核计算，提出了采煤工作面超前支护段采用注浆锚索替代单体液压支柱及其超前支护形式。

新支护形式有利于围岩形成稳定的内部承载结构，充分发挥围岩自承载能力，达到改善围岩受力状态，维护巷道围岩稳定的目的。其中，注浆锚索超前支护技术集锚索支护加固技术和注浆支护加固技术于一身，不仅具有锚索锚固深度大、承载能力高、可施加较大预紧力等特点，同时通过注浆技术使得工作面超前段围岩结构及性质得到改善，实现围岩整体性及顶板自承力的提高。

根据"主动式超前支护"理念，以两侧实体煤巷道为例，建立超前支护力学模型，首先对锚杆支护强度进行计算，可依据巷道工程地质条件及支护参数，通过锚杆(索)型号确定拉断荷载为 F，锚杆(索)支护密度为 p：

$$p = \frac{n}{m(a/b)} \tag{4-24}$$

式中，m 为锚杆(索)排距，m；a/b 为巷道宽度/高度，m；n 为每排锚杆(索)数量。

锚杆(索)支护强度为 $P=Fp$。

由此依次获得顶板锚杆支护强度 P_1，顶板锚索支护强度 P_2，帮部锚杆支护强度 P_1。

建立两侧实体煤巷道支护模型如图 4-15 所示。

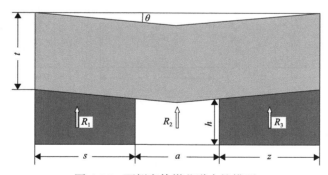

图 4-15　两侧实体煤巷道支护模型

图 4-15 中，巷道顶板由于(注浆)锚索的约束作用，简化为一层顶板，a 为巷道宽度，s 为工作面侧宽度，z 为非工作面侧宽度，h 为巷道高度，t 为顶板厚度，R_1，R_2，R_3 分别为工作面侧、人工支护和非工作面侧提供的支承力。

由于矩形巷道多为对称支护，为了获得两帮煤体对顶板的支承荷载，忽略巷道两帮超前支承应力分布的不均匀性对巷道围岩变形的影响，假设巷道围岩受力关于巷道中心线对称，巷道两侧煤帮宽度相当，即 $s=z$。

（1）岩层回转角的确定。基于受力平衡关系，且不考虑岩块之间的胶结关系，可建立围岩变形预计模型如图 4-16 所示。由力学模型可知：$d_1=d_3$。

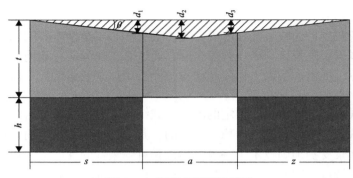

图 4-16　围岩变形预计模型

假定巷道围岩变形来自煤层与直接顶厚度变化及扩容，如图 4-17 所示，则

$$\begin{cases} S_d = kS_a = kS_c = S_f \\ S_c = kS_b \end{cases} \tag{4-25}$$

式中，k 为扩容系数，取 $k=1.3$。

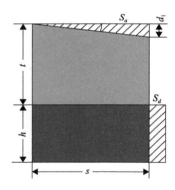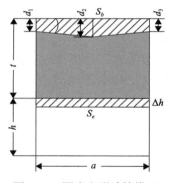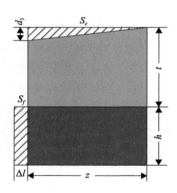

图 4-17　围岩变形计算模型

根据几何关系，联立可得

$$\begin{cases} \Delta l = \dfrac{s^2 k \tan\theta}{2h} \\ \Delta h = \dfrac{(4s+a)k\tan\theta}{4} \end{cases} \tag{4-26}$$

巷道顶板采用注浆锚索支护，所以

$$\begin{cases} \Delta l \leqslant k_{\text{延-锚杆}}s \\ \Delta h \leqslant k_{\text{延-锚索}}t \end{cases} \tag{4-27}$$

式中，$k_{延-锚杆}$ 为螺纹钢锚杆最大延伸率，取 15%；$k_{延-锚索}$ 为注浆锚索最大延伸率，取 0.05%。

由此可求得岩层回转角 θ。

（2）帮部支承力计算。由于基本顶和直接顶的刚度大于煤体的刚度，因此认为实体帮上边界为施加给定变形的边界及下边界固定边界，实体帮左边界为固定边界；实体帮采用锚网带支护，作用于实体帮的支护阻力为 P_3。建立实体煤帮力学模型如图 4-18 所示。

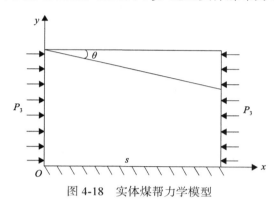

图 4-18 实体煤帮力学模型

同理，根据弹性力学煤柱上任一点的垂直应力分布公式，有

$$\sigma_y = \frac{E}{1+\mu}\left[\frac{\mu}{1-2\mu}\left(\frac{A_1}{h}y - \frac{\tan\theta}{h}x + \frac{B_1}{sh}x - \frac{2B_1}{sh^2}xy\right) - \frac{\tan\theta}{h}x + \frac{B_1}{h}x - \frac{2B_1}{h^2}xy\right] \quad (4\text{-}28)$$

结合该问题的边界条件，将巷道支护参数 A_1、B_1 代入式（4-28），则煤柱的支承力 R_1、R_2 为

$$R_1 = R_2 = \bar{\sigma}_p z = z\left(\sigma_{y|x=0,y=h} + \sigma_{y|x=z,y=h}\right)/2 \quad (4\text{-}29)$$

假设工作面顶板所受荷载 q 均来自工作面顶板自重，可得

$$q = K\gamma gh \quad (4\text{-}30)$$

式中，h 为开采高度，m；γ 为巷道顶板平均容重，kN/m；g 为重力加速度，m/s^2；K 为采动影响系数。

则巷道超前支承力 Q 应为

$$Q = q(s + a + z) \quad (4\text{-}31)$$

考虑一定安全系数，取合理的顶板（注浆）锚索支护 $Q_{超前} \geqslant Q_r$：

$$Q_r = 1.1\left[Q - \left(R_1 + R_2 + Q_{锚}\right)\right] \quad (4\text{-}32)$$

式中，$Q_{锚}$ 为锚杆（索）支护力。

基于回采工作面超前支承压力影响区域主动式支护技术思路，建立实体煤巷道超前支护围岩稳定性控制力学模型，为主动式超前支护技术提供理论支撑。

所建立的注浆锚索超前支护体系相对于传统超前支护体系具有以下优点。

（1）主动支护围岩，改善受力环境。单体液压支柱支护是靠支护体本身的强度来支撑顶板及围岩，属于被动支护。注浆锚索超前支护具有锚索支护与注浆加固相结合的双重作用，实现了被动支护向主动支护的转换，可将直接顶牢固固定在基本顶岩层，使二者同步运动，从而避免因产生离层而造成冲击。

（2）提高围岩自身强度，支护结构适应性强。注浆锚索超前支护利用高强注浆浆液封堵围岩内部裂隙，将松散破碎的围岩胶结成整体，提高了围岩自身强度。另外注浆后围岩将形成组合拱结构，增大了支护结构面积，围岩上部的岩体作用在支护结构上的荷载随之减少，提高了支护结构的承载能力，增强了支护结构的适应性。

（3）改善工人作业环境，减小劳动强度。回采巷道超前支护段布置补强注浆锚索，去掉单体液压支柱、液压支架，不仅有利于节省人力物力，降低劳动强度，而且有效改善了支护作业环境，增加作业空间，加快了工作面回采速度。

（4）增加有效通风面积，避免瓦斯聚集。回采巷道超前支护段布置补强注浆锚索，去掉单体液压支柱、液压支架，增大了有效通风面积，尤其针对高瓦斯矿井，可有效避免工作面瓦斯聚集，有利于高瓦斯矿井安全生产。

4.3　无煤柱护巷技术

4.3.1　工作面侧向顶板运动规律

4.3.1.1　采煤工作面顶板分类

采场顶板岩梁运动特征决定了沿空巷道安全支护控制设计，而顶板分类特征与顶板岩梁运动特征密切相关。《缓倾斜煤层采煤工作面顶板分类》（MT 554—1996）中直接顶分类的基本指标采用平均直接顶初次垮落距 L_z，同时综合考虑直接顶单轴抗压强度、分层厚度、节理裂隙间距及顶板岩梁的抗弯能力，将采煤工作面直接顶分为四类，见表 4-3；基本顶分级指标采用初次来压当量 p_c，其值由基本顶初次来压步距、直接顶充填系数与采高确定，将采煤工作面基本顶分为四级，见表 4-4。

此外，有学者在分析影响工作面顶板稳定性的岩石介质条件、环境条件及工程三方面影响因素基础上，提出了基于岩石单轴抗压强度、岩石质量指标、煤体抗压强度、地下水状况及工作面月推进速度五个指标的顶板稳定性动态分类方法，该方法采用神经网

表 4-3　直接顶分类表

直接顶类别			平均直接顶初次垮落距/m	岩性
I	不稳定	I a	$L_z \leqslant 4$	泥岩、泥页岩，节理裂隙发育或松软
		I b	$4 < L_z \leqslant 8$	泥岩、炭质泥岩，节理裂隙较发育
II	中等稳定		$8 < L_z \leqslant 18$	致密泥岩、粉砂岩、砂质泥岩，节理裂隙不发育
III	稳定		$18 < L_z \leqslant 28$	砂岩、灰岩，节理裂隙很少致密
IV	非常稳定		$L_z > 28$	砂岩、灰岩，节理裂隙极少

表 4-4 基本顶分类表

基本顶类别		初次来压当量 p_c/(kN/m²)	岩性
I	不明显	$p_c \leqslant 895$	一般砂页岩
II	明显	$895 < p_c \leqslant 975$	层理不发育的砂岩及小厚度砂岩
III	强烈	$975 < p_c \leqslant 1075$	4～5m 的细粒及中粒砂岩
IV	非常强烈 IV a	$1075 < p_c \leqslant 1145$	厚度 >10m 的砂岩
	IV b	$p_c > 1145$	高强砂岩

络,以回采过程中顶板事故影响生产的时间为主要判据将顶板分为不稳定顶板(Ⅰ类,每月累计影响多于 240h)、中等稳定顶板(Ⅱ类,每月累计影响 60～240h)、稳定顶板(Ⅰ类,每月累计影响 15～60h)、极稳定顶板(Ⅳ类,每月累计影响少于 15h)。还有学者基于大倾角煤层开采方法和矿压研究,建立了一套用于大倾角薄及中厚煤层采面顶板分类的"五类四级"分类方案。其中,直接顶按其岩层从暴露到支护以及放顶冒落过程中的完整稳定程度,以初次垮落步距及综合稳定性指数为基本指标,以放顶有效冒采比为参考指标,将其划分为极不稳定(Ⅰ)、不稳定(Ⅰ)、中等稳定(Ⅱ)、稳定(Ⅴ)、极稳定(Ⅴ)五类;基本顶分级采用周期来压步距和采面冒矸充填度两个指标,将其分为不明显、明显、较强烈和强烈四级。

4.3.1.2 采场顶板岩梁破断结构

由于采煤工作面的长度远大于基本顶厚度,可将基本顶岩梁假设为薄板。对于首个采煤工作面而言,其四周均为实体煤,基本顶的边界条件为四边固支结构。随着长壁采煤工作面自开切眼推进,基本顶的悬顶距离越来越大,弯矩相应增大,当基本顶岩层达到强度极限时,将形成断裂。

采煤工作面自开切眼推进一个初次来压步距时,基本顶产生 O 型断裂,如图 4-19(a)所示。首先采空区基本顶按断裂线 1、2 顺序破断,然后基本顶在短边形成断裂线 3,并与断裂线 2 贯通,至此基本顶 O 型断裂线形成,最后基本顶岩层沿断裂线 2、3 回转形成断裂线 4。至此,基本顶内出现 4 个结构块 Ⅰ、Ⅱ,形成外部 O 型内部 X 型的结构。此

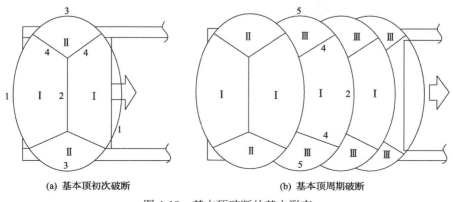

(a) 基本顶初次破断 (b) 基本顶周期破断

图 4-19 基本顶破断的基本形态

后，基本顶形成三边固支一边简支的薄板，工作面再推进一个周期来压步距时，基本顶将再次发生破断，长边形成断裂线 2，短边形成断裂线 5、4，出现新的结构块 I。而后，随工作面继续推进，基本顶将发生周期性破断，依次出现断裂线 2、5、4，基本顶绕周边断裂线回转形成周期性顶板垮落，如图 4-19(b) 所示。

由图 4-19(b) 可以发现：基本顶垮落时，在工作面上下端头区域有一定范围的块体 (II、III块体) 随着工作面推进会发生周期性破断、回转、下沉，但不会垮落，该结构为弧三角块结构。工作面侧向基本顶形成弧三角板块结构，其下方的岩层和工作空间可以得到该结构的保护，维护条件比中部好，且基本顶下沉量小，但该处直接顶因采动影响，促使直接顶提前加剧破裂，与基本顶间发生离层，尤其在工作面侧向区域进行支护交替作业时，此松动煤岩体可能冒落，造成冒顶事故。

4.3.1.3 采场顶板岩梁侧向运动过程

顶板岩梁运动特征决定了沿空留巷巷旁支护形式的选择，与沿空留巷成功与否密切相关。由矿山压力理论的相关研究可知，以顶板岩梁断裂位置深入实体煤内部为例 (图 4-20)，顶板岩梁弯沉过程主要分为三个阶段。

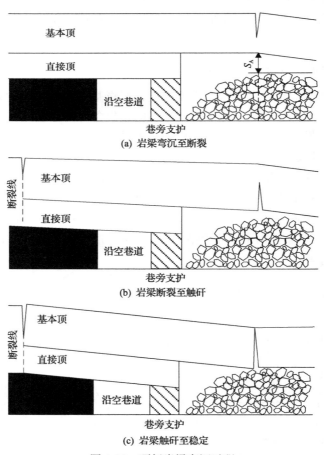

图 4-20 顶板岩梁弯沉过程

（1）顶板岩梁开始缓慢弯沉至断裂阶段，如图 4-20（a）所示。随着采空区中部岩梁下沉断裂，实体煤侧顶板岩梁开始缓慢下沉，直至在实体煤内部或其边缘发生断裂。由于受到顶板岩梁特征影响，此时岩梁断裂时弯曲下沉量较小。

（2）顶板岩梁断裂后快速下沉至触矸阶段，如图 4-20（b）所示。顶板岩梁断裂后，整个岩梁在自身重力及实体煤共同作用下，以实体煤侧岩梁断裂位置为中心快速弯曲沉降，在此过程中由于约束作用不足，岩梁始终处于剧烈沉降运动状态，容易产生动压冲击。

（3）顶板岩梁触矸至稳定阶段，如图 4-20（c）所示。在此阶段内，随着矸石压缩量的增加，采空区矸石对顶板岩梁作用力增大，顶板岩梁下沉速度降低，降低幅度呈非线性减小，直至顶板稳定，此时矸石处于密实状态。

4.3.1.4　采场顶板岩梁侧向断裂位置

1）顶板弹塑性屈服状态结构模型

基本顶岩梁断裂步距与岩梁断裂位置密切相关，要想得到基本顶岩梁断裂位置，可通过理论解析得到基本顶岩梁断裂位置反演获取。

随着工作面推进，顶板沿 x 轴方向长度不断增大，当达到跨度 L_0 时，在自重及上部覆岩随之运动的重量形成的均布荷载 p 作用下产生屈服。对于一定几何尺寸的板，屈服时会有相对应的屈服线图形及极限荷载，而极限荷载最小时对应的屈服线图形将是最佳破坏图形。由此，通过极限荷载的最小值分析可确定最佳屈服线图形，并继而求得侧向断裂步距 L_c。

研究表明，采用"板"模型代替"梁"模型，不仅可有效获得更为可靠的破断步距，而且有利于揭示顶板破断结构形成的力学机理。在工作面初采阶段，可以把顶板视为四边嵌固的板，长边为工作面斜长 $L_{斜}$，短边为初次破断步距 L_0。按照刚塑性理论，在上部均布荷载 p 作用下，其将形成破断结构，如图 4-21 所示。

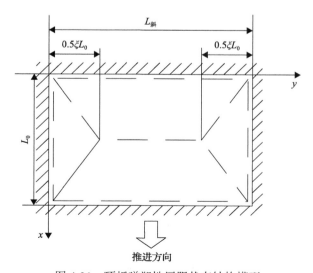

图 4-21　顶板弹塑性屈服状态结构模型

由于顶板结构在破坏前存在弹性变形和塑性变形，因此，顶板屈服线形成以后，可以认为弹性位移和塑性位移与屈服线的出现是同时的，而且当结构体系即将流动时位移不大，利用虚位移原理可以视弹性位移为附加项进行分析，进而求出弹塑性上限解。

2）刚塑性结构模型的上限解

对于理想的刚塑性材料，可以利用外力功等于内力功（塑性功）的方法求得相应设定的塑性机构的极限荷载 p，且求得的 p 越小，越接近真实的极限荷载 p_S，这表示结构模型的解是上限，即 $p = p_S$，由此求得极限荷载的解称为上限解。

对于图 4-21 所示的结构模型，由于虚位移 δW 的作用，外力功为

$$W_c = \int_S p\delta W \mathrm{d}A = p\int_S \delta W \mathrm{d}s \tag{4-33}$$

相应的内力功为

$$W_i = \sum M_i \theta_i = M_S \sum \theta_i \tag{4-34}$$

式中，δW 为板内各点的虚位移；p 为板的均布荷载，N/m；θ_i 为屈服线连接的板块之间的虚角位移；S 为屈服线的总长度，m；M_S 为屈服线上的极限弯矩，N·m；M_i 为屈服线连接板块的虚拟弯矩，N·m。

由 $W_c = W_i$ 得

$$p = 4M_S\left(\frac{L_{\text{斜}}}{L_0} + \frac{1}{\xi}\right)\bigg/\left(\frac{L_0 L_{\text{斜}}}{2} - \frac{\xi L_0^2}{6}\right) \tag{4-35}$$

由 $\dfrac{\mathrm{d}p}{\mathrm{d}\xi} = 0$ 求得最佳破坏图形参数 ξ_0 为

$$\xi_0 = \sqrt{3 + \left(\frac{L_0}{L_{\text{斜}}}\right)^2} - \frac{L_0}{L_{\text{斜}}} \tag{4-36}$$

由此可得极限均布荷载上限解最低值 p^* 为

$$p^* = \frac{24M_S L_{\text{斜}}^2}{L_0^2\left(\sqrt{3L_{\text{斜}}^2 + L_0^2} - L_0^2\right)} \tag{4-37}$$

3）弹塑性结构模型的上限解

当板的中心作用单位虚位移，外力功为

$$W_c = \eta_p p\left[\frac{L_0^2 \xi}{3} + \frac{L_{\text{斜}} - \xi L_0}{2} L_0\right] \tag{4-38}$$

式中，η_p 为极限承载能力的破坏荷载系数；$\eta_p p$ 为上限解极限荷载，N/m。

相应的内力功为

$$W_i = 4M_S \left(\frac{L_{斜}}{L_0} + \frac{1}{\xi} \right) \tag{4-39}$$

式中，ξ 为侧斜屈服断裂线结构尺寸系数。

考虑塑性位移在内，则相应的虚位移为

$$\delta W = 1 + k\lambda\omega$$

式中，k 为抛物线与三角形变位场的图形比例系数（在顶板破坏变形时，其形状视为抛物线），对于平板而言 k 取 3/4；λ 为弹塑性相关系数。

因此，在此种情形下，外力功可为

$$W_c = (1 + k\lambda\omega) \left(\frac{L_0^2 \xi}{3} + \frac{L_{斜} - \xi L_0}{2} L_0 \right) \tag{4-40}$$

式中，$\lambda\omega$ 为弹塑性相应位移。

由式（4-38）与式（4-40）比较得

$$\frac{\eta}{\eta_p} = \frac{1}{1 + k\lambda\omega} \tag{4-41}$$

式中，η 为实际极限荷载承载能力系数。

式（4-41）中，虚位移附加项 $k\lambda\omega$ 作为简单的数字，设 $\alpha = k\lambda\omega$，并将 α 设为附加虚位移常数，有 $0 \leqslant \alpha < 1$，则

$$\eta = \frac{\eta_p}{1 + \alpha} \tag{4-42}$$

故弹塑性屈服状态结构模型的上限解为

$$p_S^* = \frac{1}{1 + \alpha} \cdot \frac{24 M_S L_{斜}^2}{L_0^2 \left(\sqrt{3L_{斜}^2 + L_0^2} - L_0^2 \right)} \tag{4-43}$$

由于顶板实际承受均布荷载 p 的作用，因此令 $p_S^* = p$，即可求得顶板的断裂步距 L_0。由式（4-35）、式（4-42）及 $M_S = \frac{1}{6}\sigma_S m_0^2$ 得

$$L_0 = \frac{\beta}{\sqrt{3 - 2\beta \frac{1}{L_{斜}}}} \tag{4-44}$$

$$\beta = \sqrt{\frac{4\sigma_S m_0^2}{(1+a)\left(m_0 + \sum m_i\right)\rho}} \tag{4-45}$$

式中，m_0 为顶板的抗屈服厚度，m；σ_S 为顶板的单向抗拉强度，MPa；$\sum m_i$ 为顶板上部软层荷载厚度，m；ρ 为顶板的平均密度，kg/m³；a 为修正系数，大量实测反演表明 a 为 0.3 左右。

由图 4-21 及式(4-44)，求得侧向顶板断裂步距为

$$L_{c1} = \frac{1}{2}\xi_0 L_0 = \frac{1}{2}\left(\sqrt{\left(\frac{L_0}{L_{\text{斜}}}\right)^2 + 3} - \frac{L_0}{L_{\text{斜}}}\right) - \frac{\beta}{\sqrt{3 - 2\beta\frac{1}{L_{\text{斜}}}}} \tag{4-46}$$

4.3.2　沿空掘巷开掘的位置和时间

由于工作面两侧煤体上支承压力的分布是不断发展变化的，巷道开掘的位置和时间决定了其受支承压力作用和顶板活动影响的程度和过程，所以，正确选择巷道开掘的位置和时间可以从根本上改善巷道维护情况，是巷道矿压控制设计的首要任务。通常是在研究支承压力分布及其显现随上覆岩层运动而变化的规律基础上，通过实测确定具体采场的支承压力分布特征，特别是低应力区的范围和稳定时间，从而确定巷道开掘的合理位置和时间，使其避开高应力区的高应力作用，最大限度地减轻支承压力集中的影响。

煤体处于弹性状态与塑性状态下的支承压力分布和岩层运动的发展规律不同，其巷道开掘的合理位置和时间也是不同的。

在上区段工作面回采后，采空区上覆岩层垮落，基本顶形成"O—X"型破坏。随着工作面推进，基本顶周期性破断，破断后的岩块沿工作面走向方向形成砌体梁结构，在工作面端头破断形成弧形三角块，如图 4-22 所示。基本顶岩层在直接顶岩层垮落后，一般在煤体内断裂、回转或弯曲下沉，在采空区内形成岩层承载结构。沿工作面倾向，岩块 A、岩块 B、岩块 C 组成铰接结构，该结构稳定性取决于采空区的充填程度和基本顶岩层的断裂参数。采空区上覆岩层移动稳定后，沿空巷道位居岩块 B 的下方。岩体 A 为本区段工作面基本顶岩层，岩块 B 为上区段工作面采空区靠煤体一侧的弧形三角块，岩块 C 为上区段工作面采空区垮落矸石上的断裂岩块。岩块 B 对沿空巷道上覆岩层结构的稳定起重要作用，对弧形三角块结构稳定性进行力学分析，揭示基本顶三角块结构稳定状态与沿空巷道稳定状态的关系，对合理确定沿空巷道位置及支护参数具有重要意义。

4.3.2.1　煤体边缘处于弹性变形状态

1) 沿空留巷方案

图 4-23 表示煤体边缘处于弹性变形状态下支承压力分布和沿空留巷的围岩变形状况。其特点是：基本顶在煤体边缘裂断；由基本顶回转下沉造成的顶板下沉量小；煤体边缘处于弹性变形状态，由煤体变形引起的巷道顶板下沉量小、帮压小，支承压力高峰

在煤体边缘，巷道底臌量小。因此，在无内应力场条件下沿空留巷维护一般是比较容易的，特别是在有相适应的支护手段时，应积极采用沿空留巷。

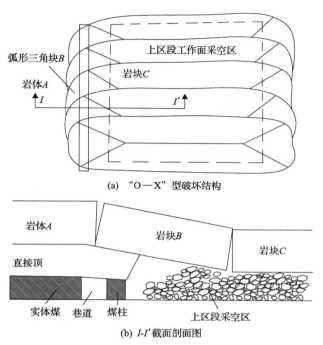

图 4-22　采空区上覆岩层结构示意图

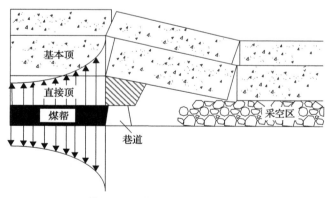

图 4-23　煤体边缘处于弹性变形状态条件下留巷的围岩状况

2) 沿空掘巷方案

在煤体边缘处于弹性变形状态条件下，工作面两侧煤体上的支承压力分布如图 4-24 所示，上区段工作面后方支承压力高峰在煤体边缘，下区段工作面前方叠加支承压力高峰仍在煤体边缘或进入煤体内部。

在煤体边缘处于弹性变形状态条件下有三种可能的掘巷位置：沿空掘巷（位置 1）、留小煤柱掘巷（位置 2）、留大煤柱掘巷（位置 3）。实践表明，基本顶触矸后沿空掘巷是比

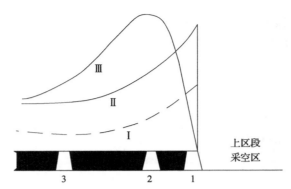

Ⅰ-上区段工作面后方侧向煤体上支承压力分布
Ⅱ-下区段工作面推进时叠加支承压力分布(高峰在煤体边缘)
Ⅲ-下区段工作面推进时叠加支承压力分布(高峰进入煤体内部)

图 4-24　煤体边缘处于弹性变形状态条件下两侧煤体上支承压力分布

较合理的。因为煤体边缘处于弹性变形状态，故掘巷引起的围岩变形较小。当受本工作面回采影响时，如果煤体边缘由于叠加支承压力的作用进入塑性破坏状态，巷道围岩变形量会急剧增加，且支承压力高峰要向煤体内部转移，位置 2 的巷道将处于叠加支承压力峰值区内，受到叠加压力高峰影响，巷道围岩同样会进入塑性破坏状态(巷道两帮煤体处于单向受压状态)，而且小煤柱可能失去稳定性，因此巷道 2 的围岩变形也会急剧增加。如果叠加支承压力峰值不足以使煤体边缘发生塑性破坏，则位置 1 的变形量不大，不必在位置 2 掘巷。图中 1、2 的巷道围岩变形主要是由本工作面回采时叠加支承压力引起的，且位置 1 优于位置 2。

　　巷道位置 3 在原始应力区中，只受超前支承压力作用，巷道围岩变形量最小。但煤柱损失大，且给下部煤层开采带来不利影响，尤其是深部开采和开采有冲击倾向性煤层时更加不利。沿空掘巷如在基本顶触矸前掘出，则巷道将由于基本顶回转来压而产生很大的顶板下沉，如图 4-25(a)所示；在基本顶岩梁触矸后掘巷，则不受顶板显著运动的影响，如图 4-25(b)所示。

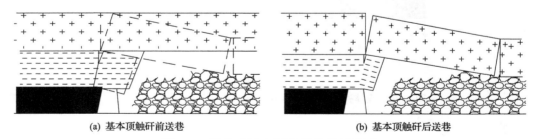

(a) 基本顶触矸前送巷　　　　　　　　　　　(b) 基本顶触矸后送巷

图 4-25　送巷时间对巷道顶板下沉的影响

　　综上所述，煤体边缘处于弹性变形状态条件下应在基本顶触矸后沿空掘巷。

3)沿空掘巷的矿压显现规律
①沿空巷道的围岩应力和围岩变形
沿空掘巷之前，岩层运动已经稳定在采空区附近，处于极限平衡状态下煤体的残余

支承压力分布如图 4-26 中曲线 1 所示，沿空掘巷破坏了原有平衡，在巷道边缘的煤体会出现新的破裂区、塑性区，支承压力向煤体深部移动，如图 4-26 中曲线 2 所示。移动距离近似等于煤柱宽度，应力场扰动不大，一般经过 10d 左右变形速度趋向稳定。巷道受到本区段工作面回采影响后，处于支承压力的重叠区内，围岩变形会显著增长，通常巷道维护不太困难。

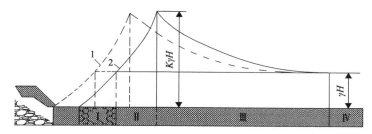

图 4-26　沿空掘巷引起煤帮应力重新分布

1-掘巷前的应力分布；2-掘巷后的应力分布；

Ⅰ-破裂区；Ⅱ-塑性区；Ⅲ-弹性应力增高部分；Ⅳ-原岩应力区

②窄煤柱巷道的围岩应力和围岩变形

窄煤柱巷道是指巷道与采空区之间保留 5～8m 宽煤柱的巷道。巷道掘进前，采空区附近沿倾斜方向煤体内应力分布如图 4-27 中曲线 1 所示。窄煤柱巷道掘进位置一般刚好处于残余的支承压力峰值下。巷道掘进后窄煤柱遭到破坏而卸载，引起煤柱向巷道方向强烈移动。巷道另一侧的煤体，由原来承受高压的弹性区，形变为破裂区、塑性区；随着支承压力向煤体深处转移，煤体也向巷道方向显著位移，最终应力分布状态如图 4-27 中曲线 2 所示。窄煤柱巷道在掘巷期间围岩会产生强烈变形，巷道围岩一直保持较大的速度持续变形，顶板强烈下沉和底板鼓起。巷道的压力主要来自窄煤柱一侧，窄煤柱实际上已到严重破坏，不仅对顶板支承作用有限，而且使巷道实际跨度和悬顶距离增加。因此，窄煤柱巷道的围岩变形要比沿空巷道大 1 倍左右。

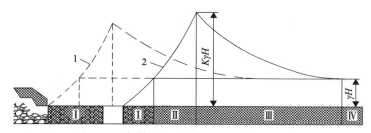

图 4-27　窄煤柱护巷引起煤帮应力重新分布

1-掘巷前的应力分布；2-掘巷后的应力分布；

Ⅰ-破裂区；Ⅱ-塑性区；Ⅲ-弹性应力增高部分；Ⅳ-原岩应力区

4.3.2.2　煤体边缘进入塑性破坏状态

根据理论研究和现场实测结果，工作面后方两侧煤体上支承压力分布随覆岩运动发展的过程如图 4-28 所示，包括四个阶段。图 4-28 还表明，巷道开掘的位置和时间决定着巷道受顶板活动影响和支承压力作用的过程和程度以及巷道变形量和维护状况。

1) 沿空留巷方案

图 4-28(c)表明,由于煤体边缘进入塑性破坏状态,支承压力高峰进入煤体内部,基本顶岩梁从煤体内部断裂,因此,留巷的顶板下沉、底板臌起、两帮移近量都较大。沿空留巷在采空区顶板活动稳定后将长期处于采空区边缘的卸压区,只要巷道支护类型和支护方式得当,即可达到改善巷道维护状况的目的。此外,沿空留巷有以下优点。

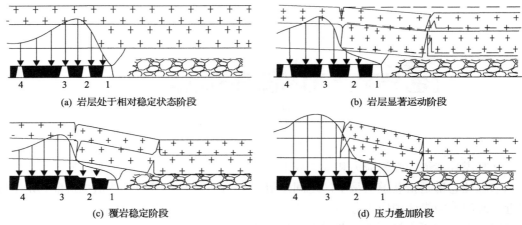

(a) 岩层处于相对稳定状态阶段　　　　　　(b) 岩层显著运动阶段

(c) 覆岩稳定阶段　　　　　　　　　　(d) 压力叠加阶段

图 4-28　巷道受采动影响的过程

(1)与送巷相比可以少掘一条巷道,从而大幅度降低巷道掘进率,减少掘进工程量和掘进费用。

(2)可以避免沿空掘巷需要滞后掘进的缺点,从而保证回采工作在时间、空间上按各区段颠序连续开采,有利于矿井集中生产,改善矿井采掘接替关系。

(3)可以避免因地质变化而造成的停采待掘现象,有利于提高工作面单产。

目前沿空留巷的推广和试验情况:沿空留巷在薄煤层及厚度 2m 以下的中厚煤层中应用效果较好,对支护要求能够基本适应,推广应用面较广;厚度为 2.4~3.0m 的煤层中已获沿空留巷经验;沿空留巷在缓倾斜和急倾斜煤层中都可以应用,但大多数矿井用于倾角小于 20°左右的煤层,当倾角较大时,应采取相应的技术措施防止支架滑倒及窜矸等现象;对中等冒落性和易冒落性顶板都可应用沿空留巷,但要根据具体情况选用不同的支护类型。

在适宜的支护技术水平和地质条件下应大力推广沿空留巷。但应根据围岩性质、煤层厚度、倾角等条件,选择合理的巷内支架和巷旁支护的类型及参数,对巷道进行联合支护。适当加大掘进断面使巷道留有一定的备用收缩量。另外对沿空留巷要尽快加以复用,以改善维护状况,提高技术经济效果。

2) 送巷的位置和时间

图 4-28 为内应力场条件下四种可能的送巷位置:在内应力场中的沿空送巷(位置 1)和小煤柱送巷(位置 2),在外应力场中的煤柱护巷(位置 3)以及原始应力区的大煤柱送巷

方案(位置 4)。由于内应力场中的煤体已发生塑性破坏，处于卸压状态，因此内应力场中掘巷不会引起支承压力分布和围岩力学状态的明显变化。从顶板活动和支承压力分布发展过程来看，基本顶岩梁触矸后(内应力场稳定后)在内应力场中送巷，不仅可以避免由于基本顶显著运动而产生很大的巷道顶板下沉，而且在覆岩稳定和压力叠加过程中内应力场的应力上升较少，巷道受采动影响较小。在位置 3 送巷后，巷道两帮煤体由三向受压状态变成单向受压状态，在支承压力峰值区的作用下，巷道两帮煤体必然要发生塑性破坏，送巷后即产生较大的围岩变形。尤其是受本工作面采动影响时处于支承压力峰值叠加区内，巷道难以维护。在位置 4 送巷仅受超前支承压力作用，维护状况较好，但煤柱损失大。由上述分析，基本顶触矸后在内应力场中巷道位置 1 和位置 2 是合理的。

4.3.3 巷旁支护给定-限定组合力学模型

基于深部沿空巷道覆岩运动特征及围岩控制要求，巷旁支护对顶板"给定变形"和"限定变形"组合支护的思想开始出现，即在顶板运动前期采用"给定变形"工作方案，减缓顶板下沉运动速度，但不减小顶板下沉量，而在顶板运动后期采用"限定变形"工作方案，同时减小顶板下沉运动速度和下沉量。采用这种组合工作方案，可以显著减弱顶板运动前期的较大变形量和变形速度对巷旁支护的破坏作用，有效保护巷旁支护体，并使顶板积聚的大量能量得到一定释放，以让压为主；同时在顶板运动后期主动支撑顶板，避免顶板下沉量过大而发生结构失稳，并保证巷道断面符合运输、通风等要求，以强抵抗为主。

给定变形：在顶板运动前期采用低强度大变形支护手段，减缓顶板下沉运动速度，但不减小顶板下沉量。

限定变形：在顶板运动后期采用高强支护手段主动支撑上覆岩层，同时减小顶板下沉运动速度和下沉量。

以单个基本顶岩梁运动为例，建立深部"让-抗"相济的巷旁支护给定-限定组合力学模型，如图 4-29 所示。基本顶岩梁端部断裂以后，由于顶板岩层已产生明显离层，其

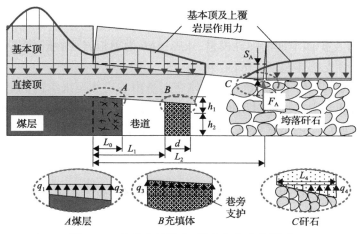

图 4-29 巷旁支护给定-限定组合力学模型

对基本顶岩梁为限制作用,而垂直作用于岩梁的荷载(即上覆岩层加速岩梁沉降作用力)可以忽略不计。在基本顶岩梁沉降过程中,顶板岩梁及直接顶岩层由实体煤帮、巷旁支护体及采空区矸石三部分共同支撑。

1) 实体煤帮

顶板岩梁断裂以后,其弯曲下沉运动过程中实体煤帮一直起到支撑控制作用,根据实体煤帮压缩变形形态将其对顶板作用简化为线性分布状态,岩梁断裂线处及煤壁处的荷载分别为 q_1、q_2,两者均可通过钻孔应力或水力压裂测量获取,由此可求得实体煤对顶板作用力大小 F_1 为

$$F_1 = \frac{1}{2}L_1(q_1 + q_2) \qquad (4\text{-}47)$$

式中,F_1 为实体煤作用力,kN;L_1 为顶板岩梁断裂线距煤壁距离,m;q_1 为断裂线位置单位宽度荷载,kN;q_2 为煤壁处单位宽度荷载,kN。

2) 巷旁支护体

巷旁支护体自构筑完成以后开始作用,顶板运动前期支护体为给定变形工作状态,刚度小且产生较大变形而不破坏,即在顶板岩梁快速弯曲沉降的过程中,通过支护反力作用在一定程度上相对减缓顶板岩梁弯沉运动速率,相对降低了顶板岩梁触矸时的平均速率,尽量避免由顶板岩梁剧烈运动产生的动压冲击;顶板运动后期,巷旁支护体为限定变形工作状态,由于巷旁支护体在顶板运动前期产生了较大变形,其继续变形时具有较大刚度,在顶板岩梁触矸后起关键支撑作用,阻碍顶板下沉变形,实现顶板岩梁的有效控制。因此,巷旁支护体应满足如下要求。

顶板运动前期,即顶板岩梁触矸前阶段,巷旁支护体对顶板作用力 F_2 由充填材料早期特性决定,即

$$F_2 = \int_0^{\Delta h} E_h L_3 \mathrm{d}h \qquad (4\text{-}48)$$

式中,E_h 为巷旁支护体早期的弹性模量,kPa;Δh 为顶板岩梁触矸前巷旁支护体总变形量,m;L_3 为巷旁支护体宽度,m。

由于顶板岩梁的回转下沉,巷旁支护体变形量由巷道侧至采空区侧呈近似线性变化,假设顶板运动后期巷旁支护体对顶板作用为梯形分布荷载,其支护体中间等效荷载强度为 q_3,其大小可通过室内试验获取,则巷旁支护体作用力 F_3 为

$$F_3 = q_3 L_3 \qquad (4\text{-}49)$$

式中,F_3 为巷旁支护体作用力,kN;q_3 为单位宽度支护体荷载,kN/m。

3) 采空区矸石

采空区矸石主要为承载能力较低的松散岩石堆积形成的。顶板岩梁触矸后,采空区矸

石受压产生反力作用，随着岩梁不断下沉，采空区矸石作用范围及作用力不断增大，其等效弹性模量不断变化。在采空区矸石压缩过程中矸石压缩程度可采用等效碎胀系数来表示，即采空区矸石压缩过程为岩石等效碎胀系数不断减小的过程，而一般情况下岩石的碎胀系数为 1.05～1.4。因此，矸石对顶板作用强度可根据矸石等效碎胀系数近似确定。

假设矸石作用力为线性分布状态，触矸点位置处作用力最大且为 q_4，其大小可由室内矸石压缩试验的应力-应变曲线反演获取，采空区矸石作用力大小 F_4 为

$$F_4 = \frac{1}{2} q_4 L_4 \tag{4-50}$$

式中，F_4 为采空区矸石对顶板岩梁作用力，kN；L_4 为单位宽度采空区矸石压缩长度，m；q_4 为最大压缩位置处采空区矸石荷载，kN/m。

根据顶板岩梁运动与采空区矸石压缩关系，假设顶板稳定时，矸石压实为原岩状况，采空区矸石压缩长度 L_4 简化为

$$L_4 = \frac{L_0^2}{\sqrt{L_0^2 + h^2}} \left(1 - \frac{S_A}{h}\right) \tag{4-51}$$

其中，

$$S_A = h - (K_A - 1) m_z$$

式中，L_0 为顶板岩梁长度，m；S_A 为顶板岩梁允许自由沉降值，m；K_A 为直接顶岩层碎胀系数；h 为采高，m。

当采煤工作面采高与顶板岩梁长度比值较小时，式(4-51)可简化为

$$L_4 = L_0 \left(1 - \frac{S_A}{h}\right) \tag{4-52}$$

4) 巷旁充填体强度与宽度要求

假设实体煤内顶板岩层断裂线贯穿直接顶与基本顶岩梁，则整个支护结构由力学平衡条件可知：$\sum F = 0$，即 $F_1 + F_3 + F_4 - F_Z + F_E = 0$。

直接顶的重量 F_Z 为

$$F_Z = \gamma_z m_z (L_1 + L_2 + L_3) \tag{4-53}$$

式中，m_z 为直接顶厚度，m；γ_z 为直接顶岩层容重，kN/m³；L_2 为巷道宽度，m。

基本顶的重量 F_E 为：

$$F_E = \gamma_E m_E L_0 \tag{4-54}$$

式中，m_E 为基本顶厚度，m；γ_E 为基本顶岩层容重，kN/m³。

根据荷载适应性，巷旁充填体作用力 $[F_3]$ 需要满足：

$$[F_3] \geqslant \gamma_z m_z (L_1 + L_2 + L_3) + \gamma_E m_E L_0 - F_1 - F_4 \qquad (4\text{-}55)$$

由上可得充填体强度$[\sigma]$与充填体宽度关系简化为$[\sigma] \cdot L_3 \geqslant F_3$。

上述力学关系充分体现了支护结构所需强度、设计宽度、变形要求等与顶板运动状态之间的关系。

当设计充填体宽度L_3一定时，充填体强度$[\sigma]$要求为

$$[\sigma] \geqslant \frac{\gamma_z m_z (L_1 + L_2 + L_3) + \gamma_E m_E L_0 - F_1 - F_4}{L_3} \qquad (4\text{-}56)$$

当设计充填体强度$[\sigma]$一定时，充填体宽度L_3要求为

$$L_3 \geqslant \frac{\gamma_z m_z (L_1 + L_2 + L_3) + \gamma_E m_E L_0 - F_1 - F_4}{[\sigma]} \qquad (4\text{-}57)$$

4.3.4 不同围岩条件沿空巷道支护技术

从20世纪50年代开始，国内外开展了无煤柱护巷技术的试验研究，主要包括沿空留巷和沿空掘巷。沿空留巷在上区段工作面回采的同时构筑，受采空区岩层剧烈活动的影响，巷道顶底板及两帮变形剧烈，维护困难；而沿空掘巷是在上工作面采空区岩层活动基本终止，应力重新分布趋于稳定后掘进，巷道位于应力降低区，采用较小的煤柱和合理的支护技术保证巷道在掘进期间及掘进后围岩变形均较小。沿空巷道围岩变形是煤矿巷道中经常发生的动力现象，围岩变形后巷道断面缩小，阻碍运输、通风和人员行走，因围岩变形而造成巷道报废的现象时有发生，严重影响生产和威胁安全。

然而，无论采用哪种方法都无法避免巷道围岩变形，特别是进入深部开采以后，沿空巷道围岩变形破坏是煤岩体受采掘影响而诱发的内部应力场、位移场非线性迁移与畸变能积累、释放和转移的力学过程，其与巷道应力和岩体环境、煤岩体力学性质特征、上覆岩层结构运动、支护形式等都有很大关联性。因此针对不同围岩条件可进行相对的沿空巷道支护技术，具体围岩分类指标如下。

1)煤体强度

煤体的强度决定着相同尺寸条件下无支护加固煤柱巷旁支承能力，取煤体单轴抗压强度作为反映煤层力学性质的评价指标。

2)直接顶可冒落性

岩性、层理及节理裂隙发育程度、直接顶强度、分层厚度等，决定着直接顶冒落难易程度，其对沿空巷旁稳定性有重要影响。参照《缓倾斜煤层采煤工作面顶板分类》(MT 554—1996)中直接顶分类指标及参考要素，选取直接顶初次垮落步距、岩性及结构特征、综合单轴抗压强度和分层厚度，将直接顶可冒落性分为四类，见表4-5。

3)基本顶侧向断裂步距

基本顶侧向断裂步距大小，对沿空巷道巷旁支护墙需承受压缩变形程度和荷载有重要影响。观测基本顶不少于10次周期来压步距实测平均值，作为基本顶侧向断裂步距。

表 4-5　直接顶可冒落性分类及指标取值

类别取值	2.5(易冒落)	2.0(较易冒落)	1.5(较难冒落)	1.0(难冒落)
初次垮落步距/m	$L \leqslant 8$	$8 < L \leqslant 18$	$18 < L \leqslant 28$	$28 < L \leqslant 50$
岩性和结构特征	泥岩、泥页岩、碳质泥岩节理裂隙发育或松软	致密泥岩、粉砂岩、砂质泥岩节理裂隙不发育	砂岩、石灰岩节理裂隙很少	致密砂岩、石灰岩节理裂隙极少
综合单轴抗压强度 $\bar{R}_c$/MPa	$\bar{R}_c < 30$	$30 < \bar{R}_c \leqslant 50$	$50 < \bar{R}_c \leqslant 70$	$\bar{R}_c > 70$

注：$\bar{R}_c = \sum R_{ci} m / \sum m_i$，$m_i$ 为直接顶第 i 分层厚度，m；R_{ci} 为直接顶第 i 分层单轴抗压强度，MPa。

4）煤层倾角

煤层倾角的影响是指煤层由采空侧向实体煤侧倾斜角度大小，受采空区直接顶冒落矸石对沿空巷旁稳定性冲击影响，倾角越大对巷旁支护墙的影响越大，具体影响取值范围见表 4-6。

表 4-6　分类指标取值表

指标	I 类	II 类	III 类	IV 类
煤体单轴抗压强度/MPa	0～10	10～20	20～30	>30
直接顶可冒落性指数	2.5	2	1.5	1
基本顶运动步距/m	>20	15～20	10～15	<10
煤层倾角/(°)	>45	30～45	15～30	<15
开采方式	3	2	2	1
冒高比	0～1	1～2	2～3	>3
采动影响系数	2	1.5	1.2	1
回采面推进速度/(m/d)	>15	10～15	5～10	<5

5）开采方式

一次采全高、分层开采和放顶煤开采，对沿空巷旁稳定性及支护要求不同。在开采方式中，厚煤层一次采全高或放顶煤开采沿空巷道支护困难，取值 3；厚煤层分层开采沿空巷道支护较困难，取值 2；中厚及薄煤层开采沿空巷道支护相对困难较小，取值 1。

6）采高与冒高比

采高对沿空巷旁支护墙稳定性及支护要求不同，采高越大巷旁稳定性越差，支护越困难；同时，直接顶冒落厚度越小，基本顶下沉就越大。采用直接顶厚度 m 与采高 h 的比值，即冒高比反映沿空巷旁支护墙受基本顶下沉影响的程度，比值越小巷旁支护墙承受基本顶下沉变形量越大。

7）多煤层开采

多煤层开采对沿空巷道的影响程度，采用煤层间采动影响系数表征。单层煤开采或两层煤开采间距大于 80m 取值为 1；两层煤开采间距 40～80m，取值为 1.2，间距为 40～20m，取值为 1.5；小于 20m，取值为 2.0。

8) 回采工作面推进速度

回采工作面推进速度对巷旁支护墙影响大，推进速度越大，巷旁支护墙承受的动载变化越强烈，巷旁支护墙就越容易破坏失稳。回采工作面推进速度对巷旁支护墙影响程度由大到小依次分为：大于 15m/d、10～15m/d、5～10m/d、小于 5m/d。

根据以上不同指标按照支护从难到易依次分为四类：Ⅰ（困难）、Ⅱ（较困难）、Ⅲ（较容易）、Ⅳ（容易），对应不同类别指标取值，见表 4-6。

对以上指标通过式 (4-58) 进行归一化处理，见表 4-7。

$$d_k = \frac{D_k}{D_{k\max}} \tag{4-58}$$

式中，d_k 为指标 k 经单位化处理的值；D_k 为指标 k 所在类别取值；$D_{k\max}$ 为指标 k 所有类别阈值。

表 4-7　分类指标归一化

指标	Ⅰ类	Ⅱ类	Ⅲ类	Ⅳ类
煤层软弱指数 d_1	>1	0.67～1	0.33～0.67	0～0.33
直接顶可冒落性指数 d_2	1	0.8	0.6	0.4
基本顶运动步距 d_3	>1	0.75～1	0.5～0.75	<0.5
煤层倾角 d_4	>1	0.67～1	0.33～0.67	<0.33
开采方式 d_5	1	0.67	0.67	0.33
采高/直接顶厚度 d_6	>1	0.67～1	0.33～0.67	<0.33
采动影响系数 d_7	1	0.75	0.6	0.5
回采面推进速度 d_8	>1	0.67～1	0.33～0.67	<0.33

注：用煤层软弱指数代替表 4-6 中的煤体单轴抗压强度。

根据表 4-7 单位化指标和表 4-8 权重值，按照式 (4-59) 得到各类别指标值或指标值区间的综合得分区间，见表 4-9。

$$S = \sum_{i=1}^{8} W_i d_k \tag{4-59}$$

式中，S 为不同类别指标值综合得分值；d_k 为表 4-7 中不同类别指标范围值；W_i 为表 4-8 中各指标权重。

将待评价的沿空巷道煤岩层力学性质、赋存条件和开采因素，按照表 4-6 所示的指标体系，进行取值；然后按照式 (4-58) 进行归一化处理得到各指标归一化值；根据表 4-8 所得到各指标权重值，按照式 (4-59) 得到实际得分 S_1，与表 4-9 中的类型分数区间进行对比，确定巷旁类型判识结果。此方法适应于训练样本较少的情形。

表 4-8 权重取值表

指标	权重	指标	权重
煤层软弱指数 W_1	15	开采方式 W_5	10
直接顶冒落性指数 W_2	20	采高/直接顶厚度 W_6	20
基本顶运动步距 W_3	10	采动影响系数 W_7	15
煤层倾角 W_4	5	回采面推进速度 W_8	5

表 4-9 类别判识分数对应区间表

类别	I类	II类	III类
分数区间	>100	71.6～100	44.15～71.6
支护难易程度	困难	较困难	较容易

通过人工神经网络判识方法,采用 BP 网络模型(图 4-30),把 8 个判识指标 $d_1,d_2,\cdots,d_8$ 作为输入单元,一个隐函层取 4 个单元,输出单元数一个(输出类别分数值)。单元内部的传递函数(或激活函数)选用式(4-60)所示的 sigmoid 单极函数,网络设置相关参数赋值见表 4-10。

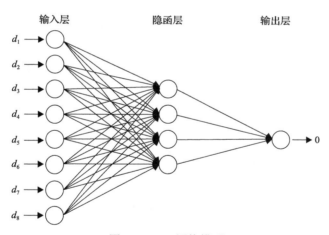

图 4-30 BP 网络模型

$$f(x) = \frac{1}{1 + e^{-x}} \tag{4-60}$$

式中, x 为单元的输入值; $f(x)$ 为单元输出值。

表 4-10 网络参数赋值表

参数	学习率 η	动量系数 α	误差 ε
取值	0.8	0.5	$1*10^{-4}$

把已经明确类别的实例作为一个学习训练样本。其构造过程为:把对应表 4-8 中所

列的 8 个单位化指标作为人工神经网络输入节点，把相应类别赋值作为学习目标输出值（表 4-11），构成一个学习训练样本：$[d_1, d_2, d_3, \cdots, d_8; O_1]$。对于 n 个训练学习样本，可以构建如下学习样本矩阵：

$$\begin{bmatrix} d_{11} & d_{12} & \cdots & d_{18} & O_1 \\ d_{21} & d_{22} & \cdots & d_{28} & O_2 \\ \vdots & \vdots & & \vdots & \vdots \\ d_{81} & d_{82} & \cdots & d_{88} & O_8 \end{bmatrix} = \{d_{ij}, O_i\}, \quad i=1,2,3,\cdots,n; \ j=1,2,3,\cdots,8 \qquad (4\text{-}61)$$

表 4-11　神经网络判识类型期望值

类型	I	II	III	IV
赋值	1.0	0.75	0.5	0.25

一旦训练学习输出目标值与期望目标值满足误差要求（表 4-11），则网络学习完成。

将待判识的巷旁支护 8 个指标单位化后，输入网络得到的输出结果与表 4-11 期望值对比相差最小者，即为所属的类别。

针对沿空巷旁的不同类型，宜采用的支护方式见表 4-12。

表 4-12　支护方式选择表

类型	支护方式
I	(1) 对于坚硬直接顶，应沿空采用切顶措施，同时构筑宽度 2~3m 巷旁柔强组合支护墙，并密闭接顶。 (2) 对于深部松软煤岩层，对顶板完好包括留设小煤柱或冒落矸石墙在内的两帮，应进行全断面注浆锚固，形成 2~3m 厚的锚固加固圈。 (3) 当倾角大于 45°时，应留设 3~5m 小煤柱并采用锚杆-锚索注浆加固支护。 (4) 其他有效方式。 (5) 巷旁支护墙应采用表面喷浆或挂风筒布等方式，以防止采空区漏风。
II	(1) 对于坚硬直接顶，应沿空采用切顶措施，同时构筑宽度 2~3m 巷旁柔强组合支护墙，并密闭接顶。 (2) 对于较为松软煤岩层，顶板及实体煤帮采用锚杆和长度不低于 8m 的锚索加固，对沿空留设小煤柱或冒落矸石墙进行注浆锚固，形成厚度 2~3m 的锚固加固圈。 (3) 当倾角大于 25°时，应留设宽度 2~3m 小煤柱并采用锚杆-锚索注浆加固支护。 (4) 其他有效方式。 (5) 巷旁支护墙应采用表面喷浆或挂风筒布等方式，以防止采空区漏风。
III	(1) 采用切顶形成巷旁支护墙，进行喷水泥浆密闭接顶，并沿空侧架设一排单体液压支柱或支架；当倾角大于 25°应对采空侧矸石墙进行注浆锚固。 (2) 当倾角小于 25°时，宜采用宽度 2m 左右人工砌墙支护或墩柱沿空支护，并采取有效封闭采空区的措施；或采用小煤柱锚杆-锚索支护技术。 (3) 其他有效方式。 (4) 巷旁支护墙应采用表面喷浆或挂风筒布等方式，以防止采空区漏风。
IV	(1) 采用宽度 2m 左右人工砌墙支护，或对自然垮落形成巷旁支护墙进行密闭处理；当倾角大于 25°应对采空侧矸石墙进行注浆锚固。 (2) 采用小煤柱锚杆-锚索支护技术。 (3) 其他有效方式。 (4) 巷旁支护墙应采用表面喷浆或挂风筒布等方式，以防止采空区漏风。

4.3.5   无煤柱自成巷技术

4.3.5.1   概述

目前我国煤矿普遍采用长壁式开采技术体系，该体系具有巷道布置简单、地质适应性强、煤炭采出率高等优点，通常需要布置三条回采巷道，服务于一个回采工作面，相邻两条回采巷道之间需留设一定宽度的煤柱进行护巷。何满潮院士等将这一开采技术体系称为 121 开采体系，即回采 1 个工作面、新掘 2 条回采巷道、留设 1 个煤柱。多年来，采矿科技工作者进行了大量探索性理论创新和工程实践，提出了沿空留巷、沿空掘巷等无煤柱开采技术，取消了区段间留设煤柱，是采煤工艺的一项重大变革技术。但该技术需要进行巷旁充填支护，采用沿空掘巷时则需要新掘回采巷道，在部分矿区应用时存在回采效率低、围岩变形量大等问题。

2008 年，何满潮院士提出"切顶短壁梁"理论，即通过在回采巷道将要形成的采空区侧向顶板进行定向预裂，切断顶板的应力传递路径，缩短顶板悬臂梁的长度，从而减小采空区侧巷帮受到回采动压的影响。之后基于"切顶短壁梁"理论，逐步形成了切顶卸压自动成巷完整技术工艺，并于 2011 年正式提出"切顶卸压沿空成巷无煤柱开采技术工艺"，即 110 工法。采用该工法回采，每个工作面回采只需掘进 1 条顺槽巷道，另 1 条巷道通过切顶卸压自动成巷，且不需留设煤柱。2016 年，何满潮院士在此基础上，进一步提出了无煤柱自成巷 N00 工法，通过一边采煤一边掘巷，并将该巷道保留下来供下一工作面继续使用，即"随采、随掘、随留"，最终实现无巷道掘进。采矿工法 121—111—110—N00 的历史演变如图 4-31 所示。

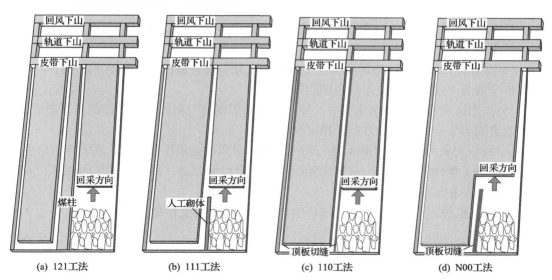

图 4-31   采矿工法 121—111—110—N00 的历史演变

4.3.5.2   110 工法

传统长壁开采工艺会在采空区侧形成较长且不充分垮落的悬顶，一方面由于直接顶与基本顶接触面应力降低，变形不协调而易发生剪切破坏；另一方面由于较大的顶板下沉量及旋转变形，对煤柱及巷旁支护体系破坏作用剧烈。何满潮院士等提出的"切顶卸压沿空成巷无煤柱开采技术工艺"，即 110 工法，每个工作面回采只需掘进 1 条顺槽巷道，另 1 条巷道通过切顶卸压自动成巷，且不需留设煤柱。工作面煤层回采前，在回采巷道沿即将形成的采空区侧定向爆破预裂切顶，同时采用恒阻大变形锚索支护回采巷道顶板围岩，待工作面回采后，在矿山压力作用下沿切缝将顶板切落形成巷帮，既隔离采空区又保证了该回采巷道完整性，同时减弱顶板的周期性压力，从而将传统的"一面双巷"变成"一面单巷"采掘模式，实现了 110 工法的无煤柱开采，如图 4-31(c) 所示。

采用 110 工法进行开采后，巷道顶板结构的主要特点为：①切顶后采空区顶板的断裂位置及形态发生改变，直接顶沿切缝面发生垮落，基本顶的破断位置向实体煤侧深部转移；②切顶后巷道围岩应力环境得到优化，切缝面切断了顶板间部分水平应力的传递，使得巷道顶板更易维护；③恒阻锚索的优良支护性能使得巷道顶板在多重扰动及一定变形条件下仍可维持稳定状态；④利用采空区顶板的充分垮落实现巷旁碎石帮支护，实现采区"无煤有柱"自动成巷。

整体来看，在 110 工法的实施过程中，切顶成巷的围岩变形过程可分为以下 6 个阶段。

(1) 预留巷道开挖后，巷道围岩的原岩应力状态遭到破坏，此时产生初次围岩变形 (U_1)。

(2) 巷道开挖后及时采用锚网索进行支护，巷道围岩达到初步稳定状态，随后在工作面回采前，巷道围岩受到围岩应力、空气氧化以及地下水侵蚀等作用，会发生缓慢塑性变形 (U_2)。

(3) 工作面开始回采后，受到采场超前应力集中影响，工作面前方一定范围内的巷道围岩发生进一步的塑形变形 (U_3)。

(4) 工作面回采后，采空区顶板发生垮落，由此引发巷道顶板的剧烈下沉 (U_4)，此阶段为整个留巷周期中巷道变形最为剧烈的阶段。

(5) 采空区顶板完全垮落压实后，碎石帮逐渐形成，且对覆岩的支撑能力逐渐增加，此时巷道围岩变形速率减小且趋于稳定 (U_5)。

(6) 留巷完成后，相邻工作面进行回采，同时对留设巷道进行复用，此阶段中留巷同样首先受到工作面的超前应力集中影响而产生一定形变 (U_6)，随后在工作面回采完成后垮落，完成留巷复用。

综上所述，在切顶留巷及复用过程中，巷道顶板的总变形量 U 为

$$U=U_1+U_2+U_3+U_4+U_5+U_6 \tag{4-62}$$

在现场留巷实践中，动压影响区的巷道围岩变形控制 (U_4) 是 110 工法成功实施的关键。何满潮院士提出的切顶短臂梁力学结构模型如图 4-32 所示，Ⅰ 为采空区上覆岩石垮落形成的冒落碎胀区，Ⅱ 为岩块③的回转变形形成的回转变形区，Ⅲ 为短臂梁结构和煤层在地应力、上覆岩层压力及采动应力作用下形成的弹塑性变形区。其中：

$$U_{\mathrm{II}} = \left(L - \frac{H_{\mathrm{E}}}{\cot\beta} \right)\sin\alpha \tag{4-63}$$

$$U_{\mathrm{III}} = E_{\mathrm{C}}M + E_{\mathrm{E}}H_{\mathrm{E}} \tag{4-64}$$

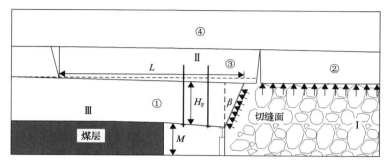

图 4-32 切顶短臂梁结构模型

则

$$U_4 = U_{\mathrm{II}} + U_{\mathrm{III}} \tag{4-65}$$

式中，U_{II} 为岩层③的回转变形，m；U_{III} 为煤层和岩层①的弹塑性变形，m；H_{E} 为岩层①的厚度，m；L 为岩梁③断裂位置至触矸点的水平距离，m；E_{C} 为煤的弹性模量，MPa；E_{E} 为岩层①的弹性模量，MPa；α 为岩梁③的回转角度，(°)；β 为切缝角度，(°)；M 为巷道高度，m。

110 工法实现了自动成巷和无煤柱开采，与传统的长壁开采 121 工法相比，具有以下主要优势。

(1)切断了"砌体梁"或"传力岩梁"的应力传递，并成功转化为"切顶短臂梁"，使新形成的巷道处于矿山压力卸压区；巷旁利用恒阻大变形锚索进行加固，围岩支护能力大幅提升，可有效降低高应力环境威胁。

(2)减少了顺槽巷道掘进量 50%，极大降低了掘巷费用及掘巷期间的安全隐患。

4.3.5.3　N00 工法

无煤柱自成巷 N00 工法的工作面回采与巷道形成总体思路是：通过一边采煤一边掘巷，并将该巷道保留下来供下一工作面继续使用，即"随采、随掘、随留"。N00 工法工作面与巷道平面布置示意图如图 4-33 所示。

工作面回采与成巷具体过程如下。

(1)沿盘区周边开拓一条服务于整个盘区的巷道，使该盘区形成完整的通风系统和运输系统。

(2)在开采如图 4-33 所示工作面 i 时，通过改进采煤机、刮板输送机和支架系统之间的配套方式，实现采煤机在刮板机机尾割煤时超越机尾割出巷道空间并形成弧形巷帮，如图 4-34 所示。

(3)紧跟工作面在采煤机割出巷道空间顶板进行恒阻大变形锚索支护，同时在工作面端头预定位置对顶板实施定向切缝，如图 4-34(a)所示。

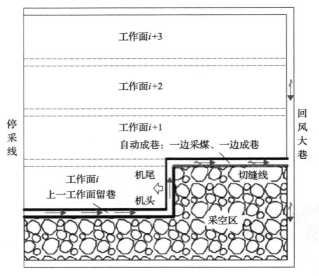

图 4-33 N00 工法工作面与巷道平面布置示意图

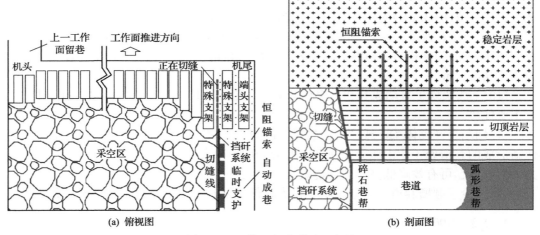

图 4-34 工作面与巷道平面布局

(4)随着工作面向前推进和液压支架前移，切缝线外侧采空区顶板岩层在矿山压力作用下沿切缝线向采空区垮落，垮落矸石在支架后方挡矸系统的支护下保持稳定并形成另一巷帮，即碎石巷帮。

(5)由于岩石具有碎胀特性，采空区垮落矸石堆积高度将大于垮落前岩层厚度，当巷道上方基本顶断裂岩块回转下沉到下端触矸并将松散矸石压密实后，此时该断裂岩块与下位切顶岩层的组合体可形成一端由采空区垮落矸石支承，另一端由弧形巷帮侧煤壁支承的结构体系，由此，下部巷道空间可在该结构的保护下形成稳定巷道。

由上述开采工艺流程可知，自动成巷无煤柱开采新方法巷道顶底板与实体煤侧弧形巷帮通过采煤机割成，碎石巷帮则由采空区垮落矸石堆叠而成，因而在成巷过程中，巷道顶板与碎石巷帮的控制是决定成巷效果的关键，N00 工法关键技术如下。

1) 顶板定向切缝

煤炭开采过程将引发采场顶板大规模岩层运动并诱发应力持续调整，形成区域采动应力场。基本顶岩层在下沉、破断后往往形成规则块体，块体之间相互咬合而形成"砌体梁"结构，并在采空区侧向形成具有不同形态的关键块体，关键块体在回转下沉的过程中不断向巷道施加压力直至其采空区端触底或触矸而形成稳定结构。对于自动成巷无煤柱开采，通过优化顶板结构，采用顶板定向切缝技术切断巷道上方直接顶和部分基本顶，减小其悬臂长度，使采空区侧切顶线外顶板岩层随支架的前移及时垮落充填采空区并形成垫层，垮落岩层在碎胀特性影响下其堆积高度将大于顶板岩层垮落前的厚度，通过控制其垮落厚度使其垮落后尽量填满采空区，减小上位基本顶回转下沉空间，使顶板岩层尽快将荷载传递至采空区，形成稳定结构，切顶高度 $\sum h_i$ 为

$$\sum h_i = \frac{M - U_4 - U_7}{K_P - 1} \tag{4-65}$$

式中，U_7 为采场底板因煤层开采卸压引起的底臌量，m；K_P 为采空区顶板岩层碎胀系数。

一般地，为确保切顶高度范围内顶板岩层顺利垮落，通常将切顶高度选择在计算高度附近的岩层分界面。

2) 顶板恒阻锚索主动支护

巷道在形成及服务期间要经历较大采动压力过程，采场顶板岩层在运动过程中多次对巷道围岩产生周期性冲击动载，且深井巷道普遍具有大变形特征，因此，自动成巷无煤柱开采新方法可采用恒阻大变形锚索对巷道顶板进行支护，恒阻锚索不仅能提供高强度工作阻力，在承受瞬时冲击动荷载时还能通过自身变形吸收能量而不至于锚索被拉断，同时还能继续保持相对恒定的工作阻力，因而十分适用于具有冲击动载及大变形特征的煤矿巷道支护。

3) 顶板临时加强支护

由于对顶板实施了切缝，增加了顶板岩层自由面，当支架前移后，采空区侧切顶岩层失去支撑而迅速向采空区垮落，巷道侧岩层则通过恒阻锚索"悬吊"于上位岩层。随着工作面继续向前推进，切顶高度以上基本顶岩层达到极限跨距后发生断裂、回转下沉，断裂后形成的块体在回转下沉的过程中相互抑制可能形成相对稳定的临时结构，在此过程中需要对巷道顶板提供强大的竖向支撑形成强力抵抗以限制其下沉变形速度，直至断裂块体在采空区侧触矸并将部分荷载传递到采空区，此后可将竖向支撑结构撤除。而顶板在下沉变形过程中，上位基本顶岩层荷载可认为是以"给定变形"方式施加在巷内支撑结构上，此时支撑结构应能通过自身变形来进行"让压"。因此不仅要求支撑结构具有高承载力，同时还需具备一定伸缩能力以适应巷道顶板的变形。

4) 碎石巷帮侧向支护

随着工作面推采，采空区顶板岩体逐渐垮落，垮落过程中矸石运动剧烈程度逐渐由强变弱。靠近工作面时，矸石以垮落运动状态为主，垮落过程对巷旁挡矸结构有动态冲

击作用；滞后工作面一定距离时，采空区矸石以缓慢压实运动为主，压实过程中对挡矸结构有似静态挤压作用；当滞后工作面较远后，围岩结构再次达到平衡，碎石巷帮运动趋于停止，因此，碎石巷帮应采用"侧向动静结合、纵向伸缩让压"的控制体系，保证成巷碎石巷帮的稳定性和支护结构的循环利用。

综上，无煤柱自成巷 N00 工法采用的是全新的理论体系、技术工艺体系和装备体系，以新型 N00 支架系统、采煤机系统、刮板机系统、切缝钻机、定向切缝机等特殊装备和恒阻大变形锚索等特殊支护材料作为硬件支撑，利用采掘一体化的关键技术成巷，利用采矿后形成的矿压做功，利用顶板部分岩体和岩体垮落时的碎胀特性充填采空区，实现工作面采煤过程中自动形成巷道。相比于之前其他采煤方法，采用无煤柱自成巷 N00 工法无须掘进回采巷道，可避免因巷道掘进所引发的各类事故，大大节约成本；针对整个盘区无须留设煤柱或岩柱，不仅提高了资源回收率，而且有助于治理地表塌陷，具有较高的经济效益和社会效益。

5 冲击地压发生机理与监测防治

5.1 冲击地压及其发生机理

5.1.1 概述

冲击地压是世界范围内煤矿生产开采中最严重的自然灾害之一。它以突然、急剧、猛烈的形式释放煤岩体变形能，抛出煤岩体，造成支架损坏、巷道片帮冒顶、巷道堵塞、伤及人员等，并产生巨大的响声和岩体震动。冲击地压事故如图 5-1 所示。岩体震动时间从几秒到几十秒不等，抛出的煤岩体从几吨到几百吨不等。

图 5-1 冲击地压事故现场照片

世界上主要井工开采的国家冲击地压现象十分普遍。1783 年，英国在世界上首先报道了煤矿中所发生的冲击地压现象。此后苏联、南非、德国、美国、加拿大、波兰等多个国家和地区的煤矿均受到了冲击地压灾害的威胁。苏联首次发生冲击地压是在 20 世纪 40 年代的基泽尔煤田；波兰全国 67 个煤矿中有 36 个煤矿的煤层具有冲击危险性，1949～1982 年共发生破坏性冲击地压 3097 次；德国 1949～1978 年共发生破坏性冲击地压 1001 次。因此，国际上对冲击地压的研究给予了极大的关注。

我国最早记录的冲击地压于 1933 年发生在抚顺胜利煤矿。近年来，新汶华丰矿、孙村矿，徐州三河尖矿、旗山矿、权台矿，兖州东滩矿等相继成为新的冲击地压矿井，至 2002 年，我国发生冲击地压的矿井已达 70 个。2011 年 11 月 3 日，河南省千秋煤矿发生重大冲击地压事故，巷道发生严重挤压垮冒，造成 10 人死亡[①]；2018 年 10 月 20 日山东龙郓煤矿掘进工作面附近发生重大冲击地压事故，约 100m 范围内巷道出现不同程度破坏，共造成 21 人死亡，4 人受伤[②]。此外，我国煤矿矿井大多建于 20 世纪 50～60 年代，随着时间的推移和矿产资源开发向深部转移，这些矿井将逐步进入深部开采，冲击地压灾害问题将更加严重、更加突出。

---

① 数据来源：《国家安全监管总局 国家煤矿安监局 关于河南省义马煤业集团千秋煤矿 "11·3" 重大冲击地压事故的通报》（安监总煤调〔2011〕171 号）。

② 数据来源：《山东能源龙矿集团山东龙郓煤业有限公司 "10·20" 重大冲击地压事故调查报告》。

尽管国内外学者在冲击地压发生机理、监测手段及控制等方面取得了重要进展，但由于冲击地压发生的原因极为复杂，影响因素颇多，到目前远没有从根本上解决对其有效预测和防治。

5.1.2　冲击地压的特征

通常情况下，冲击地压会直接将煤岩撒向巷道，引起岩体的强烈震动，产生强烈声响，造成煤岩体的破断和裂缝扩展，因此，冲击地压具有如下明显的显现特征。

（1）突发性。冲击地压一般没有明显的宏观前兆而突然发生，冲击过程短暂，持续时间几秒到几十秒，难以事先准确确定发生的时间、地点和强度。

（2）瞬时震动性。冲击地压发生过程急剧而短暂，像爆炸一样伴有巨大的声响和强烈的震动，电机车等重型设备被移动，人员被弹起的岩石砸中，其震动波及范围可达几千米甚至几十千米，地面有地震感觉，但一般震动持续时间不超过几十秒。

（3）巨大破坏性。冲击地压发生时，顶板可能有瞬间明显下沉，但一般并不冒落；有时底板突然开裂鼓起甚至接顶；常常有大量煤块甚至上百立方米的煤体突然破碎并从煤壁抛出，堵塞巷道，破坏支架。从后果来看冲击地压常常造成惨重的人员伤亡和巨大的经济损失。

（4）复杂性。在自然地质条件下，除褐煤以外的各种煤种都记录到冲击现象，采深为200～1000m，地质构造从简单到复杂，煤层从薄层到特厚层，倾角从水平到急倾斜，顶板包括砂岩、灰岩、油母页岩等都发生过冲击地压。在生产技术条件上，不论炮采、机采、综采，或是全部垮落法、水力充填法等各种采煤工艺，不论是长壁、短壁、房柱式或煤柱支撑式还是分层开采、倒台阶开采等各种采煤方法，都出现过冲击地压。

5.1.3　冲击地压发生的影响因素

冲击地压是矿山压力显现的一种特殊形式，是矿山采动诱发高强度煤（岩）体变形能瞬时释放，在相应采动空间引起强烈围岩震动和挤出的现象。冲击地压的发生与煤矿地质条件、开采技术条件等多种因素有关，总的来说可以分为三类：自然因素、技术因素和组织管理因素，如图 5-2 所示。

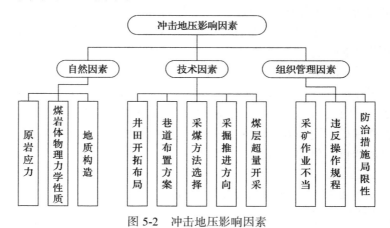

图 5-2　冲击地压影响因素

5.1.3.1 自然因素

影响煤矿冲击地压发生的自然因素主要有原岩应力、煤岩体物理力学性质及煤层地质构造。其中对冲击地压发生影响最大、最基本的因素是原岩应力。因为原岩应力决定了煤、岩体中存储弹性能的能力。这里，原岩应力主要是由岩体的自重应力和残余构造应力所组成。大量开采实践表明，冲击地压矿井的原岩应力通常较大，尤其是水平方向的构造应力，通常比理论计算值要大，有的甚至大几倍。即使是同一矿井，在断层、褶曲、煤层变化带附近，由于水平应力较大，易于发生冲击地压。同时，在一定的开采深度条件下，由于煤系地层中强度较高的岩层中比较易于存储大量的弹性能，较强烈的冲击地压往往发生在具有较坚硬顶板的煤层中，特别是容易发生在煤层顶板中有坚硬厚层砂岩的情况下。

1) 开采深度

随着开采深度的增加，煤层中的自重应力随之增加，煤、岩体中聚积的弹性能也随之增加。为了便于分析开采深度对冲击地压的影响，首先分析煤、岩系统中煤层内所积聚的弹性能。

由弹性能理论可知，煤层在采深为 H 且无采动影响的三向应力状态下，煤体中的应力可表示为

$$\sigma_1 = \gamma H \tag{5-1}$$

$$\sigma_2 = \sigma_3 = \frac{\mu}{1-\mu}\gamma H \tag{5-2}$$

式中，γ 为岩层的容重，kN/m^3；μ 为泊松比；σ_1 为垂直应力，MPa；σ_2、σ_3 为两个方向的水平应力，MPa。

于是，煤体因体积变形而聚积的弹性能可表示为

$$U_v = \frac{(1-2\mu)(1+\mu)^2}{6E(1-\mu)^2}\gamma^2 H^2 \tag{5-3}$$

式中，E 为煤体弹性模量，MPa。

形状变形而聚集的弹性能为

$$U_f = \frac{(1+\mu)(1-2\mu)^2}{3E(1+\mu)^2}\gamma^2 H^2 \tag{5-4}$$

若煤层中的变形能全部用于煤体的塑性变形，体积变形能全部用于煤体破坏，使其运动，且不考虑应力集中的影响作用，则变形能 U_g 为

$$U_g = \frac{\beta}{6E}\gamma^2 H^2 \tag{5-5}$$

$$\beta = \frac{(1-2\mu)(1+\mu)^2}{(1-\mu)^2}$$

设煤的单轴抗压强度为 R_c，则破碎单位体积煤块所需能量 U_1 为

$$U_1 = \frac{R_c^2}{2E} \tag{5-6}$$

假设巷道周边煤体处于双向受力状态，则所需能量比 U_1 要大，现用一系数 $K_0(K_0 > 1)$ 来表达，则破碎单位体积煤块的能量 U_2 为

$$U_2 = K_0 \frac{R_c^2}{2E} \tag{5-7}$$

按冲击能量准则，若 $U_v \geqslant U_2$，即煤体中因压缩导致的体积变形而产生的弹性能大于煤体破坏所需要的能量，煤体就可能发生冲击地压（当然，这不是充要条件）。这样，就可求得发生冲击地压的初始开采深度 H 为

$$H \geqslant 1.73 \frac{R_c}{\gamma} \sqrt{\frac{K_0}{c}} \tag{5-8}$$

式(5-7)和式(5-8)还不能在实际冲击地压分析和研究中做定量计算使用。这是因为对于具体矿井而言，实际开采、地质条件是极其复杂的，式(5-7)和式(5-8)只是说明开采深度是形成冲击地压的一个基本条件。事实上，国内外的矿山开采实践表明，多数冲击地压矿井的开采深度达到 200m 以上时，才有可能发生冲击地压。

2)煤岩体物理力学性质

对于具体矿井而言，煤岩体的物理力学性质对冲击地压具有显著影响，是冲击地压发生的内在本质影响因素。影响冲击地压发生的主要因素包括煤岩体的冲击倾向性、厚度、强度、弹脆性和含水率等。

针对煤岩体的冲击倾向性。波兰和苏联学者提出了冲击倾向理论，该理论是指煤岩体产生冲击破坏的固有能力或属性。我国学者在这方面也做了大量的工作，在煤层冲击倾向性分类及指数的测定方法方面，制定了《冲击地压测定、监测与防治方法》(GB/T 25217.1—2010，GB/T 25217.2—2010)，提出用煤样的动态破坏时间 D_T、弹性能量指数 W_{ET}、冲击能量指数 K_E 和单轴抗压强度 R_c 四项指标综合判别煤的冲击倾向的试验方法。通过对煤样进行单轴压缩试验，测试煤岩体试件在单轴压缩状态下，从极限强度到完全破坏所经历的时间，即为煤样的动态破坏时间 D_T。弹性能量指数计算方法是达到峰值的 80%～90%时再卸载，弹性能量为 Φ_{SE}，损失能量为 Φ_{SP}，则弹性能量指数为 $W_{ET} = \Phi_{SE}/\Phi_{SP}$。冲击能量指数是利用煤的全过程应力-应变曲线，设峰值前的面积为 F_S，峰值后的面积为 F_X，则冲击能量指数为 $K_E = F_S/F_X$。单轴抗压强度 R_c 即为单轴压缩状态下承受的破坏荷载与其承压面面积的比值。

认为当动态破坏时间、弹性能量指数、冲击能量指数和单轴抗压强度指标大于某个值时，就会发生冲击地压，这一理论称为冲击倾向性理论，见表 5-1。

表 5-1 冲击地压倾向性指标

冲击倾向性	无冲击危险	弱冲击危险	强冲击危险
动态破坏时间/ms	$D_T > 500$	$50 < D_T \leqslant 500$	$D_T \leqslant 50$
弹性能量指数	$W_{ET} < 2$	$2 \leqslant W_{ET} < 5$	$W_{ET} \geqslant 5$
冲击能量指数	$K_E < 1.5$	$1.5 \leqslant K_E < 5$	$K_E \geqslant 5$
单轴抗压强度/MPa	$R_c < 7$	$7 \leqslant R_c < 14$	$R_c \geqslant 14$

此外，煤岩体其他物理力学性质对冲击地压也有影响，我国冲击地压矿井煤层的单轴抗压强度通常大于 15MPa，弹性模量大于 2500MPa，煤质比较坚硬、性脆，这是煤层能够积聚弹性能的前提条件和基本特征。而且具有冲击危险性的煤层，自然含水率通常较低，最大不超过 5%。

3）地质构造

煤岩体中的应力条件是影响冲击地压的最主要因素，而煤岩体中的应力状态不仅与煤岩体物理力学性质有关，而且直接受到地质构造的影响。地层运动形成了各种各样的地质构造，如断层、褶曲、背向斜、煤层厚度变化带及岩性变化带等。在这些地质构造区附近，由于存在着地质构造应力场，通常使煤、岩体的构造应力尤其是水平构造应力增大，直接导致发生冲击地压的风险大大增加。

此外大量冲击地压实践也表明，冲击地压常常发生在这些地质构造区域中，如向斜轴部、断层附近、煤层倾角变化带、煤层变薄带、构造应力带。例如，抚顺龙凤矿在向斜轴部准备工作面时，经常发生冲击地压；胜利矿在褶曲区域多次发生冲击地压；兖州济三矿在巷道接近断层或向斜轴部时，冲击地压发生的次数明显上升，且强度加大；天池矿、砚北矿和门头沟矿在背向斜构造的轴部、倾角大于 45°的翼部等构造应力集中区域最易发生冲击地压。

5.1.3.2 技术因素

对于相同地质条件的煤层，采煤方法、采掘顺序、煤柱大小、顶板管理形式等技术因素的不同，也将导致冲击地压的危险程度产生一定的差异。技术因素对冲击地压的影响是比较复杂的，一般而言包括两个方面：一是开采导致煤岩体的应力迅速增加，在一定区域、一定范围形成高应力集中；二是原本具有高应力的煤岩体或接近极限状态的煤岩体在采动条件下诱发冲击地压。

1）井田的合理开拓

井田的合理开拓是开采设计中的重大问题。深井的开拓和准备巷道应布置在底板岩层中或没有冲击危险的薄煤层中。在岩体存在构造应力的情况下，主要开拓或准备巷道的方向最好与构造应力作用方向一致，以使巷道周边应力分布趋于均匀，避免巷道与构造应力作用方向垂直布置，出现应力集中现象。在煤层中尽量少布置巷道和把对煤层的切割破坏限制在最低限度，是控制因开采活动造成冲击危险性增加的基本原则，对于开采煤层群时的开拓布置应有利于保护层开采。要首先开采无冲击危险或冲击危险性小的煤层，并以此作为保护层，且优先开采上保护层。井田划分必须保证合理的开采顺序，最大限度地避免形成应力集中区。

2) 煤层群开采

煤层群开采设计之初，应该以开采煤层采动后的应力重新分布对周围煤层下一步开采的影响程度最小为原则。应力重新分布会引起部分岩体变形、移动和破坏，这部分岩体范围称为采空区影响范围。采空区影响范围可分成不规则垮落区、充分移动区、支撑压力区、卸载区等。

不规则垮落区的高度通常不超过3～4倍的开采层厚度，当采空区宽度不够或煤层厚度小于1m且岩层呈现缓慢移进时，垮落区可能不存在，形成裂隙的岩石范围扩展到10～20倍开采层厚度的距离。

充分移动区的岩石在开采层底板上得到支承。部分岩体的应力大于未扰动岩体的应力的区域称为支承压力区。岩体沿煤层法向压缩，引起地表相应地段的下沉（微小移动区）。部分岩体中沿着岩层法向作用的应力小于未扰动岩体中相应的应力的区域称为卸载区。

卸载区的部分岩体，应力较小，煤层（矿床）不会发生冲击地压、煤岩与瓦斯突出或其他危害的矿山压力显现，这部分岩体称为保护区，在被保护区内开采冲击危险煤层和突出危险煤层是安全的。因此，开采保护层是防止冲击地压的一项有效的带有根本性的区域性防范措施。

3) 巷道布置

巷道应布置在煤层边缘的低应力区。理论和实践表明，重力型（采动型）冲击地压一般发生在回采工作面或煤柱的应力集中区，其发生形式主要是巷道周围的煤体突然破坏并释放能量，从而给巷道造成严重破坏。因此，根据围岩分布规律，合理选择巷道位置也是降低冲击危险程度的主要途径之一。

4) 采煤方法的影响

各种采煤方法的巷道、采空区形状等不同，所产生的围岩应力集中程度和分布特征就不同。一般来说，短壁体系（房柱式、刀柱式、短壁水采等）采煤方法由于开掘巷道、遗留煤柱较多，顶板不能及时充分地垮落，造成支承压力较高，在工作面前方掘进巷道势必受到叠加压力的影响，增加危险性。水力采煤法虽然系统简单、高效，但采出率低，遗留的煤垛在采空区形成支撑，顶板不能及时、有规律地垮落，又要经常在支承压力带内开掘水道和枪眼，加之推进速度快、开采强度大，一次暴露顶板面积过大，会造成大面积悬顶，所以不能有效解决冲击地压问题。

相对而言，长壁式开采方法有利于减小冲击地压的危险，但并不能避免冲击地压的发生。倒台阶采煤法由于工作面不成直线，在台阶部位会形成高应力集中，也易导致冲击地压的发生。砚石台矿在采用走向长壁式采煤法时，没有发生过冲击地压事故，仅出现过煤炮和小型冲击；而采用倒台阶采煤法回采时，经常发生冲击地压事故，且大多数发生在台阶上隅角，约占回采时冲击地压总次数的 90%，不仅次数多，而且强度也大，平均每次冲击释放煤炭 130t。

　　5) 采掘推进方向

　　(1) 采区一翼内各工作面应同向推进。若同一区段或相邻工作面同向推进，在工作面相互逼近期间必然会产生支承压力叠加；在同一采区相向采煤，势必要在应力叠加区内掘进枪眼，这样会引起频繁的冲击地压。

　　如果向采空区推进，当工作面逼近采空区逐渐形成煤柱时，工作面超前支承压力与采空区支承压力叠加容易在工作面和巷道附近产生冲击；如果在采空区边缘或支承压力峰值区以外掘进开切眼，背向采空区逐渐推进，则此时煤柱上的集中应力将不会威胁到回采巷道和工作面。因此，工作面一般应背向采空区推进。

　　同一煤层相邻阶段的工作面同向推进时，后一工作面应处于前一工作面后方岩层运动稳定、侧向支承压力下降的区域内，即一般应滞后 150m 以上。当另一工作面滞后距离较小时，后工作面超前支承压力与前工作面较大的侧向支承压力叠加，易产生冲击地压。同一阶段上下煤层的工作面同向推进时，下煤层工作面应处于上煤层采空区岩层运动稳定区域内，也应滞后 100m 以上；否则，如滞后距离太短，下煤层工作面进入上煤层采空区覆岩运动未稳定区域内，必然会扩大覆岩悬空面积，增加上煤层工作面的支撑压力。

　　(2) 避免相向掘进。在地应力较大的情况下，如果巷道相向掘进，在贯通之前，在掘进工作面之间的煤柱上会产生应力叠加，而且两侧自由面承载能力小，也容易引起冲击。

　　(3) 工作面离开断层推进。如果工作面平行推进，采动影响会使上覆岩层沿断层这一天然的滑动面发生整体运动，运动范围广、产生动能大，而且断层切割使支承压力很少传递到采空区侧向断块以外的煤体上，主要在工作面前方形成高应力集中区，两巷极易发生冲击地压。因此，平行断层线推进的工作面是实施解危措施的重点区域。

　　离开断层推进时，断层煤柱上的应力集中在工作面推进初期比较小，随后逐渐增大，但断层破坏促进了开切眼附近顶板的垮落和沉降，集中应力随之趋向稳定。接近断层掘进时，工作面应力集中逐渐增大。由于工作面后方覆岩悬空面积较大及集中应力不能向断层以外传递，当工作面逼近断层时，煤壁与断层间的应力集中较高；而且由于断层切割覆岩可能沿断面发生整体运动，使集中应力急剧上升。因此，离开断层推进的冲击危险小，不危及工作地点；接近断层推进的冲击危险大，直接危及工作地点，故一般应离开断层推进。

5.1.3.3　组织管理因素

　　无法选择更有效的、合理的安全管理措施，是增加冲击地压危险的因素之一。安全资金投入不足、采矿作业没有顺利开展、支架或技术装备不到位、没有选择有效的冲击预报仪器、没有配备必需的防治设备等，同样会增加冲击地压发生的可能性。

5.1.4　冲击地压类别

　　冲击地压的生成环境、发生地点、宏观和微观上的显现形态多种多样，它的显现强度和所造成的破坏程度相差也很大。有的冲击地压影响范围仅几平方米或几十平方米，有的却波及范围很广，达几千平方米；有的冲击地压发生时测得的地震能量不足 100J，仅相当于 1 级以下地震，有的则高达 10^{10}J 以上，相当于 4.3 级地震；有的震动波衰减很快，仅能传播 1000～2000m；有的冲击地压震动持续不到几秒钟，有的却持续时间长达几十秒；有的冲击地压仅为煤体冲击，有的则顶底板参与冲击。此外，由于冲击地压发生机理存在不同的理论，提出各自不同的冲击地压发生条件和判别准则。客观上不同矿井的冲击地压成因和特征也不同。即使同一矿井，由于地质构造、开采条件和开采方法的差异，也使得冲击地压的成因、性质、特征、震源部位和破坏程度不同。所以，冲击地压存在不同类型，不能用同一机理去解释不同冲击地压的成因和现象，更不能用单一方法或措施去预测和防治冲击地压，因此要对冲击地压进行分类。当今国际上还没有形成统一的冲击地压分类方案，而我国冲击地压主要按以下几种方法进行分类。

5.1.4.1　根据应力状态分类

冲击地压现象的本质是高应力状态作用下煤岩体的突然失稳破坏。从应力状态导致煤岩体的突然失稳破坏的本质对冲击地压进行分类研究，可将煤矿冲击地压分为三类：材料失稳型冲击地压、滑移错动型冲击地压和结构失稳型冲击地压。

1）材料失稳型冲击地压

材料失稳型冲击地压是指井巷或工作面周围岩体在开挖过程中，煤岩体内应力集中达到一定程度后，煤岩体内部裂纹不断扩展、贯通、汇聚，并导致一定范围内的煤岩体发生弹射、爆炸式的破坏而发生冲击突出。材料失稳型冲击地压如图 5-3(a)所示。

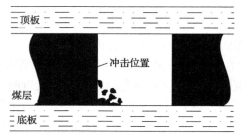

(a) 材料失稳型冲击地压

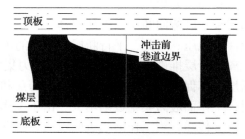

(b) 滑移错动型冲击地压

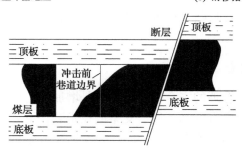

(c) 结构失稳型冲击地压

图 5-3　冲击地压三种类型示意图

2) 滑移错动型冲击地压

滑移错动型冲击地压如图 5-3(b)所示，是指在采动影响下由于顶底板与煤层刚度的不同而导致煤层滑移错动冲击挤出，如李普曼(Lippmann)研究的煤层平动突出模型；或井巷附近的断层、构造或结构面滑移错动诱发突然剧烈破坏的动力现象。

3) 结构失稳型冲击地压

井巷或工作面周围岩体，采动应力或顶板大面积悬顶突然破断或矿震诱发而产生突然剧烈破坏的动力现象，经常使煤柱或巷道围岩大面积的冲击突出而发生整体井巷结构失稳，如图 5-3(c)所示。如孤岛工作面的开采、煤柱的回收、坚硬顶板下的煤层开采等。例如，2008 年在千秋煤矿发生的一起冲击地压事故，采场围岩瞬间释放的巨大能量致使105m 长的巷道发生冲击突出破坏。

在煤炭开采实践中，滑移错动型冲击地压和结构失稳型冲击地压所引发的破坏通常比材料失稳型冲击地压更剧烈，前两类冲击地压冲出煤量大、动能多、震动大，往往造成巨大的破坏和严重的后果。

5.1.4.2 按冲击时释放的地震能大小分类

根据冲击地压发生时释放的地震能大小，可将冲击地压分为五类，分别为微冲击、弱冲击、中等冲击、强烈冲击和灾害性冲击，见表 5-2。

表 5-2 按冲击时释放的地震能大小分类

冲击地压级别	地震能/J	震中的地震烈度/级
微冲击	<10	<1
弱冲击	$10\sim10^2$	$1\sim2$
中等冲击	$10^2\sim10^4$	$2\sim3.5$
强烈冲击	$10^4\sim10^7$	$3.5\sim5$
灾害性冲击	$>10^7$	>5

(1) 微冲击：表现为小范围的岩石抛出和矿体震动，包括射落和微震。射落是表面的局部破坏，表现为单个煤岩块弹出，并伴有射击的声响。微震是母体深部不产生粉碎和抛出的局部破坏，常伴有声响和岩体微震动。

(2) 弱冲击：表现为少量煤岩抛出的局部破坏，伴有明显的声响和地震效应，但不造成严重的破坏。

(3) 中等冲击：急剧的脆性破坏，抛出大量的煤岩体，形成气浪，造成几米长的巷道支架损坏和推移或损坏机电设备。

(4) 强烈冲击：使长达几十米的巷道支架破坏和垮落，损坏机电设备，需要做大量的修复工作。

(5) 灾害性冲击：使整个采区或一个水平内的巷道垮落，个别情况下波及全矿，造成整个矿井报废。

5.1.4.3 按参与冲击地压的煤岩体类别分类

（1）煤层冲击：产生于煤体-围岩力学系统中的冲击地压，是煤矿冲击地压的主要显现形式。

（2）岩层冲击：高强度脆性岩石瞬间释放其储存的弹性能，岩块从其母体急剧、猛烈地弹射出来。对煤矿来说，顶、底板岩层内变形能的突然释放又称围岩冲击，根据发生的位置又分为顶板冲击和底板冲击，实际上它们是顶、底板岩层大范围的破断而导致的能量释放，主要表现为煤体的破坏和抛出。

5.1.4.4 根据冲击力源分类

（1）重力型：主要受岩层重力作用，没有或只有较小构造应力影响条件下引起的冲击地压。

（2）构造型：若构造应力远远超过岩层自重应力时，主要受构造应力作用而引起冲击地压。

（3）震动型：煤岩体受震动荷载而产生的冲击地压。它与重力型冲击地压的区别在于荷载的类型为脉冲式动载，荷载方向与震动波的传播形式和途径有关。

（4）综合性：受几种荷载共同作用引起的冲击地压。

5.1.4.5 按显现强度分类

地震仪或微震监测系统观测结果可以确定冲击地压显现强度，按里氏震级划分为 6 个等级，见表 5-3。

表 5-3 按冲击地压显现强度分级

等级	1	2	3	4	5	6
里氏震级	0.5～1.0	1.1～1.5	1.6～2.0	2.1～2.5	2.6～3.0	≥3.0

5.1.5 冲击地压的发生机理

冲击地压的发生机理，主要是说明煤、岩介质变形破坏的力学过程。只有在搞清冲击地压机理的基础上，才能正确认识它的成因建立判别发生的准则，理解防治原理和制定出有效的防治措施。

1）刚度理论

刚度理论是由库克（Cook）等在 20 世纪 60 年代根据刚性压力试验而得到的。该理论认为试件的刚度大于试验机构的刚度时，破坏是不稳定的，煤岩体呈现突然的脆性破坏。20 世纪 70 年代，Black 认为矿山结构的刚度大于矿山负荷系统的刚度是产生冲击地压的必要条件。这一理论简单、直观，但矿山负荷系统的划分、刚度的概念及如何确定矿山结构的刚度是否达到峰值强度后的刚度是一个难题。该理论没有考虑到矿山结构与矿山负荷系统本身可以储存和释放的能量。

2) 强度理论

煤岩体破坏的原因和规律，实际上是强度问题，即材料受载后，超过其强度极限时，必然要发生破坏。但这仅是对材料破坏的一般规律的认识，它不能深入解释冲击地压的真实机理。在强度理论指导下，对围岩体内形成应力集中的程度及其强度性质等方面，曾做了大量工作。从 20 世纪 50 年代起，这种理论开始着眼于"矿体-围岩"力学系统的极限平衡条件的分析和推断，具有代表性的是夹持煤体理论。该理论认为，较坚硬的顶底板可将煤体夹紧，煤体夹持阻碍了深部煤体自身或"煤体-围岩"交界处的卸载变形。这种阻抗作用意味着，平行于层面的侧向力(摩擦阻力和侧向阻力)阻碍了煤体沿层面的卸载移动，使煤体更加压实，承受更高的压力，积蓄较多的弹性能。从极限平衡和弹性能释放的意义上来看，夹持起到了闭锁作用。据此，在煤体夹持带所产生的力学效应是：压力高并储存有相当高的弹性能，高压带和弹性能积聚区可位于煤壁附近。一旦应力突然加大或系统阻力突然减小，煤岩体可产生突然破坏和运动，抛向已采空间，形成冲击地压。

3) 能量理论

20 世纪 50 年代末期苏联学者 C.Г. 阿维尔申以及 60 年代中期英国学者库克等提出，矿体与围岩系统的力学平衡状态破坏后所释放的能量大于消耗能量时，就会发生冲击地压。这一观点阐明了矿体与围岩的能量转换关系，煤岩体急剧破坏形式的原因等问题。在刚性压力机上获得了岩石的应力-应变曲线，揭示出非刚性压力机与试件系统的不稳定性导致了试件在峰值强度附近发生突然破坏的现象。1972 年布莱克把它推广为发生冲击地压的条件，认为矿山结构(矿体)的刚度大于矿山负荷系(围岩)的刚度是发生冲击地压的条件，这也称为刚度理论。实际上它也是考虑系统内所储存的能量和消耗、破坏和运动等能量的一种能量理论，但这种理论未能得到充分证实，即在围岩刚度大于煤体刚度的条件下也会发生冲击地压。

4) 冲击倾向性理论

冲击倾向性是指煤岩体发生冲击破坏的固有能力或属性。煤岩体冲击倾向性是发生冲击地压的必要条件。冲击倾向性理论是波兰和苏联学者提出的。

近年来我国学者在这方面做了大量的工作，提出用煤样的动态破坏时间 D_T、弹性能量指数 W_{ET}、冲击能量指数 K_E 及单轴抗压强度 R_c 四项指标综合判别煤的冲击倾向性的试验方法，冲击倾向性指标见表 5-1。此外，在试验方法、数据处理及综合评判等研究中取得了一定的进展。

显然，用一组冲击倾向性理论指标评价煤岩体本身的冲击危险具有实际的意义，并已得到了广泛的应用。然而，冲击地压的发生与采掘和地质环境有关，煤岩体的物理力学性质随地质开采条件的不同有很大的差异，实验室测定的结果往往不能完全代表各种环境下的煤岩体性质，这也给冲击倾向性理论的应用带来了局限性。

大量的现场调查表明，具有相同冲击倾向性的煤层，甚至同一煤层，只有少数区域发生冲击地压，大多数区域不发生冲击地压。而且许多属于强冲击倾向性的煤层并不发生冲击地压，而某些冲击倾向性很弱或无冲击倾向性的煤层却发生了冲击地压，可见冲击倾向性理论的不足。

5) 三准则理论

在研究强度理论、能量理论和冲击倾向性理论所提出的冲击地压判据基础上，我国学者李玉生等把强度理论视为煤岩体的破坏准则，作为冲击地压发生的必要条件；把能量理论和冲击倾向性理论视为煤岩突然破坏的准则，作为冲击地压发生的充要条件。认为当三个理论同时满足时，才是判定冲击地压发生的必要条件。三准则理论没有给出三个理论的具体形式，且需要确定的参数较多，使用不方便。

6) 失稳理论

近年来，我国一些学者认为，根据岩石应力-应变曲线，在上凸硬化阶段，煤、岩抗变形（包括裂纹和裂缝）的能力是增大的，介质是稳定的；在下凹软化阶段，由于外载超过其峰值强度，裂纹迅速传播和扩展，发生微裂纹密集而连通的现象，使其抗变形能力降低，介质是非稳定的。在非稳定的平衡状态中，一旦遇到外界微小扰动，则有可能失稳，从而在瞬间释放大量能量，发生急剧、猛烈的破坏，即冲击地压。由此，介质的强度和稳定性是发生冲击的重要条件之一。虽然有时外载未达到峰值强度，但由于煤岩的蠕变性质，在长期作用下其变形会随时间而增大，进入软化阶段。这种静疲劳现象，可以使介质处于不稳定状态。在失稳过程中系统所释放的能量可使煤岩从静态变为动态，即发生急剧、猛烈的破坏。

失稳理论提出了冲击地压是材料失稳的思想，但没有对冲击地压发生的条件进行具体分析。

7) "三因素" 理论

齐庆新等学者在研究冲击地压的发生与煤岩体摩擦滑动破坏的关系时提出了"三因素"理论。该理论将煤岩体内在因素、力源因素和结构因素作为导致冲击地压发生的最主要因素。认为煤岩体破坏是滑动破坏，其滑动形式分为稳定性滑动和黏性滑动两种。煤岩层受力的瞬时黏滑过程，是煤岩层满足剪切强度准则的突然滑动并在滑动过程中伴有变形能释放的动力过程。

8) 能量驱动理论

作者团队认为冲击地压是煤岩系统在变形过程中的一个稳定态积蓄能量、非稳定态释放能量的非线性动力学过程，如图 5-4 所示。冲击地压的发生即煤岩系统在能量驱动下由能量稳定积聚阶段或能量平衡阶段转变为能量非稳定释放阶段。根据不同区域煤岩应力特征及冲击地压发生时的作用不同，将煤岩划分为阻挡区、驱动区和无明显影响区，给出了系统进入非稳定态释放能量的扰动条件和能量条件。

9) 强度弱化减冲理论

窦林名等学者提出了强度弱化减冲理论，认为首先在强冲击危险区域，对煤岩体进行松散，可以使得煤岩体的强度和冲击倾向性得到降低，冲击危险性也得到降低；然后在弱化煤岩体强度后，岩体应力高峰值得到深部转移，应力集中程度也降低；最后开展减冲解危措施，降低冲击地压发生的强度。

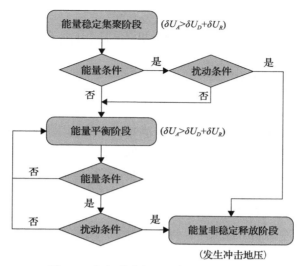

图 5-4　应变型冲击地压发生过程示意图

10）其他理论

20 世纪 70 年代末，林天键、唐春安将 Thom 创立的突变论引入岩石力学，其后，潘岳等学者建立了岩体结构失稳的突变模型，对矿山压力、刚度和煤岩体损伤扩展耗散能量进行分析，定性地解释了发生冲击地压的机理。

近年来，现代数学中的分叉理论（bifurcation theory）和混沌动力学（chaotic dynamics）应用于冲击地压的研究。冲击破坏可视为煤岩体内部微观裂纹扩展、分叉和失稳扩展的动态演化过程，裂纹分叉与失稳是紧密相关的，裂纹经过多次的分叉便导致整个系统的失稳，这种失稳可比拟为一类非线性微分方程的倍周期分叉而出现的混沌运动现象。可见，利用非线性分叉理论和混沌动力学来研究煤岩体发生冲击地压应成为今后的一个研究方向，也是预测预报冲击地压的一个新途径。

谢和平院士提出了冲击地压的分形特征，将分形几何引入冲击地压的研究。这一理论的主要成果是使用分形数目与半径的关系来分析微震事件的空间分布，发现微震事件具有集聚分形结构。在冲击地压发生前，微震事件的集聚程度明显增加，并出现分形维数的减少。最低的分形维数通常出现在一个主冲击地压临近发生时。分形理念用于对冲击地压发生的解释，更多的是从现象的角度给予定性描述，在定量描述冲击地压发生的原因和破坏过程方面还需要做大量的研究工作。

潘一山教授研究冲击地压机理时指出，煤岩体发生变形局部变化的起始条件与煤岩体冲击地压发生的启动条件相同，也就是说冲击地压启动后，其变形破坏过程与煤岩体变形局部化是同一过程。

潘立友教授等将煤体的破裂变形分为三个阶段：弹性阶段、非线性阶段与突变阶段，用三个特征量描述了煤体扩容变化的过程：体积压缩、稳定扩容机理、突变，建立了冲击地压的扩容模型，提出了扩容理论。

除上述研究外，国内外学者针对不同的地质开采条件对冲击地压进行了理论研究。

5.2　煤岩层冲击倾向性评价及冲击危险性评价

5.2.1　煤岩层冲击倾向性评价

煤矿多年开采实践表明，冲击地压作为一种复杂的非线性动力灾害，并不是在所有条件矿井均有发生，其发生往往需要煤岩体满足一定的物性条件，即具有冲击倾向性。影响煤岩介质冲击倾向性大小的因素较多，一般可分为内在因素与外部因素。内在因素以煤岩属性为主，主要包括矿物成分、碎屑含量、颗粒大小、岩石结构、颗粒接触方式、胶结物成分、胶结类型等，外部因素主要包括煤岩体生成条件、赋存环境、围岩应力、围岩性质(顶底板条件)以及密度、温度和湿度等。

为定量衡量煤岩冲击倾向性大小，国内外分别从煤岩体积蓄积能量、破坏时间、变形和刚度等方面提出了多种冲击倾向性指数，并提出了相应的判别指标。常用的指数有弹性能量指数(W_{ET})、冲击能量指数(K_E)、动态破坏时间(D_T)、弹性变形指数(K_l)、脆性指数(K_B)、刚度比指数(K_{CF})等，这些指数的提出大大推动了冲击地压机理研究，也为冲击地压预测、预报及防治奠定了一定的基础。

《冲击地压测定、监测与防治方法 第2部分：煤的冲击倾向性分类及指数的测定方法》(GB/T 25217.2—2010)中推荐了评价煤的四种冲击倾向性指标，分别为动态破坏时间、弹性能量指数、冲击能量指数和单轴抗压强度。《冲击地压测定、监测与防治方法 第1部分：顶板岩层冲击倾向性分类及指数的测定方法》(GB/T 25217.1—2010)中推荐了评价顶板岩层冲击倾向性的弯曲能量指数。

1)动态破坏时间

动态破坏时间是指煤岩试件在单轴压缩状态下，从极限强度至完全破坏所经历的时间，其具体获取方法为：首先将标准试件置于单轴压缩试验机中，以0.5～1.0MPa/s的速度加载直至试件完全破坏；将测得的信号通过动态电阻应变仪传递给计算机数据采集处理系统，以不小于10kHz频率采集和储存测试数据，绘制试件动态破坏时间曲线，如图5-5所示，由图5-5即可获得煤岩体动态破坏时D_T。该指标简单且易于获取，反映了煤岩体破坏所需要时间的长短，是一种实用性较强的冲击倾向性指标。

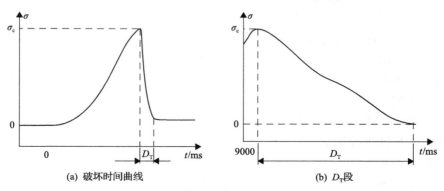

图5-5　煤岩动态破坏时间曲线

2) 弹性能量指数

弹性能量指数由波兰采矿研究总院提出的，是国内外较流行的一种冲击倾向性指标，其获取方法为：首先用常规单轴压缩试验获得试件的平均单轴抗压强度，然后将试件以 0.5～1.0MPa/s 的速度加载至单轴抗压强度的 75%～85%，再以同样的速度卸载，其加卸载曲线如图 5-6 所示，根据式 (5-9) 即可得到弹性能量指数 W_{ET}。该指标确定参数比较简单，反映了煤岩体在极限强度以前积蓄弹性能的能力，在一定程度上可以表示煤岩体冲击倾向性的大小。

$$W_{ET} = \frac{Q_{SE}}{Q_{SP}} \tag{5-9}$$

式中，Q_{SE} 为弹性应变能，其值为卸载曲线与应变轴围成的面积；Q_{SP} 为塑性应变能，其值为加载曲线与卸载曲线所包围的面积。

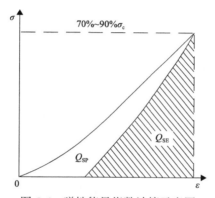

图 5-6　弹性能量指数计算示意图

3) 冲击能量指数

冲击能量指数是指煤岩试件在单轴压缩状态下，在应力-应变曲线中，峰值前积聚的变形能与峰值后损耗变形能之比，其具体获取方法为：采用电液伺服试验机或刚性试验机，以 0.5×10^{-5}～1.0×10^{-5}mm/s 的变形速率进行单轴加载，获得试样的应力-应变曲线，如图 5-7 所示；以过峰值 C 点的垂线 CQ 为界，峰值后的曲线位于 CQ 右侧为 I 类应力-应变曲线，位于 CQ 左侧的为 II 类应力-应变曲线，具有 II 类应力-应变曲线的煤岩体属于强冲击倾向性，无须计算冲击能量指数。

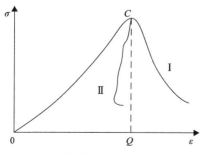

图 5-7　两类典型应力-应变曲线

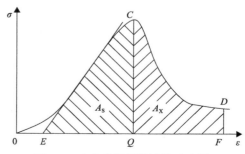

图 5-8　冲击能量指数计算示意图

对于 Ⅰ 类应力-应变曲线，其冲击能量指数 K_E 按式(5-10)计算：

$$K_E = \frac{A_S}{A_X} \qquad\qquad (5\text{-}10)$$

式中，A_S 为峰值前积聚的变形能，其值为应力-应变曲线上升段下方的面积；A_X 为峰值后损耗变形能，其值为应力-应变曲线下降段下方的面积。

图 5-8 中，D 为残余强度的初始点，其确定方法为：做峰值前应力-应变曲线的切线交 ε 轴于 E 点，截取 $QF=QE$，过 F 点做 ε 的垂线与峰值曲线交于 D 点。

4) 单轴抗压强度

单轴抗压强度是煤矿工程中经常使用的参数，研究表明，其与煤岩试件动态破坏时间呈负相关，与弹性能量指数和冲击能量指数呈正相关，可以作为评价煤层冲击倾向性的指标。

5) 其他指标

① 煤岩组合冲击能速度指数

综合考虑煤层失稳破坏时顶底板岩层对煤层的加载作用，以及煤岩破坏过程中的能量积聚释放与时间效应等因素，国内专家据此提出了一种煤岩组合冲击能速度指数，采用煤岩组合体试件破坏时单位时间内释放能量与消耗能量的比值表示。该指数基于煤岩组合体力学特性来评价煤层的冲击危险性，并根据现场工程条件确定组合体试件中各部分的高度，较好地量化了顶底板岩层影响，具体获取方法如下。

(1)煤岩组合体中各部分高度确定。根据待判定煤层的具体地质条件，获得煤层厚度 H_1、直接顶厚度 H_2 及直接底厚度 H_3，分别由式(5-11)确定煤岩组合体试件中煤的高度 h_1、顶板岩石高度 h_2 和底板岩石高度 h_3：

$$\begin{cases} h_1 = \dfrac{0.1H_1}{H_1 + H_2 + H_3} \\[2mm] h_2 = \dfrac{0.1H_2}{H_1 + H_2 + H_3} \\[2mm] h_3 = \dfrac{0.1H_3}{H_1 + H_2 + H_3} \end{cases} \qquad (5\text{-}11)$$

(2)室内煤岩组合体试件制作。在实验室分别制作直径为 50mm 的顶板(高度为 h_2)、煤(高度为 h_1)和底板(高度为 h_3)试件，采用 AB 强力胶将其按顶板—煤—底板的顺序黏合成一体式结构，为标准煤岩组合体试件。

(3)对组合体试件进行室内单轴压缩试验，分别获得组合体中顶板岩石、煤及底板岩石的应力-应变曲线和煤的应力-时间曲线，如图 5-9 所示。

(4)煤岩组合冲击能速度指数计算。根据图 5-9 可分别获得组合体试件破坏时单位体积顶板岩石、底板岩石与煤内积聚的弹性应变能(Q_{SER1}、Q_{SER2} 和 Q_{SEC})，煤的动态破坏时间(D_T)，以及破坏单位体积处于峰值应力的煤所需消耗的能量(F_X)，则煤岩组合冲击

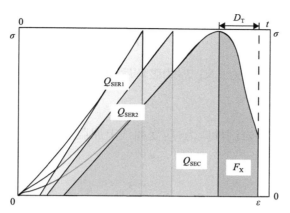

图 5-9 煤岩组合冲击能速度指数中各参数示意图

能速度指数 (W_{ZT}) 可表示为

$$W_{ZT} = \frac{h_2 Q_{SER1} + h_3 Q_{SER2} + h_2 Q_{SEC}}{h_1 F_X D_T} \tag{5-12}$$

煤岩组合冲击能速度指数反映了煤岩组合体试件破坏时释放能量的能力，该指数越大，冲击能力越强。忽略试件的尺寸效应，若计算的该指数与冲击能速度指数相等，说明煤体破坏时的能量释放速度相同，煤体产生冲击破坏的能力相同，即具有相同的冲击危险性。因此，根据冲击能速度指数分级标准，可将煤岩组合冲击能速度指数的分级标准初步确定为：当 $W_{ZT} < 3$ 时，无冲击倾向性；当 $3 \leqslant W_{ZT} < 100$ 时，弱冲击倾向性或中等冲击倾向性；当 $W_{ZT} \geqslant 100$ 时，强冲击倾向性。

② 弹性变形指数

弹性变形指数由原全苏矿山测量科学研究院提出，其获取方法为，在荷载不小于峰值强度 80% 的条件下，用反复加载和卸载循环得到的弹性变形量与总变形量之比表示

$$K_i = \frac{\varepsilon_{ei}}{\varepsilon_i} \tag{5-13}$$

式中，ε_{ei} 为第 i 次循环后试件的弹性变形量；ε_i 为第 i 次循环后试件的总变形量。

③ 有效冲击能指数

通过刚性试验机对煤样进行单轴压缩试验，测出煤样破坏时碎片的水平抛掷距离和质量，求得总能量 φ_k；同时测定试件破坏前的最大轴向应变 ε_u 及相应的极限应力 σ_u，从而试算出最大弹性应变能为 $\varphi_0 = \sigma_u \cdot \varepsilon_u / 2$，则有效冲击能指标 η 为

$$\eta = \frac{\varphi_k}{\varphi_0} \times 100\% \tag{5-14}$$

④ 脆性指数

冲击地压是煤岩的一种脆性破坏形式，因此可以采用煤岩的脆性指数 K_B 作为冲击倾向性判别指标，其有多种表达方式，常用的表达式为

$$K_{\mathrm{B}} = \frac{P_1 h_1}{P_2 h_2} \tag{5-15}$$

式中，P_1 为试件破坏瞬间的力，N；P_2 为破坏后残余的力，N；h_1、h_2 为试件破坏前、后冲头压入试件的深度，mm。

⑤ 刚度比指数

刚度比指数 K_{CF} 是煤岩试件应力-应变曲线上屈服点前后煤岩刚度的比值，其表达式为

$$K_{\mathrm{CF}} = \frac{K_{\mathrm{m}}}{|K_{\mathrm{n}}|} \tag{5-16}$$

式中，K_{m} 为应力-应变曲线上屈服点前的煤岩刚度，N/m；K_{n} 为应力-应变曲线上屈服点后的煤岩刚度，N/m。

⑥ 冲击能量速度指数

冲击能量速度指数 W_{YS} 表示单位时间内释放剩余能量的能力，根据试件全过程应力-应变曲线(图 5-10)，可表示为峰值前积蓄的全部弹性能除以峰值后消耗的能量与煤岩动态破坏时间的比值，其表达是为

$$W_{\mathrm{YS}} = \frac{Q_{\mathrm{E}}}{A_{\mathrm{X}} \cdot D_{\mathrm{T}}} \tag{5-17}$$

式中，Q_{E} 为峰值前积蓄的全部弹性能，为峰值处卸载线与 ε 轴围成的面积，J；A_{X} 为峰值后试件破坏消耗的能量，为峰后曲线与 ε 轴围成的面积，J。

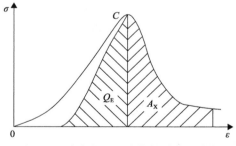

图 5-10　冲击能量速度指数计算示意图

⑦ 剩余能量释放速度指数

剩余能量释放速度指数 W_{T} 的物理意义是煤岩试件破坏过程中单位时间内释放的剩余能量的大小，即煤岩试件动态破坏曲线中峰值前积聚的弹性能减去峰值后损耗的能量得到的剩余能量与动态破坏时间 D_{T} 的比值，参考图 5-10，其计算公式为

$$W_{\mathrm{T}} = \frac{Q_{\mathrm{E}} - A_{\mathrm{X}}}{D_{\mathrm{T}}} \tag{5-18}$$

6）各指标的分级标准

上述指标在应用时，一般根据其指标取值的大小，将冲击倾向性分为三类，即无冲击倾向性、弱冲击倾向性和强冲击倾向性，有的指标分为两类，即无冲击倾向性和有冲击倾向性，还有的分为四类，即无冲击倾向性、弱冲击倾向性、中等冲击倾向性和强冲击倾向性，常用指标评判标准汇总见表5-4。

表 5-4　现有煤岩冲击倾向性评判标准

类别	指标	评判标准			
		无冲击倾向性	弱冲击倾向性	中等冲击倾向性	强冲击倾向性
行业标准	动态破坏时间	$D_T>500$	$50<D_T\leq500$		$D_T\leq50$
	弹性能量指数	$W_{ET}<2$	$2\leq W_{ET}<5$		$W_{ET}\geq5$
	冲击能量指数	$K_E<1.5$	$1.5\leq K_E<5$		$K_E\geq5$
	单轴抗压强度	$R_c<7$	$7\leq R_c<14$		$R_c\geq14$
其他	煤岩组合冲击能速度指数	$W_{ZT}<3$	$3\leq W_{ZT}<100$		$W_{ZT}\geq100$
	弹性变形指数	$K_i<0.7$	$0.7\leq K_i\leq0.83$		$K_i>0.83$
	有效冲击能指数	$\eta<3.2\%$	$3.2\%\leq\eta\leq4.0\%$		$\eta>4.0\%$
	脆性指数	$K_B\geq15$	$K_B<15$		
	刚度比指数	$K_{CF}\geq1$	$0.5<K_{CF}<1$		$K_{CF}\leq0.5$
	冲击能量速度指数	$W_{YS}<3$	$3\leq W_{YS}<100$		$W_{YS}\geq100$
	剩余能量释放速度指数	$W_T\leq0$	$0<W_T\leq2$		$W_T>2$

5.2.2　冲击危险性评价

煤岩体具有冲击倾向性，并不表明一定会发生冲击地压，即使发生冲击地压，每个矿井发生冲击地压的危险程度也不一样。冲击危险性是煤岩体可能发生冲击地压的危险程度，不仅受到矿山地质因素的影响，而且受到矿山开采条件的影响，煤矿开采的不同阶段，对冲击地压危险性进行评价的方法也不同。目前，我国还没有一个比较科学权威的冲击危险性评价方法，实践表明，采用单一的冲击危险性指标有可能对冲击地压危险性评价造成很大误差，严重影响煤矿企业生产安全。影响冲击危险性的危险因素是复杂多样的，想要较准确地对其进行评价，需要综合考虑影响冲击地压发生的各个因素或能反映其性状的综合指标，从而选择合适的评价方法来对各个因素进行评价，最终确定冲击危险性，为采取防治措施提供依据。

无论使用何种预测方法，对预测地点冲击危险性的准确分析都是至关重要的先决条件。近几年来，通过理论与实践研究，我国在冲击危险性评价方法上取得了一定的进展。在冲击危险性评价等级的划分中，充分借鉴《煤矿安全规程》《防治煤矿冲击地压细则》中的相关规定，对具体矿井区域进行分类。

冲击倾向性是引起冲击地压的内在基本因素，是煤岩体内发生冲击破坏的固有力学性质属性。在冲击地压发生机理的研究中对冲击倾向性的研究是十分必要的，因为这是冲击地压防治和预测的前提。

根据《防治煤矿冲击地压细则》中第十条的要求，有下列情况之一的，就应当进行煤层(岩层)冲击倾向性鉴定。

(1)有强烈震动、瞬间底(帮)鼓、煤岩弹射等动力现象的。

(2)埋深超过 400m 的煤层，且煤层上方 100m 范围内存在单层厚度超过 10m、单轴抗压强度大于 60MPa 的坚硬岩层。

(3)相邻矿井开采的同一煤层发生过冲击地压或经鉴定为冲击地压煤层的。

(4)冲击地压矿井开采新水平、新煤层。

开采具有冲击倾向性的煤层，必须进行冲击危险性评价。煤矿企业应当将评价结果报省级煤炭行业管理部门、煤矿安全监管部门和煤矿安全监察机构。

对于具有冲击危险性的矿井来说，在进行采区设计、工作面布置和采煤方法选择时，都要对该采区、煤层、水平或工作面进行冲击危险性评价工作，以减少或避免冲击地压对矿井安全生产构成威胁。冲击地压危险状态可通过分析煤岩体内的应力状态、岩体特性、煤层特征等地质因素和开采技术因素来确定。危险性指数分为地质因素评价的指数和开采技术条件评价的指数，综合两者来评价区域内的冲击危险程度。冲击地压危险状态是随着采矿地质条件的变化而在空间和时间上发生变化的。根据国内外相关研究成果，冲击地压危险状态是由下列因素决定的。

(1)岩体应力：是由采深、构造及历史开采情况造成的，其中残留煤柱和停采线上的应力集中将长期作用，而采空区卸压在一定时间后会消失。

(2)岩体特性：特别是形成高能量震动的倾向。主要来自厚层、高强度的顶板岩层。减小顶板岩层的强度，增加岩层的分层数量，特别是多次分层开采，可限制大震动的发生。

(3)煤层特性：主要是在超过某个压力标准值时的动力破坏倾向性。对于所有煤层来说，条件满足时，都会发生冲击地压。但对于弱冲击煤层来说，所要求的压力值要远远大于具有冲击倾向性的煤层。

因此，通过对煤岩体的自然条件、特征及开采历史的认识，可以大概估算冲击地压的危险状态及危险等级，对于具有冲击地压危险性的矿井，在进行矿井建设、采区设计、工作面布置、采煤工艺选择时，都应该对采区、煤层、水平或工作面进行冲击地压危险性评定划分。

1)影响冲击地压危险状态的地质因素及指数

影响冲击地压危险状态的地质因素主要有开采深度、顶板坚固程度、构造应力、煤层冲击倾向性等，可根据表 5-5 确定。

表 5-5 影响冲击地压危险状态的地质因素及指数

因素	危险状态影响因素	影响因素的定义	冲击性危险指数
W_1	是否发生过冲击地压	该煤层未发生过冲击地压	−2
		该煤层发生过冲击地压	0
		采用同种作业方式在该煤层或煤柱多次发生过冲击地压	3

续表

因素	危险状态影响因素	影响因素的定义	冲击性危险指数
W_2	开采深度	<500m	0
		500~700m	1
		>700m	2
W_3	厚、硬顶板岩层距煤层的距离	>100m	0
		50~100m	1
		<50m	3
W_4	开采区域内的构造应力集中度	>10%正常自重应力	1
		>20%正常自重应力	2
		>30%正常自重应力	3
W_5	顶板岩层厚度特征参数 L_{S1}	<50m	0
		≥50m	2
W_6	煤的单轴抗压强度 R_c	<16MPa	0
		≥16MPa	2
W_7	煤的弹性能量指数 W_{ET}	<2	0
		2≤W_{ET}<5	2
		≥5	4

根据表 5-5，利用式(5-19)确定采掘工作面地质条件对冲击矿压危险状态的影响程度以及确定冲击地压危险状态等级评价指数 W_{t1}：

$$W_{t1} = \frac{\sum_{i=1}^{n} W_i}{\sum_{i=1}^{n} W_{imax}} \tag{5-19}$$

式中，W_{imax} 为表 5-5 中第 i 个地质因素中的最大值；W_i 为采掘工作面第 i 个地质因素的危险指数；n 为地质因素的数目。

2) 影响冲击地压危险状态的开采技术因素及指数

同样，根据开采技术条件、开采历史，煤柱、停采线等这些开采历史和开采技术因素，确定相应的影响冲击地压危险状态的指数，从而为冲击地压的预测预报和危险性评价、冲击地压的治理提供依据。表 5-6 为影响冲击地压危险状态的开采技术因素及指数。

这样，可根据表 5-6，用式(5-20)来确定采掘工作面周围开采技术条件对冲击地压危险状态的影响程度及冲击地压危险状态等级评定的指数 W_{t2}：

$$W_{t2} = \frac{\sum_{i=1}^{n_2} W_i}{\sum_{i=1}^{n_2} W_{imax}} \tag{5-20}$$

式中，W_{12} 为开采技术因素确定的冲击地压危险指数；W_{imax} 为表 5-5 中第 i 个地质因素中的最大指数值；W_i 为采掘工作面周围第 i 个地质因素的实际指数；n_2 为开采技术因素数目。

表 5-6 影响冲击地压危险状态的开采技术因素及指数

因素	危险状态影响因素	影响因素的定义	冲击性危险指数
W_1	工作面距残留区或停采线的垂直距离	>60m	0
		30～60m	2
		<30m	3
W_2	未卸压的厚煤层	留顶煤或底煤厚度大于 1.0m	3
W_3	未卸压一次采全高的煤厚/m	<3.0m	0
		3.0～4.0m	1
		>4.0m	3
W_4	两侧采空，工作面斜长	>300m	0
		150～300m	2
		<150m	4
W_5	沿采空区掘进巷道	无煤柱或煤柱宽小于 3m	0
		煤柱宽 3～10m	2
		煤柱宽 10～15m	4
W_6	接近采空区的距离小于 50m	掘进面	2
		回采面	3
	接近煤柱的距离小于 50m	掘进面	1
		回采面	3
W_7	掘进工作面接近老巷的距离小于 50m	老巷已充填	1
		老巷未充填	2
	采煤工作面接近老巷的距离小于 30m	老巷已充填	1
		老巷未充填	2
	工作面接近分叉的距离小于 50m	掘进面或回采面	3
W_8	面接近落差大于 3m 的断层距离小于 50m	接近上盘	1
		接近下盘	2
W_9	面接近煤层倾角剧烈变化的褶皱距离小于 50m	>15°	2
W_{10}	开采过上或下解放层，卸压程度	弱	−2
		中等	−4
		好	−8
W_{11}	面接近煤层侵蚀或合层部分	掘进面或回采面	2
W_{12}	采空区处理方式	充填法	2
		垮落法	0

3）冲击地压危险程度的预测预报

以上给出了采掘工作面地质因素和开采技术因素对冲击地压的影响以及冲击地压危险状况等级评价指数 W_{t1} 和 W_{t2} 的具体表达式，根据这两个指数，用式(5-21)计算出采掘工作面附近冲击矿压危险状态等级评定综合指数 W_t。

$$W_t = \max\{W_{t1}, W_{t2}\} \tag{5-21}$$

根据 W_t 确定目标采掘工作面的冲击地压危险程度。

4）冲击地压危险性等级的划分

根据冲击地压发生的原因，冲击地压的预测预报、危险性评价，通过数理统计、模糊数学等分析研究，冲击地压的危险程度按冲击地压危险状态等级可评定划分为五级。对于不同危险状态，应具有一定的防治对策。

（1）无冲击危险。冲击矿压危险状态等级评定综合指数 $W_t<0.3$。所有的采矿工作可按作业规程规定的进行。

（2）弱冲击危险。冲击矿压危险状态等级评定综合指数 $W_t=0.3\sim0.5$。有的采矿工作可按作业规程规定的进行；作业中加强冲击矿压危险状态的观察。

（3）中等冲击危险。冲击矿压危险状态等级评定综合指数 $W_t=0.5\sim0.75$。下一步的采矿工作应与该危险状态下的冲击矿压防治措施一起进行，且至少通过预测预报确定冲击矿压危险程度不再上升。

（4）强冲击危险。冲击矿压危险状态等级评定综合指数 $W_t=0.75\sim0.95$。停止采矿作业，不必要的人员撤离危险地点；矿主管领导确定限制冲击矿压危险的方法及措施，以及冲击矿压防治措施的控制检查方法，确定冲击矿压防治措施的人员。

（5）不安全。冲击矿压危险状态等级评定综合指数 $W_t>0.95$。冲击矿压的防治措施应根据专家的意见进行，应采取特殊条件下的综合措施及方法；采取措施后，通过专家鉴定，方可进行下一步的作业；如冲击矿压的危险程度没有降低，停止进行进一步的采矿作业，该区域禁止人员通行。

5.3 冲击地压监测预警技术

5.3.1 微震监测

1）基本原理

微震监测是冲击地压最为广泛的监测方法，微震监测是根据评估的岩爆风险源区域，布置多个传感器(至少 4 个)，对岩爆风险源区域内的岩体破裂释放出的弹性波信号进行采集，根据采集获取的弹性波信号，进一步分析获得破裂位置、时间、能量等震源参数的监测方法，其微震监测原理如图 5-11 所示。

其具体过程为：通过在矿区布置多组传感器，实时采集微震波长、波速、频度、能率、振幅等数据，对数据进行微震信号识别、滤波、去噪后上传到服务器，通过微震定位分析解释程序进行震源定位以及计算震源能量，掌握破裂发生的时间、密度和频度等

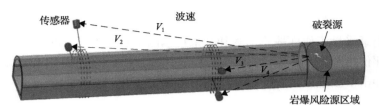

图 5-11　微震监测原理示意图

$V_1 \sim V_4$ 为破裂源对不同传感器的传播速度

数据，对冲击地压可能发生的时间、位置进行预警。

微震主要记录震动发生的三维位置和震动释放的能量。当矿井的某个区域监测到矿震释放的能量大于发生冲击地压所需的最小能量时，则该区域的当前时间内有发生冲击地压的可能。同时冲击地压的危险性也可通过分析震动的位置规律性来判断。如果在矿井的某个区域内，在一定的时间内，已进行了微震监测，根据观测到的微震能量水平、震动位置变化规律，就可以捕捉到冲击地压危险信息，并进行冲击地压预测预报。

2) 前兆信息

根据大量现场微震监测资料，微震监测冲击危险的前兆信息如下。

(1) 岩体中能量的释放总是处于一种波动状态，在具有冲击危险时，这种波动状态开始加剧，震源总能量变化趋势首先经历一个震动活跃期，之后出现较明显的下降阶段。当震动活跃期中出现较高的震动频次时，开始具有冲击危险性；而在下降阶段震动频次再回升或下降阶段中出现比较长时间的沉寂现象，并且震动频次维持在较高水平时，具有强冲击危险性。

(2) 强矿震发生前，矿震次数和矿震能量迅速增加，维持在较高水平，直到发生大的强矿压显现后，矿震次数和矿震能量明显降低。

(3) 震动频次升高后，若总能量总是维持在较低的水平，说明岩体的某个区域内岩体活动加剧，形成了很多小裂隙，小裂隙的贯通将导致大裂隙的形成，是强矿震来临的又一个前兆。

3) 预警值确定

开采与掘进速度的大小，将影响到岩层破裂运动演化的进程，因此，微震监测预警值的确定应当充分反映开采与掘进的影响。其预警值的设定如表 5-7 所列。

表 5-7　预警值设定

危险状态	回采工作面	掘进巷道
A 无危险	(1) 能量 $10^2 \sim 10^3$J，$E_{max} < 5 \times 10^3$J (2) $\sum E < 10^5$J/(每 5m 推进度)	(1) 能量 $10^2 \sim 10^3$J，$E_{max} < 5 \times 10^3$J (2) $\sum E < 5 \times 10^3$J/(每 5m 推进度)
B 弱危险	(1) 能量 $10^2 \sim 10^5$J，$E_{max} < 1 \times 10^5$J (2) $\sum E < 10^6$J/(每 5m 推进度)	(1) 能量 $10^2 \sim 10^4$J，$E_{max} < 5 \times 10^4$J (2) $\sum E < 5 \times 10^4$J/(每 5m 推进度)
C 中等危险	(1) 能量 $10^2 \sim 10^6$J，$E_{max} < 1 \times 10^6$J (2) $\sum E < 10^7$J/(每 5m 推进度)	(1) 能量 $10^2 \sim 10^5$J，$E_{max} < 5 \times 10^5$J (2) $\sum E < 5 \times 10^5$J/(每 5m 推进度)

危险状态	回采工作面	掘进巷道
D 强危险	(1)能量 $10^2 \sim 10^8$J，$E_{max} > 1 \times 10^6$J (2)$\sum E > 10^7$J/(每 5m 推进度)	(1)能量 $10^2 \sim 10^5$J，$E_{max} > 5 \times 10^5$J (2)$\sum E > 5 \times 10^5$J/(每 5m 推进度)

4)适用条件

微震监测可以监测岩体产生破裂时产生的地震波，根据监测结果可分析岩体破裂的数量、频度、强度、密度、尺度、性质等。微震监测范围广，适用于大范围区域性冲击地压监测，对各种地质条件下、各类型的冲击地压都有良好的适用性。但是，对于采掘空间应力积聚导致的冲击地压，采用微震监测难以获得理想的预警效果，就需要与其他监测系统进行配合使用，如应力在线监测系统或电磁辐射监测系统。

5.3.2 地音监测

1)基本原理

在煤矿中，声发射(acoustic emission，AE)通常指的是煤岩体微破裂和宏观破裂过程中，以弹性波的形式释放应变能的现象，亦称地音。煤岩体地音的主要特性是震动频率从上百到 2000Hz 或更高，能量低于 10^2J，震动传播范围不大于 200m。地音是煤岩体内应力释放的前兆，地音信号的多少、大小等指标反映了岩体受力或破坏的情况，故通过对地音信号的采集、处理、分析和研究可以推断煤岩体内部的形态变化。

地音监测系统是通过对近场煤岩破坏启动发生的地音信号的响应，实现约 200m 范围的危险源探测，监测区域一般集中于主采工作面和掘进工作面。冲击地压地音监测技术的基本原理是：岩石在应力作用下发生破坏并产生微震和声波。在破裂区周围的空间内布置多组地音传感器实时采集地音数据，通过监测地音事件、能量释放率、延时等地音参量的变化，确定监测范围内的煤岩体内部受力破裂过程中所伴随的地音强度和频度等地音活动规律，判断监测区域的煤岩体受力状态和破坏程度，评价煤岩体的稳定性，并对冲击地压进行预测预报。地音监测机理如图 5-12 所示。

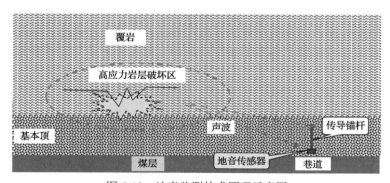

图 5-12　地音监测技术原理示意图

2)前兆信息

地音变化与煤体应力变化过程相似，地音监测冲击危险的前兆信息如下。

(1)地音活动逐渐向未来附加应力高值区及脆性地质带集中,这些部位是潜在发生冲击地压的震源位置。

(2)当地音活动集中在采空区某一部位,且地音事件的强度逐渐增强时,预示着有冲击地压危险。

(3)地音活动是三阶段时间过程,即相对平静、急剧增加、显著减弱等三个阶段,急剧增加过程中发生冲击地压危险性较大。

3)适用条件

地音监测填补了微震所监测不到的盲区。通过地音监测结果,可以确定监测掘进工作面顶板三维破裂范围,了解覆岩空间变化情况,确定开采引起的矿山压力影响范围。在部分开采区域实施地音监测,确定局部应力作用范围和强度,可为煤矿冲击地压的综合防治和钻孔卸压提供指导。

5.3.3 电磁辐射监测

1)基本原理

研究表明,煤岩体受压变形破坏过程中,有电磁辐射信号产生,电磁辐射信号与煤岩体的受力状态密切相关,煤岩体受力越大,电磁辐射信号越强。在采掘工作面前方,依次存在着松弛区、应力集中区及原始应力区,采掘空间形成后这三个区始终存在,并随着工作面的前移而移动。在松弛区,煤岩体破碎严重,不能承受太大的应力,应力较低,赋存的弹性能大部分也已经得到释放,电磁辐射信号较低;而由松弛区过渡到应力集中区的过程中,应力增加,煤岩体的变形破裂过程也更强烈,在峰值应力区,电磁辐射也达到峰值;进入原始应力区后,会有一个理论性的应力-应变曲线。在采掘行为的影响下,工作面煤体处于高应力状态,裂隙快速发育,煤岩体电磁辐射信号增强,即使已经完成支护的巷道,由于工作面的不断推采,其所受的采动应力也是不断变化的,也会有煤岩体的变形破裂。电磁辐射综合反映了煤岩体破裂前应力的集中程度,因此,可以用电磁辐射进行冲击地压的预测预报。

2)前兆信息

电磁辐射识别的临界指标法根据实验室研究及现场测定,理论分析表明,煤岩冲击、变形破坏的变形值释放的能量与电磁辐射的幅值、脉冲数成正比,现将电磁辐射监测冲击危险前兆信息总结如下。

(1)冲击地压发生之前,电磁辐射强度一般稳定在某一范围以下,而在冲击地压临近发生时,电磁辐射强度出现突变。

(2)煤岩体电磁辐射的脉冲数随变形破裂过程的增强而增大。加载速率越大,煤体的变形破裂越强烈,电磁辐射信号也越强。

(3)冲击地压发生前的一段时间,电磁辐射值较高,之后有一段时间相对较低,但这段时间内,其电磁辐射值均达到、接近或超过临界值,之后发生冲击地压。也就是说,冲击地压发生前的一段时间,电磁辐射连续增长或先增长然后下降,之后又呈增长趋势。这说明在冲击地压发生以前,电磁辐射仪测到的脉冲数和其幅值的连续增长,反映了煤岩体扩容变化的过程。

3）预警值确定

电磁辐射作为煤岩体应力集中程度的一种前兆信息，可以用于局部煤岩体发生冲击动力现象预警的指标。大量现场测试表明，其预警可采用如下两种方式进行。

（1）临界值法：首先使用掘进过程中的电磁辐射监测临界参考值，当回采过程中监测采集一定数据后，采用平均值的 1.5 倍左右，暂定为监测区域电磁辐射参考临界值，随着监测数据的增多，结合其他监测手段，每隔一段时间修正一次参考临界值。该方法已经在许多矿区得以应用。

（2）动态趋势法：如果监测数据没有超过临界值，但出现以下情况时，也认为具有冲击危险：当电磁辐射强度值或脉冲数随时间呈现增长趋势时；当电磁辐射强度值或脉冲数先随时间呈增长趋势，而后突然降低，之后又呈增长趋势时。

建议在煤矿生产中，两种方式结合应用。

4）适用条件

电磁辐射监测的主要特点是操作简便，不需要安装，只需要直接挂靠在巷道煤帮，且携带方便，单个工人就能携带。但电磁辐射监测容易受到井下电磁信号的干扰，监测范围小，不能实现准确定位，使用时要尤其注意这点，可以采用适当的井下煤岩电磁信号的降噪方法。电磁辐射监测应作为局部监测手段，配合微震监测，对局部复杂地质条件进行冲击危险性监测。

5.3.4　钻屑法监测

1）基本原理

钻屑法是通过在受压煤层中钻直径 42～50mm 的钻孔，当钻孔进入煤体高应力区时，钻进过程中会呈现动态特征，如孔壁煤体部分可能会突然挤入孔内，并伴有震动、声响或微冲击等现象，并根据排出的煤粉量及其变化规律和有关动力效应，鉴别冲击危害程度的实用方法。钻屑法的原理就是通过测量钻孔煤粉量的大小以确定相应的煤体应力状态。

2）前兆信息

① 钻粉量前兆信息

根据《冲击地压煤层安全开采暂行规定》，用钻粉率指数判别工作地点冲击危险性。钻粉率指数 K 的表达式为

$$K = \frac{每米实际钻粉量(kg)}{每米正常钻粉量(kg)} \tag{5-22}$$

式中，每米正常钻粉量是指在支承压力影响范围以外测得的煤粉量。判别标准见表 5-8。

表 5-8　判别冲击危险性的钻粉率指数

钻孔深度/煤层开采厚度	<1.5	1.5～3	>3
钻粉率指数	≥1.5	1.5～3	≥3

　　将钻粉量指标折算成容易测量的临界煤粉量指标，临界煤粉量是用监测区域正常煤粉量乘以相应的钻粉率指数得到的。其工程意义为：井下工人用钻屑法监测冲击地压危险时，如果得到的实际煤粉量超过临界煤粉量，说明被监测区域有发生冲击地压的危险，应采取相应的解危措施，预防冲击地压的发生。

　　② 距离前兆信息

　　距离指标是指危险煤粉量出现的位置。煤粉量指标不能离开距离这个概念，这是因为不同深度的危险煤粉量指标是不同的。从冲击地压的角度讲，距煤壁距离越大，煤体产生冲击式运动所需的能量亦相应增大，因而，在达到一定深度后，即使在该深度处的煤体部分达到极限状态而形成冲击式破坏，从煤壁至冲击区域之间的未达极限状态或不具有冲击能力的那部分煤体，也会成为煤体冲击阻力，因而其危害是有限的。距离指标与煤层厚度有关，通常用采高(h)的倍数来表示。根据国内外的研究成果，如果危险煤粉量出现的位置大于 3 倍采高，则认为无冲击危险，因此无须继续钻进。

　　③ 动力前兆动力效应

　　实际上，实测最大煤粉量超过危险指标的钻孔，均出现不同程度的钻杆夹持现象。"钻杆夹持"是钻杆周围煤体应力高度集中或突然变化的综合性标志。因而，可将钻杆卡死作为鉴别冲击危险的一个指标，即认为只要在距离指标内出现钻杆被卡死的情况，尽管没有得到煤粉量的具体数据，亦可将该钻孔的检测结果归入有冲击危险一类。但应指出的是，钻杆被卡死，除与煤体压力有关外，还受施工设备、施工方法和施工人员经验的影响，因而，由专职施工人员采用具有足够能力的钻机及配套钻架和正确的施工方法，是使用这一指标鉴别冲击危险的先决条件。

　　④ 煤粉颗粒度前兆信息

　　在高应力区钻孔时，由于钻孔周围煤体已进入极限应力状态，几乎不需要钻头参与就会发生脆性破坏，所以对煤的研磨较小，排出的煤粉粒度也大。据龙凤矿实测，被保护层的煤粉粒度大于 3mm 的百分含量平均为 26.7%，危险层平均为 34%。实验室试验结果表明，钻屑粒度随压力机压力增大而增加：在 200t(21MPa) 以下压力试验时，粒度大于 3mm 的百分含量变化在 20%～30% 之间；在 250t(26MPa) 以上压力试验时，变化在 22%～43% 之间。因此拟定煤粉粒度大于 3mm 的百分含量小于 30% 时为无直接冲击危险状态，大于 30% 时为危险状态。

　　3) 预警值确定

　　针对钻屑法预警冲击危险，开发了一种基于多参数临界煤粉量指标的冲击危险预警方法，主要流程如下。

　　(1) 在工作面巷道无冲击危险区域打多组钻孔，记录每孔每米钻出的煤粉重量。

　　(2) 计算所有钻孔第 i (i=1,2,3,4⋯) m 的煤粉重量均值，再将上述所有的煤粉重量均值相加除以钻孔深度得到该工作面无冲击危险区域总的每米正常煤粉量 G。

　　(3) 利用式(5-23)计算总体临界煤粉量 G_i：

$$G_i = G \cdot K \cdot \alpha \tag{5-23}$$

式中，G_l 为总体临界煤粉量，kg；G 为标准煤粉量，即总的每米正常煤粉量，kg；K 为钻粉率指数，根据表 5-8 进行取值；α 为修正系数，一般取 1.1。

(4)确定每段的临界煤粉重量：考虑到钻孔深度中距煤壁 1m 范围内的煤粉量变化不定，同时煤壁附近已形成破碎带，弹性能已经释放，失去了冲击能力，故第 1m 段不作为监测指标。舍去第 1m 段数据，对余下长度钻孔进行分段，每 2~3m 为一段，用第二步的方法计算每段的标准煤粉量，用第三步的方法计算出每段的临界煤粉量。

(5)在待预警的工作区域打 2~3 组钻孔，记录每孔每米钻出的煤粉重量，统计每孔每米中颗粒直径大于 3mm 的煤粉重量，以及每孔每米中颗粒直径大于 3mm 的煤粉所占的重量比例；将记录和计算得出的煤粉量进行分析并与临界的煤粉量相比较，利用预警决策得出预警结果。

4)适用条件

钻屑法技术要求不高，可操作性强，应用方便，可以直接反映煤体压力大小，对定点的冲击危险性进行监测预警，因此可以作为煤矿冲击危险常规监测手段在各冲击地压矿井应用。

5.3.5 应力在线监测

1)基本原理

基于"当量钻屑法"的基本原理和"多因素耦合的冲击地压危险性确定方法"，研制了冲击地压应力在线监测系统，能够实现准确连续监测和实时报警。即在有冲击地压危险的区域，冲击地压发生之前，采动应力存在逐步增加的过程，且应力达到煤体破坏极限时，才有可能发生冲击地压，而此时钻屑量将超过额定的安全指标。因此，通过研究、监测确定应力增量的变化规律与钻屑量之间的关系，通过监测应力增量的变化规律便可间接得到钻屑量，实现利用钻孔应力测量代替钻屑量作为主要的监测指标。

2)前兆信息

以煤体应力增量作为冲击危险性评价指标，见表 5-9，通过比较不同时刻每个测点的相对应力的变化量(应力梯度)，并通过对这个变化量进行处理，从而形成具有统一标准的应力梯度。

表 5-9 冲击地压应力在线评价指标

危险状态	应力增量 $\Delta\sigma$/MPa
A 无危险	$\Delta\sigma < 2$
B 弱危险	$2 \leqslant \Delta\sigma < 4$
C 中等危险	$4 \leqslant \Delta\sigma < 6$
D 强危险	$\Delta\sigma \geqslant 6$

对于应力增量预警问题，应力在线监测系统的基本原理主要是揭示覆岩运动、支承压力、钻屑量与钻孔围岩应力之间的内在关系，其监测对象是煤体中的垂直应力。采用

的是"单点预警"的方法进行冲击危险性的预测预警。单点预警方法是指监测区域内应力监测点的应力值到达设定的预警值进行预警。应力增量作为冲击地压前兆信息，将预警值与初始值的差作为监测指标，其与时间关系不大，应力达到设定值即发布预警信号。

3）预警值确定

根据系统设计原理及类似矿井条件下的经验给出一个初始预警阈值，以阳城煤矿某工作面应力在线监测为例，预警指标见表 5-10，需要指出的是，此危险预警指标仅是暂定参考值，在生产过程中不断总结分析监测数据，制定科学合理的预警值。

表 5-10　预警值设定

测点深度	预警级别	预警值
8m	黄色预警	10～13MPa
	红色预警	>13MPa
14m	黄色预警	12～15MPa
	红色预警	>15MPa

① 黄色预警处理

当监测区域内一组测点或某一通道达到黄色预警，则下一检修班组织人员在离预警测点 1～1.5m 内附近进行钻屑量检验，若煤粉超标或动压明显，则马上组织卸压队对该区域按照卸压方案进行大直径钻孔卸压；若煤粉量正常，并且无动力显现则只需加强观测，重点关注该测点的应力变化情况。

当监测区域内有两组以上测点达到黄色预警，则组织防冲队在该区域按照卸压方案进行大直径钻孔卸压，若测点应力没有下降，还需进行深孔爆破卸压，直到测点应力下降到绿色范围。

② 红色预警处理

当监测区域内一组测点或某一通道达到红色预警，则及时组织人员按照设计进行大直径钻孔卸压。若测点应力没有下降，则需进行深孔爆破卸压，直到测点应力下降到绿色范围。

当监测区域内有两组以上测点达到红色预警，则需要进行停产卸压，直到测点应力下降到绿色范围。

出现黄色及红色预警后卸压孔施工应按照钻孔卸压解危方法进行。

应当指出，许多矿区条件各有差异，具体量值需要在实践的基础上加以修正。

4）适用条件

应力在线监测系统监测的是应力变化趋势，对于远场震动引起的冲击地压，采用应力在线监测可能监测不到应力的变化，效果较差，诱发型冲击地压的震源远离采掘工作面，在采掘工作面附近难以实施可靠的监测和控制。例如，距离煤层 100m 以上的巨厚坚硬岩层断裂诱发的冲击、区域性大断层诱发的冲击、强烈褶皱诱发的冲击、区域相变带诱发的冲击、区域性矿柱失稳诱发的冲击等。对于自发型冲击的震源在采掘工作面附近，应力在线监测能够实施可靠的监测与控制，如底板冲击，直接顶或基本顶引起的冲击，煤帮冲击，采掘工作面附近煤柱、相变或断层引起的冲击等。

5.3.6 多参量综合预警

冲击地压现场监测有许多种方法，但是不同监测系统的监测原理不同，监测对象、有效精度、监测范围也不同，如何根据不同矿井及煤层特点选择合适的现场监测方法与仪器设备，是工程实际中的难题之一。在已有研究和现场监测的基础上，对主要监测预警方法如微震监测、地音监测、电磁辐射监测、应力在线监测、钻屑法监测的优缺点、适用范围及可靠性进行综合对比分析，见表 5-11。

通过探究冲击地压发生机理，应变型冲击地压煤岩体应力及积聚弹性能较大，坚硬顶板型冲击地压应力从静态到动态突然转变并释放大量能量，断层滑移型冲击地压特点为应力集中、能量积聚。针对三种类型冲击地压的特点，应变型冲击地压应以能量判据为主，坚硬顶板型冲击地压应以能量及集中应力判据为主，断层滑移型冲击地压应以应力叠加值和能量判据为主。三种类型冲击地压前兆信息及对应的多参数监测预警方法见表 5-12。

表 5-11 主要监测预警方法综合对比分析

监测预警方法	优点	缺点	适用范围	可靠性分析
微震监测	(1)用于大范围岩层微震事件监测，监测范围大，一般能够较准确地定位微震事件； (2)实时、连续采集现场产生的震动数据，自动记录并保存，节省人力； (3)受井下设备影响小，可重复使用	(1)初期投资大，价格较高； (2)只能获取已发生的微震信息，不能提前预警； (3)井下传感器布置受开采范围影响	适用于大范围区域性冲击地压监测，对各种地质条件下各类型的冲击地压都有良好的适用性	对于采掘空间应力积聚导致的冲击地压，需要与其他监测系统进行配合使用，如应力在线监测系统或电磁辐射监测系统
地音监测	(1)填补了微震法所监测不到的盲区； (2)设备井下安装简单、方便； (3)在线实时监测，节省人力	(1)监测范围较小，精度受传感器布置影响； (2)容易受井下爆破、电气设备等影响	作为局部监测手段，配合应力在线、微震监测等，对局部高应力区煤层进行冲击危险性预测	与应力在线监测系统等进行配合使用，监测采掘空间应力积聚导致的冲击地压
电磁辐射监测	(1)不需要安装，直接挂靠在巷道煤帮； (2)便携式设备，单个工人就能携带	(1)煤矿井下煤岩电磁辐射信息获取不完整； (2)不能有效剔除井下电磁干扰信号； (3)需要采用井下煤岩电磁信号降噪方法； (4)监测范围小，不能实现定位	作为局部监测手段，配合微震监测，对局部复杂地质条件进行冲击危险性预测	容易受到井下其他电磁信号的干扰，可以采用适当的井下煤岩电磁信号降噪方法
应力在线监测	(1)直接深入煤体中探测煤体应力大小，不受外界干扰； (2)监测数据可实现自动采集，在线传输； (3)探测应力值属于超前探测，也是冲击地压的力源探测，符合冲击地压发生机理	(1)传感器只能反映所在位置的应力，属于点监测，每个传感器性能、初始参数各异，因此相邻传感器探测值离散性较大； (2)监测数据受安装质量影响很大	对于自发型冲击的震源在采掘工作面附近，应力在线监测能够实施可靠的监测与控制	对于远场震动引起的冲击地压，监测效果较差；在采掘工作面附近难以实施可靠的监测和控制

续表

监测预警方法	优点	缺点	适用范围	可靠性分析
钻屑法监测	(1)成本低； (2)技术要求不高，可操作性强，应用方便，可作为常规监测手段； (3)可以直接反映煤体压力大小	(1)该方法不能进行连续、实时监测； (2)多在危险区域人工进行监测，存在一定的安全隐患； (3)探测范围有限，钻孔工程量大	可以直接反映煤体压力大小，对定点的冲击危险性进行监测预警	对于冲击危险高危区域，采用人工钻屑法进行监测，有严重安全隐患，不适合采用钻屑法

表 5-12   不同类型冲击地压前兆信息特点及多参数监测预警方法

冲击地压类型	前兆信息特点	多参数监测预警方法
应变型	(1)存在一个煤体应力持续升高期，电磁辐射强度和脉冲数均出现整体的持续升高； (2)存在一个能量积聚期，期内微震事件频次和能量均较小	微震监测，电磁辐射监测，应力在线监测，钻屑法监测
坚硬顶板型	(1)应力从静态到动态突然转变； (2)坚硬岩层下沉导致微破裂增加，地音事件的能量及频度增大	应力在线监测，地音监测，微震监测，钻屑法监测
断层滑移型	(1)持续滑动—突变：能量指数型增长； (2)黏滑—间歇—突变：能量经历多个峰值并接近下一个峰值	微震监测，应力在线监测，钻屑法监测

　　根据前文对冲击地压发生类型的分类以及对各种监测预警方法的研究，提出采用多参数综合预警方法进行冲击地压监测预警，如图 5-13 所示，通过微震监测、地音监测、应力在线监测或电磁辐射监测与钻屑法监测的配合，实现"区域、局部、定点"的全面监测预警。

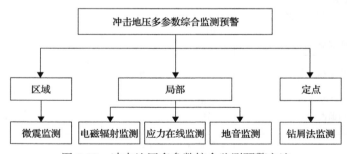

图 5-13   冲击地压多参数综合监测预警方法

5.4   冲击地压防治技术

5.4.1   合理的开拓布局

　　实践证明，合理的开拓布局和开采方式对于避免应力集中和叠加，防止冲击地压关系极大。大量实例证明，多数冲击地压是由于开采技术不合理而造成的，不正确的开拓布局开采方式一经形成就难以改变，临到煤层开采时，只能采取局部措施，耗费很大但效果有限。故合理的开拓布局和开采方式是防治冲击地压的根本性措施，主要原则如下。

（1）开采煤层群时，开拓布局应有利于解放层开采。首先开采无冲击危险或冲击危险小的煤层作为解放层，且优先开采上解放层，如抚顺煤矿、江源煤矿等，属厚煤层上行水砂充填法开采，作为解放层的第一分层开采都尽量布置在冲击危险性小的煤层中进行。

（2）划分采区时，应保证合理的开采顺序，最大限度地避免形成煤柱等应力集中区。因为煤柱承受的压力很高，特别是形成的半岛形煤柱，要承受几个方面的叠加应力，最易产生冲击地压，上层遗留的煤柱还会向下传递集中压力，传递到较大的深度时，易导致下部煤层开采时也发生冲击地压。统计表明，陶庄矿在回收煤柱时发生的冲击地压占全矿冲击地压发生次数的 29.8%，唐山矿、城子矿约占一半，龙凤矿实际资料抽样分析表明，两侧为采空区的工作面在回采过程中，冲击地压发生次数显著增多。

（3）采区或盘区的采面应朝一个方向推进，避免相向开采，以免应力叠加。因为相向采煤时上山煤柱逐渐减小，支承压力逐渐增大，很容易引起冲击地压。例如，某矿 272 采区西翼开采时，在上山附近发生了 17 次冲击地压。而且相向采煤又要被迫在高压力区中掘进枪眼，造成冲击地压频繁发生（占总次数的 60%），为了改变这种状况，提出实行单翼采区跨上山采煤的办法，并把单区段独立回采的开采程序改为多区段联合回采的开采程序，使回采工作在不同区段中交替进行，能实现沿采空区掘进枪眼，避免了在高应力区掘进和维护枪眼的风险。

（4）在地质构造等特殊部位，采取能避免或减缓应力集中和叠加的开采程序。在向斜和背斜构造区，应从轴部开始回采，在构造盆地应从盆底开始回采；在有断层和采空区的条件下，应从断层或采空区开始回采。

（5）开采具有冲击危险性的煤层时，开拓或准备巷道、永久硐室、主要上（下）山、主要回采巷道应布置在底板岩层或无冲击危险煤层中，以利于维护和减小冲击危险。回采巷道应尽可能避开支承压力峰值范围，采用宽巷掘进，少用或不用双巷或多巷同时平行掘进。对于同一采区的回采枪眼，应避开高应力集中区，选在采空区附近的压力降低区为好。

（6）开采有冲击危险的煤层，应采用不留煤柱垮落法管理顶板，回采线尽量是直线且有规律地推进。不同的采煤方法，矿山压力的大小及分布也不同，房柱式等柱式采法由于掘进巷道和遗留煤柱较多，顶板不能及时、充分垮落，造成支承压力较高。在工作面前方掘进巷道势必受到叠加压力的影响，增加了危险性，水力采煤法虽然系统简单、高效但遗留的煤柱在采空区形成交错，顶板不能及时、规则地垮落，还要经常在支承压力带开掘水道和枪眼，加之推进速度高，开采强度大，易造成大面积悬顶，导致发生冲击地压。采用长壁式开采方法，则有利于减缓冲击地压的危害。

（7）顶板管理采用全部垮落法，工作面支架采用具有整体性和防护能力的可伸缩支架。统计表明，采用非正规采煤法的采区冲击地压次数多、强度大，水力充填次之，全部垮落法次数少且强度弱。我国发生冲击地压的煤层，其顶板大多又厚又硬，不易垮落。采用注水、爆破等方法，使顶板弱化或垮落，能减缓冲击地压。根据抚顺、阜新等煤矿冲击地压危害情况，伤亡事故主要由于冲击震动推倒或折断支架，造成片帮和冒顶伤人。所以有冲击危险性的工作面必须采取特殊的支护形式，增加支护强度，提高支架的整体性和稳定性。

5.4.2　降低煤岩石冲击倾向性

通过改变煤岩体本身的结构和物理力学性能，减弱其积蓄和释放弹性能的能力，降低煤岩石冲击倾向性，从而可以达到防治冲击地压事故的目的。常用的措施包括开采解放层、煤层注水软化等。

1）开采解放层

开采解放层是指对于具有冲击危险性的煤层，若其下部有一相邻煤层可供选择开采时，可优先开采下部无冲击危险性的煤层，使位于上层的煤得到解放，从而避免冲击地压的发生。

煤层大面积采出后，在矿山压力的作用下，上覆岩层将发生变形和破坏，根据岩层内裂隙和破坏程度的不同，上覆岩层表现出明显的分带形式，由下往上依次为垮落带、导水裂隙带和弯曲下沉带。导水裂隙带与弯曲下沉带内的岩石发生一定程度的变形和破坏，经历了从微裂隙的萌生、扩展和演变到宏观裂纹的形成和扩展等过程，但其连续性并没有完全丧失，从连续介质损伤力学的角度，该部分岩石的裂隙和破坏发育程度可采用损伤变量 D 方便地进行表示。

上覆岩层的损伤程度与工作面采高 h、岩层与工作面的垂直距离 H 和水平距离 L、层间岩层性质等有关，第 n 层岩层的损伤变量可表示为

$$D_n = f(h, H, L, E_i, \mu_i, \cdots), \quad i = 1, 2, \cdots, n \tag{5-24}$$

式中，E_i 为第 i 层岩层的弹性模量；μ_i 为第 i 层岩层的泊松比。

随着岩层与工作面距离的增大，上覆岩层变形破坏程度减小，即损伤变量减小，则

$$\frac{\mathrm{d}D}{\mathrm{d}H} < 0$$

若在工作面顶板导水裂隙带或弯曲下沉带内正好存在一层具有冲击倾向性的煤层，下层煤未开采时，该层煤在应力峰值时的损伤变量为 D_C。下层煤开采时，上层煤及其顶底板将发生不同程度的破坏，可认为具有了一定的初始损伤 D_0，此时继续开采上层煤时，上层煤及其围岩将产生不同程度的应力集中，在集中应力的作用下，煤岩石内部损伤有可能加剧，达到应力峰值时损伤变量为 D_C'，则 $D_C' = f(D_0, E, \mu, \cdots)$。

煤岩石加卸载时，应力-应变曲线如图 5-14 所示。由图 5-14 可知，若材料在峰值应力前卸载，其再加载时，应力峰值处的损伤变量基本不发生改变，即材料在峰值应力前的加卸载并不影响材料在峰值应力处的损伤变量；而材料在峰值后卸载，再加载时，峰值应力减小，应力峰值处的损伤变量比原有应力峰值处的损伤变量大。

因此，下层煤开采前后，上层煤的力学状态与其在峰值应力处的损伤变量具有对应关系，即

$$D_C' \begin{cases} = D_C, & \text{下层煤开采后，上层煤体处于弹性状态} \\ > D_C, & \text{下层煤开采后，上层煤体处于塑性状态} \end{cases} \tag{5-25}$$

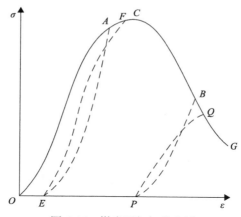

图 5-14　煤岩石加卸载曲线

若下层煤开采后，上层煤体仍处于弹性状态，则煤体的冲击倾向性并未改变，上行开采并未降低上层煤的冲击倾向性；若下层煤开采后，上层煤体发生破坏，处于塑性状态，则煤体的冲击倾向性减小，其发生冲击破坏的能力降低，即上行开采降低了煤体的冲击倾向性。然而，冲击倾向性低的煤岩体，在满足一定的条件下，也有可能发生冲击地压，只是其发生的概率和可能性较冲击倾向性高的煤岩体低得多。

另外，研究表明，与直接开采上层煤相比，开采解放层后再开采上层煤时，工作面支承压力有较明显的降低，最大支承压力减小，且支承压力峰值位置向煤壁深部转移，如图 5-15 所示。

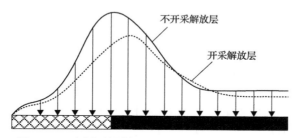

图 5-15　开采解放层与不开采解放层支承压力对比

综上所述，开采解放层不仅能降低上层煤冲击倾向性，而且工作面支承压力降低并向深部转移，具有较好的防冲效果。

2) 煤层注水

大量的实验证明，浸水或注水的煤岩样，其结构、强度、变形和冲击倾向性等特性都发生了改变，并且随浸水时间的增加，这些性质改变得更加显著。注水对煤岩层的影响如下。

① 裂隙静水、动水压力作用

裂隙静水压力可抵消煤体内的一部分法向应力，使有效应力减小，从而降低煤体的抗剪强度；裂隙动水压力作用主要包括对煤体的压裂、冲刷和挤出，压力水注入煤岩体沿孔隙和裂纹流动，冲刷煤岩体内薄弱部分。在水的压力作用下，煤岩体内原有的裂隙扩大，微裂隙增多，结果破坏了煤岩体的整体性和稳定性，使顶板岩石变得易于冒落，煤层聚积弹性能的能力降低。

②降低煤岩冲击倾向性

当将水注入煤层的孔隙、裂隙之间，水逐渐将孔隙、裂隙中的气体驱走，含水率逐渐增加，或水的饱和度逐渐增大，水为煤的湿润流体时，水就被煤孔隙、裂隙内外表面所吸收，水湿润面积就逐渐增大，直至全部被水所湿润。在煤的孔隙、裂隙表面形成水膜，当水膜增加至一定厚度并保持一定时间后，在水对煤的复杂物理化学的作用下，煤颗粒间的黏聚力逐渐减小，煤颗粒接触面的摩擦力逐渐降低，煤的性质发生了变化，塑性增加、脆性减小。由此，注水可降低煤岩的冲击倾向性。

③降低工作面支承压力

煤层注水后，支承压力峰值降低，峰值点位置向煤壁深部转移，如图 5-16 给出的是用有限元法对龙凤矿煤层注水前后支承压力变化的计算结果。由图 5-16 可知，注水前支承压力峰值为 30MPa，峰值点距煤壁约为 7m。注水后支承压力分布曲线大为平缓，压力峰值约为 21MPa，峰值位置距煤壁约为 10m，向煤体深部移了约 3m。

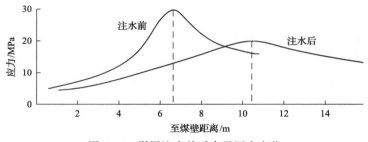

图 5-16　煤层注水前后支承压力变化

④能量释放速度和形式得到改善

煤层注水能够显著地改善能量释放过程在时间上的稳定性和空间上的均匀性。这一点已由龙凤矿煤层注水前后煤炮检验、钻孔煤粉量现场观测结果所证实，如图 5-17 所示。未注水煤层的能量释放极不均匀，煤粉量较大，并出现了响煤炮等动力现象；而注水煤层煤粉量小，且波动不大，能量释放较为均匀。在煤层注水工作中观察到注水期间响煤

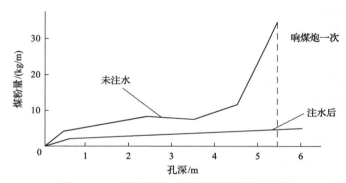

图 5-17　工作面煤炮检验钻孔煤粉量变化图

炮、煤壁压出、顶板移近速度加大等能量释放现象，而回采过程中没有发生冲击地压，证实了注水效果。

综上所述，对煤层注水就是通过增加煤层含水率或煤层中水的饱和度来改变煤岩变形状态，降低其冲击倾向性，降低工作面支承压力，使其积聚能量平稳均匀地释放而不发生失稳破坏，从而避免冲击地压的发生。

5.4.3 减缓围岩应力梯度

减缓围岩应力梯度，降低应力的集中程度或使应力高峰向煤体深部转移，从而降低冲击地压危险程度。常用的措施包括煤层钻孔卸压、深孔断顶爆破、定向裂缝、底板切槽、定向水力压裂及开挖卸压硐室等。

1) 钻孔卸压

钻孔卸压是利用钻孔方法消除或减缓冲击地压危险的解危措施。钻孔可以起到破裂和软化煤体的作用，钻进越接近高应力带，煤体内积聚能量越多，钻孔冲击频度越高，强度也越大。钻孔施工后，钻孔周围煤体被分为破裂区、塑性区与弹性区，煤体应力-应变满足莫尔-库仑强度准则，可表示为

$$F = \sigma_\theta - N\sigma_r - S = 0 \tag{5-26}$$

式中，σ_θ、σ_r 为采用极坐标时的径向、环向应力值，MPa；N、S 为材料参数。

破裂区应力-应变方程：

$$\begin{cases} N = N_c = (1+\sin\varphi_r)/(1-\sin\varphi_r) \\ S = S_c = 2c_c\cos\varphi_r/(1-\sin\varphi_r) \end{cases} \tag{5-27}$$

塑性区应力-应变方程：

$$\begin{cases} N = N_p = (1+\sin\varphi_p)/(1-\sin\varphi_p) \\ S = S_p = 2c_p\cos\varphi_p/(1-\sin\varphi_p) \end{cases} \tag{5-28}$$

式中，c、φ 为黏聚力和内摩擦角；下角 c、p 为破裂区和塑性区。

由于钻孔周围煤体产生了稠密的破断裂隙，这部分煤体变形模量将比原生煤体的变形模量大幅度降低，两者的比值可称作卸压系数。它是钻孔卸压效果的标志，钻孔周围煤体产生裂隙及破碎是产生卸压作用的根本原因。

根据巴布柯克 CO 经验公式，卸压系数 K 由式(5-29)计算得到：

$$K = \frac{W}{W+D}\left[\frac{1+\dfrac{D}{W}\left(\dfrac{W}{W+D}\right)}{1+\dfrac{D}{W}\left(\dfrac{W}{W+D}\right)\left(\dfrac{D}{W+D}\right)}\right] \tag{5-29}$$

式中，W 为两钻孔边界的距离，mm；D 为钻孔直径，mm。

由式(5-29)可知，钻孔周围煤体的卸压程度取决于钻孔间距 L，L 越小，K 越大。单一钻孔周围破碎区半径 R，可以由式(5-30)计算：

$$R = \sqrt{\frac{3S \cdot K - K - 2}{K - 1} - \frac{D}{2}} \qquad (5\text{-}30)$$

式中，S 为钻孔实际钻屑量与正常钻屑量之比；K 为孔壁的松散系数。

当在高应力煤体内进行卸压钻进时，钻孔周围将形成一个比钻孔直径大得多的破碎区，当这些破碎区互相连通后，便能使岩体钻进剖面全部破裂，支承压力达到均衡，向围岩深部转移，起到卸压作用，如图 5-18 所示。

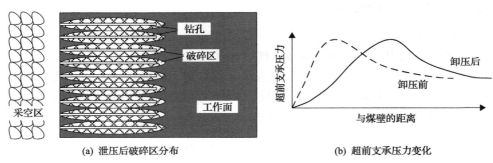

(a) 泄压后破碎区分布　　　　　(b) 超前支承压力变化

图 5-18　煤层钻孔卸压原理

2）深孔爆破

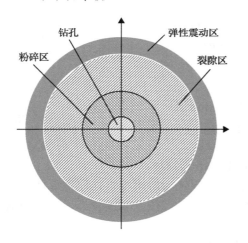

图 5-19　深孔爆破分区结构示意图

深孔爆破技术是将控制爆破技术引入到冲击地压防治领域中。炸药在岩体中爆炸，引起周围介质扰动，并以波的形式向外传播，在爆破近区传播的是冲击波，中区是应力波，而远区是弹性波，它实际上仍是一种弱应力波，在冲击波传播并衰减的过程中，将对岩体产生不同程度的破坏，导致岩体介质中出现爆破分区，如图 5-19 所示。

由图 5-19 可知，岩石的破碎起始于炮孔中装药的起爆，爆炸气体瞬间冲击孔壁，最靠近炮孔周围的爆炸脉冲的压力大大超过岩石的强度，使岩石的弹性强度成为微不足道，而表现出有如流体的性质。由于衰减的速度很大，这一区域的压力脉冲的能量消耗于粉碎这一带的岩石，这一区域称为粉碎区。

当粉碎区形成以后，冲击波衰减成为应力波，并向炮孔周围传播，迫使岩体质点产生一种随应力波传播方向运动的趋势或位移，从而伴生出切向方向的拉伸应力。切向拉伸应力具有环箍应力的性质，由于岩石的抗拉强度远小于抗压强度，当切向拉伸应力大于岩石的抗拉强度时，则煤体即被拉断形成与粉碎区连通的裂隙区。与此同时爆成气体作用于岩石，并以很高的速度冲入裂隙，产生二次损伤断裂过程，使裂纹发生扩展和延伸。二者共同作用形成裂隙区的特征是产生比较密集的微小裂缝。大多数脆性岩石裂缝的尖端是应力集中最明显之处，并且在尖端具有有限的塑性区，因此易于造成断裂破坏。裂隙区为爆破全过程最主要的功能区。

在裂隙区外部区域，瞬间应力波转变为声波级或低于岩石抗压强度级的应变波，它沿径向向外进入未受到破坏的岩石中，若无自由面(包括层面与节理)存在，应变波就不再发生破碎岩石的过程。否则径向压应力反射为拉伸应力，从而可能在自由面上发生片状剥落破坏。这种破坏作用根据应变波的强弱可以重复若干次，直至衰减至低于岩石的抗拉强度为止。此外，若自由面相当接近于爆炸中心，将使环箍应力集中并引起径向破裂，向自由面进一步扩展。这一区域为弹性震动区。

上覆岩层粉碎区及裂隙区形成以后，在工作面前方上覆岩层应力得到释放，使集中应力一部分趋于均布，一部分向纵深处的非破碎带转移，降低了爆破段岩层轴向方向的应力梯度；在径向方向，处于高应力状态的岩体，将向破碎区方向产生一定的"流变"，岩层内的弹性潜能有充足的释放空间，降低了径向方向上的地应力梯度。因此，深孔爆破能够有效降低顶板岩层的能量积聚，促使应力得到释放，从而降低冲击地压发生的危险性。

3) 定向裂缝

① 定向水力裂缝法

定向水力裂缝法就是人为地在岩层中预先制造一个裂缝，在较短的时间内，采用高压水将岩体沿预先制造的裂缝破裂。在高压水的作用下，岩体的破裂半径范围可达 15~25m，有的甚至更大。

采用定向水力裂缝法可简单、有效、低成本地改变岩体的物理力学性质，故这种方法可用于降低冲击地压危险性，改变顶板岩体的物理力学性质，将坚硬厚层顶板分成几个分层或破坏其完整性；维护平巷，将悬顶挑落；在煤体中制造裂缝，有利于瓦斯抽放；破坏煤体的完整性，降低开采时产生的煤尘等。

定向水力裂缝法有两种：周向预裂缝法和轴向预裂缝法。研究表明，要使形成的周向预裂缝达到较好的效果，周向裂缝的直径至少应为钻孔直径的 2 倍，高压泵的压力应在 30MPa 以上，流量应在 60L/min 以上。而轴向预裂缝法是沿钻孔轴向制造预裂缝，从而沿裂缝将岩体破断。

② 定向爆破裂缝法

定向爆破裂缝法的原理与上述方法相同，不同之处只是将高压水换成了炸药。其预裂缝也有周向和轴向之分，制造的周向预裂缝可以是在钻孔的底部，也可以在钻孔中形成几个预裂缝，如图 5-20 所示。

定向爆破裂缝法的钻孔长度、布置方式、制造预裂缝的数量和形式等均取决于井巷支护形式、要破坏岩体的力学性质以及破裂的目的，这需要根据具体的生产实际进行具体的设计和实施。

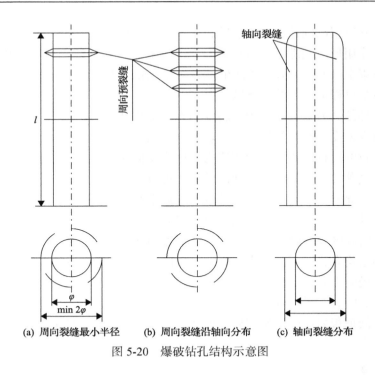

(a) 周向裂缝最小半径　　(b) 周向裂缝沿轴向分布　　(c) 轴向裂缝分布

图 5-20　爆破钻孔结构示意图

5.4.4　提高围岩抗动压冲击能力

增大巷道围岩支护体强度和让压吸能能力，提高围岩抵抗动压冲击能力。目前常用的措施包括合理选择巷道支护形式、冲击吸能耦合支护、"让-抗"支护、U型钢-强力锚杆支护、恒阻大变形锚杆（索）等。

1）冲击地压巷道合理支护形式

对于非冲击地压巷道，锚杆的支护作用主要表现为：控制锚固区围岩的离层、滑动、裂隙张开、新裂纹产生等扩容变形，使围岩处于受压状态，抑制围岩弯曲变形、拉伸与剪切破坏，使围岩成为承载的主体。在锚固区内形成刚度较大的预应力承载结构，阻止锚固区外的岩层产生离层，同时改善围岩深部的应力分布状态。

对于冲击地压巷道，最大的特点是受到冲击荷载作用，要求锚杆既能承受静载，又能承受动载。①无论是冲击还是非冲击地压巷道，锚杆支护保持围岩的完整性是非常重要的，一旦围岩完整性变差，围岩整体强度、承载能力及锚杆支护效果都会受到严重影响；②围岩是承受静载与动载的主体，与围岩相比，各种支护的承载能力都很小，因此，锚杆支护的本质作用是通过保持围岩的完整性使围岩承载能力不降低或少降低；③锚杆支护会在围岩中形成支护应力场，该应力场会改善巷道围岩应力分布，一定程度上降低应力集中系数，减少差应力，改善围岩应力状态；④锚杆支护与围岩共同承受冲击荷载，因此，要求锚杆应具有足够的抗冲击能力，避免锚杆受较大冲击荷载后破断，失去支护作用。

因此冲击地压巷道支护形式选择过程中应根据以下原则。

(1)锚杆与锚索支护优先原则。锚杆与锚索已成为煤矿巷道主体支护方式,对于冲击地压巷道,也应优先选用锚杆与锚索支护。

(2)及时、主动支护原则。巷道开挖后围岩一旦揭露,无论从空间还是时间上都应立即进行锚杆支护。一方面,要给锚杆、锚索施加较大的预应力;另一方面,通过托板、钢带等构件实现预应力扩散,扩大预应力的作用范围。

(3)全断面支护原则。多数冲击地压巷道围岩变形与破坏是全方位的,特别是底板冲击破坏严重。因此,冲击地压巷道应进行全断面支护,不仅要支护顶板、两帮,更重要的是控制底板变形与破坏。

(4)锚-支相结合原则。当单独采用锚杆、锚索支护不能有效控制冲击地压巷道围岩变形时,将锚杆、锚索与金属支架、支柱联合使用,可提高支护效果,降低围岩变形。

(5)支-卸相结合原则。高应力与冲击荷载是冲击地压巷道围岩变形、破坏的根本驱动力,因此,采用有效的卸压措施降低围岩应力和冲击荷载,能起到各种支护无法实现的作用。

(6)相互匹配原则。各种支护构件,包括锚杆、锚索、金属支架及支柱等的力学性能应相互匹配,避免各个击破,最大限度地发挥巷道支护的整体作用。

2)冲击吸能耦合支护

当冲击地压发生后,冲击应力波会迅速向四周传播,在岩体传播过程中会消耗一部分能量。冲击吸能支护计算中,为提高吸能支护体系的安全性,可忽略不计传播过程中的能量损耗。深部开采(开采深度为 D)中,巷道(宽度 B、高度 H)对于整个煤岩层体系是相对小结构,冲击波传至巷道围岩处,可以认为同时作用在巷道围岩及其支护结构上。假设冲击地压释放能量为 E,围岩破坏耗能为 E_1,吸能材料吸收能量为 E_2,支架承载剩余能量为 E_3。可建立围岩-吸能材料-钢支架支护结构力学模型如图 5-21 所示。

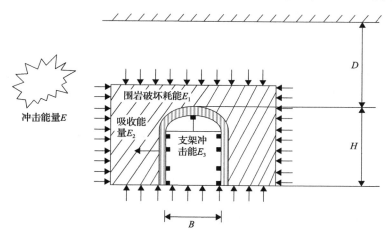

图 5-21　围岩-吸能材料-钢支架支护结构力学模型

吸能耦合支护模型功能主要体现在:①吸能材料吸收大量冲击地压能量,有效减小荷载作用,与围岩存在耦合作用;②吸能材料属于弱刚度材料,能够有利地缓冲荷载作用,与钢支架之间存在耦合作用;③吸能材料放置于围岩和钢支架中间形成吸能支护结构，与围岩和钢支架两者之间存在耦合关系。

采用吸能支护结构，设置吸能材料后，冲击波通过围岩体传递至弱刚度吸能材料上，首先在吸能材料中被充分吸收再传至钢支架后反射，此时，冲击波能量大部分已被吸收，反射波再次通过吸能材料时仍被吸收部分能量，此过程反复直到吸能材料压实，成为强刚度结构中的一部分，冲击能量全部消耗为止。钢支架为刚性材料，吸能材料吸收冲击能后压缩密实，冲击能已部分或全部消耗和释放，作用于刚性支护的剩余冲击能已非常小，不会造成钢支架的破坏。

从能量角度分析耦合支护吸能原理，冲击地压发生时煤岩体释放能量为 E，围岩破坏耗能为 E_1，吸能材料冲击破坏吸收能量为 E_2，则作用于钢支架上的剩余冲击能为 $E_3=E-E_1-E_2$。若 $E_3>0$，有剩余冲击能作用在钢支架上；若 $E_3=0$，冲击地压释放能量被吸能材料全部吸收；若 $E_3<0$，说明吸能材料能够全部吸收冲击地压释放的能量。已有监测研究发现，冲击地压释放能量达 $10^6\sim10^7$ J，吸能材料吸收能量为 $8\sim30$ J/cm^3，计算吸能材料为 $0.03\sim1.25$ m^3，其材料成本有限，使用吸能材料是可行的。

针对强冲击地压危险区的支护问题，一般采取深部围岩的松动卸压和围岩表面支护方法，由于吸能材料吸收大量冲击能，可以起到很好的减弱和缓冲荷载作用，此外通过建立安全巷道或部分安全区，可以提高巷道安全程度，保障生产安全，同时可供冲击地压事故避难场所，给后续救援以时间保证。

3）"柔-强"充填安全支护技术

作者团队在巷旁支护"给定-限定"组合支护理论的基础上，提出了"柔-强"充填安全支护技术，巷旁支护体充填结构由上下两层充填材料组成，上层为柔性材料，下层为高强材料，通过采用上层柔性材料在顶板运动前期(基本顶触矸前)实现了对顶板的"给定变形"控制，减缓了顶板下沉运动速度，但不能减小顶板下沉量；通过采用下层高强材料在顶板运动后期(基本顶触矸后)实现了对顶板的"限定变形"控制，同时减小了顶板下沉运动速度与下沉量。

对于强冲击危险性沿空留巷采用"柔-强"充填安全支护技术，可有效改善围岩受力状态，控制巷道有害变形，通过上层柔性材料吸能释放围岩中的变形能量，使支护体和围岩经过多次调整后应力趋于均匀化，尽量避免由坚硬顶板岩梁剧烈运动产生的动压冲击；通过下层高强材料充分调动深部岩体强度，增强巷旁充填体强度，在坚硬顶板岩梁触矸后起关键支撑作用，防止充填体受压破碎，提高围岩整体承载能力，增加围岩的吸能与抗动压冲击能力，最终达到降低冲击地压发生风险的效果。

坚硬顶板条件下沿空留巷更易发生冲击地压事故，根据巷旁支护给定-限定组合力学模型可知，基本顶岩梁端部断裂以后，由于顶板岩层已产生明显离层，其对基本顶岩梁为限制作用，而垂直作用于岩梁的荷载大小可(即上覆岩层加速岩梁沉降作用力)忽略不计。在基本顶岩梁沉降过程中，坚硬顶板岩梁及直接顶岩层由实体煤帮、巷旁充填体及采空区矸石三部分共同支撑。而巷旁充填体自构筑完成以后开始作用，上层柔性材料在极短的时间内硬化成具有一定强度的柔层，处于给定荷载工作状态，即在坚硬顶板岩梁弯沉的过程中，通过支护反力作用在一定程度上相对减缓了顶板岩梁弯沉运动速率，相对降低了坚硬顶板岩梁触矸时的平均速率，尽量避免由坚硬顶板岩梁剧烈运动产生的动压冲击；下层高强材料在坚硬顶板岩梁触矸后起关键支撑作用，实现顶板岩梁的有效控制。充填体强度及宽度要求可参照式(4-56)和式(4-57)确定；根据变形适应性原理得到巷旁"柔-强"组合充填体中柔层压缩高度 h_1 为

$$h_1 = \frac{L_1 + L_2 + L_3}{L_0} S_A \tag{5-31}$$

强层充填体高度 h_2 为

$$h_2 = h - h_1 \tag{5-32}$$

式中，h 为巷道高度，m；h_1 为柔层厚度，m；h_2 为强层厚度，m；L_1 为顶板岩梁断裂线距煤壁距离，m；L_2 为巷道宽度，m；L_3 为巷旁支护体宽度，m；S_A 为顶板岩梁允许自由沉降值，m。

综上可知，在基本顶触矸前，基本顶沿断裂线旋转运动，此时巷旁支护体将承受较大的压力，若采用水泥基膏体充填体作为巷旁支护，充填体早期强度较低，可缩性较差，很难阻止上覆岩层的旋转运动，充填体将发生严重的变形破坏。而采用"柔-强"充填安全支护技术，巷旁充填体上部采用柔层材料可以使充填体具有一定的可缩性，防止充填体在基本顶岩块回转下沉中被破坏，缓解顶板压力，避免因坚硬顶板岩梁剧烈运动产生的动压冲击，充分发挥围岩的自稳能力，增加围岩的吸能与抗动压冲击能力。

触矸后，充填下部采用高强材料可以使充填体具有一定的强度，维护充填体上方顶板的完整，防止直接顶与基本顶之间出现离层，还能切断采空区侧顶板，使垮落矸石充满采空区，不仅能够减少上覆顶板的下沉空间，垮落矸石还能支撑上覆顶板，降低充填体承受的支护阻力。由此可见，在坚硬顶板条件下沿空留巷，采用"柔-强"充填安全支护技术，可有效缓解顶板压力，防止充填体受压破碎，提高了围岩整体承载能力，增加了围岩的吸能与抗动压冲击能力，最终达到降低冲击地压发生风险的效果。

主要参考文献

蔡美峰. 2020. 深部开采围岩稳定性与岩层控制关键理论和技术[J]. 采矿与岩层控制工程学报, 2(3): 5-13.

曹连民. 2016. 大倾角工作面综放液压支架控制系统技术[M]. 徐州: 中国矿业大学出版社.

曹胜根, 缪协兴, 钱鸣高. 1998. "砌体梁"结构的稳定性及其应用[J]. 东北煤炭技术, 5: 22-26.

窦林名, 陆菜平, 牟宗龙, 等. 2014. 煤矿围岩控制及监测技术[M]. 徐州: 中国矿业大学出版社.

窦林名, 牟宗龙, 曹安业, 等. 2020. 冲击矿压防治技术[M]. 徐州: 中国矿业大学出版社.

窦林名, 周坤友, 宋士康, 等. 2021. 煤矿冲击矿压机理、监测预警及防控技术研究[J]. 工程地质学报, 29(4): 917-932.

窦林名, 田鑫元, 曹安业, 等. 2022. 我国煤矿冲击地压防治现状与难题[J]. 煤炭学报, 47(1): 152-171.

范立民. 2017. 保水采煤的科学内涵[J]. 煤炭学报, 42(1): 27-35.

范立民. 2019. 保水采煤面临的科学问题[J]. 煤炭学报, 44(3): 667-674.

范立民, 马雄德, 蒋泽泉, 等. 2019. 保水采煤研究30年回顾与展望[J]. 煤炭科学技术, 47(7): 1-30.

冯国瑞, 张玉江, 白锦文, 等. 2021. 遗留煤炭资源开采岩层控制研究进展与发展前景[J]. 中国科学基金, 35(6): 924-932.

冯国瑞, 李剑, 戚庭野, 等. 2022. 我国遗煤复采方式与矿压控制研究进展[J]. 山西煤炭, 42(1): 1-8.

高召宁, 孟祥瑞, 赵光明, 等. 2018. 矿山压力与岩层控制[M]. 北京: 煤炭工业出版社.

葛世荣. 2017. 深部煤炭化学开采技术[J]. 中国矿业大学学报, 46(4): 679-691.

郭文兵, 马志宝, 白二虎. 2020. 我国煤矿"三下一上"采煤技术现状与展望[J]. 煤炭科学技术, 48(9): 16-26.

何富连, 赵计生, 姚志昌. 2009. 采场岩层控制论[M]. 北京: 冶金工业出版社.

何满潮. 2021. 深部建井力学研究进展[J]. 煤炭学报, 46(3): 726-746.

何满潮, 朱国龙. 2016. "十三五"矿业工程发展战略研究[J]. 煤炭工程, 48(1): 1-6.

何满潮, 王炯, 孙晓明, 等. 2014. 负泊松比效应锚索的力学特性及其在冲击地压防治中的应用研究[J]. 煤炭学报, 39(2): 214-221.

何满潮, 杜帅, 宫伟力, 等. 2022. 负泊松比(NPR)锚杆/索力学特性及其工程应用[J].力学与实践, 44(1): 75-87.

黄庆享. 2010. 煤炭绿色开采与可持续发展[C]. 张少春, 范主民, 赵生茂, 等. 安全高效矿井建设与开采技术——陕西省煤炭学会学术年会论文集. 北京: 煤炭工业出版社.

黄庆享. 2017. 浅埋煤层保水开采岩层控制研究[J]. 煤炭学报, 42(1): 50-55.

黄庆享. 2021. 西部浅埋大煤田安全绿色开采岩层控制进展与展望[J]. 西安科技大学学报, 41(3): 382.

姜福兴, 尹增德, 杨永杰, 等. 1996. 矿压控制设计[M]. 徐州: 中国矿业大学出版社.

姜福兴, 王同旭, 潘立友, 等. 2004. 矿山压力与岩层控制[M]. 北京: 煤炭工业出版社.

姜耀东, 赵毅鑫. 2015. 我国煤矿冲击地压的研究现状:机制、预警与控制[J]. 岩石力学与工程学报, 34(11): 2188-2204.

姜耀东, 潘一山, 姜福兴, 等. 2014. 我国煤炭开采中的冲击地压机理和防治[J]. 煤炭学报, 39(2): 205-213.

蒋金泉. 1993. 采准巷道矿压理论及应用[M]. 北京: 煤炭工业出版社.

蒋金泉, 王国际, 张登明, 等. 2007. 矿山压力与岩层控制[M]. 徐州: 中国矿业大学出版社.

康红普. 2016. 我国煤矿巷道锚杆支护技术发展60年及展望[J]. 中国矿业大学学报, 45(6): 1071-1081.

康红普. 2021. 煤炭开采与岩层控制的时间尺度分析[J]. 采矿与岩层控制工程学报, 3(1): 5-27.

康红普. 2021. 我国煤矿巷道围岩控制技术发展70年及展望[J]. 岩石力学与工程学报, 40(1): 1-30.

康红普, 王国法, 姜鹏飞, 等. 2018. 煤矿千米深井围岩控制及智能开采技术构想[J]. 煤炭学报, 43(7): 1789-1800.

康红普, 徐刚, 王彪谋, 等. 2019. 我国煤炭开采与岩层控制技术发展40a及展望[J]. 采矿与岩层控制工程学报, 1(2): 7-39.

李化敏, 王伸, 李东印, 等. 2019. 煤矿采场智能岩层控制原理及方法[J]. 煤炭学报, 44(1): 127-140.

李学华, 姚强岭, 张有乾. 2018. 考虑层间剪应力作用的煤矿岩层控制理论探讨[J]. 岩土学, 39(7): 2371-2378.

刘峰, 郭林峰, 赵路正. 2022. 双碳背景下煤炭安全区间与绿色低碳技术路径[J]. 煤炭学报, 47(1): 1-15.

刘建功, 赵家巍, 李蒙蒙, 等. 2016. 煤矿充填开采连续曲形梁形成与岩层控制理论[J]. 煤炭学报, 41(2): 383-391.

刘建功, 李新旺, 何团. 2020. 我国煤矿充填开采应用现状与发展[J]. 煤炭学报, 45(1): 141-150.

刘学生, 范德源, 谭云亮, 等. 2021. 深部动载作用下超大断面硐室群锚固围岩破坏失稳机制研究[J]. 岩土力学, 42(12): 3407-3418.

刘学生, 武允昊, 谭云亮, 等. 2021. 锚杆抗疲劳性能对深部动载扰动硐室围岩稳定性影响[J]. 中国矿业大学学报, 50(3): 449-458.

刘佑荣, 唐辉明. 2009. 岩体力学[M]. 北京: 化学工业出版社.

马立强, 张东升, 金志远, 等. 2019. 近距煤层高效保水开采理论与方法[J]. 煤炭学报, 44(3): 727-738.

宁建国, 刘学生, 谭云亮, 等. 2014. 浅埋煤层工作面弱胶结顶板破断结构模型研究[J]. 采矿与安全工程学报, 31(4): 569-574, 579.

宁建国, 臧传伟, 李青海, 等. 2014. 岩体力学[M]. 北京: 煤炭工业出版社.

宁建国, 谭云亮, 刘学生, 等. 2017. 浅埋煤层弱胶结顶板破断演化规律及保水开采评价[M]. 徐州: 中国矿业大学出版社.

潘俊峰, 毛德兵, 王书文, 等. 2016. 冲击地压启动理论与成套技术[M]. 徐州: 中国矿业大学出版社.

潘一山. 2018. 煤矿冲击地压[M]. 北京: 科学出版社.

潘一山, 齐庆新, 王爱文, 等. 2020. 煤矿冲击地压巷道三级支护理论与技术[J]. 煤炭学报, 45(5): 1585-1594.

彭赐灯. 2015. 矿山压力与岩层控制研究热点最新进展评述[J]. 中国矿业大学学报, 44(1): 1-8.

彭赐灯, 杜锋, 程敬义, 等. 2019. 美国长壁工作面自动化发展[J]. 中国矿业大学学报, 48(4): 693-703.

彭苏萍. 2020. 我国煤矿安全高效开采地质保障系统研究现状及展望[J]. 煤炭学报, 45(7): 2331-2345.

齐庆新, 窦林名, 钱鸣高, 等. 2008. 冲击地压理论与技术[M]. 徐州: 中国矿业大学出版社.

齐庆新, 李一哲, 赵善坤, 等. 2019. 我国煤矿冲击地压发展 70 年: 理论与技术体系的建立与思考[J]. 煤炭科学技术, 47(9): 1-40.

钱鸣高. 2000. 20 年来采场围岩控制理论与实践的回顾[J]. 中国矿业大学学报, 29(1): 1-4.

钱鸣高, 缪协兴, 何富连. 1994. 采场"砌体梁"结构的关键块分析[J]. 煤炭学报, 19(6): 557-563.

钱鸣高, 缪协兴, 许家林. 2007. 资源与环境协调(绿色)开采[J]. 煤炭学报, 32(1): 1-7.

钱鸣高, 许家林, 王家臣, 等. 2021. 矿山压力与岩层控制[M]. 徐州: 中国矿业大学出版社.

切尔尼亚克, 布尔恰科夫. 1989. 深矿井采准巷道矿压控制[M]. 常惊鸿, 译. 北京: 煤炭工业出版社.

单仁亮, 彭杨皓, 孔祥松, 等. 2019. 国内外煤巷支护技术研究进展[J]. 岩石力学与工程学报, 38(12): 2377-2403.

沈明荣, 陈建峰. 2015. 岩体力学[M]. 上海: 同济大学出版社.

宋振骐. 1988. 实用矿山压力控制[M]. 徐州: 中国矿业大学出版社.

宋振骐, 蒋金泉. 1996. 煤矿岩层控制的研究重点与方向[J]. 岩石力学与工程学报, 15(2): 128-134.

宋振骐, 蒋金泉, 高延法. 1997. 我国矿山压力和岩层控制理论与技术发展面临的关键问题[J]. 煤炭学报, 22(增): 34-38.

孙希奎. 2020. 矿山绿色充填开采发展现状及展望[J]. 煤炭科学技术, 48(9): 48-55.

谭云亮, 于凤海, 宁建国, 等. 2016. 沿空巷旁支护适应性原理与支护方法[J]. 煤炭学报, 41(2): 376-382.

谭云亮, 赵同彬, 于凤海. 2017. 煤矿沿空留巷安全支护理论与技术[M]. 北京: 煤炭工业出版社.

谭云亮, 郭伟耀, 辛恒奇, 等. 2019. 煤矿深部开采冲击地压监测解危关键技术研究[J]. 煤炭学报, 44(1): 160-172.

谭云亮, 宁建国, 杨永杰, 等. 2021. 矿山压力与岩层控制(第三版)[M]. 北京: 应急管理出版社.

谭云亮, 范德源, 刘学生, 等. 2022. 煤矿深部超大断面硐室群围岩连锁失稳控制研究进展[J]. 煤炭学报, 47(1): 180-199.

谭云亮, 郭伟耀, 赵同彬, 等. 2022. 深部巷道动静载试验系统研制及初步应用[J]. 岩石力学与工程学报, 41(6): 1-12.

王国法. 2010. 煤矿高效开采工作面成套装备技术创新与发展[J]. 煤炭科学技术, 38(1): 63-68, 106.

王国法. 2022. 煤矿智能化最新技术进展与问题探讨[J]. 煤炭科学技术, 50(1): 1-27.

王国法, 任怀伟, 庞义辉, 等. 2020. 煤矿智能化(初级阶段)技术体系研究与工程进展[J]. 煤炭科学技术, 48(7): 1-27.

王家臣. 2019. 基于采动岩层控制的煤炭科学开采[J]. 采矿与岩层控制工程学报, 1(2): 40-47.

伍永平, 刘孔智, 贠东风, 等. 2014. 大倾角煤层安全高效开采技术研究进展[J]. 煤炭学报, 39(8): 1611-1618.

谢和平. 2019. 深部岩体力学与开采理论研究进展[J]. 煤炭学报, 44 (5): 1283-1305.

谢和平, 等. 2018. 煤炭革命的战略与方向[M]. 北京: 科学出版社.

谢和平, 等. 2018. 煤炭革命新理念与煤炭科技发展构想[J]. 煤炭学报, 43 (5): 1187-1197.

谢耀社, 季明, 徐营, 等. 2016. 矿山岩体力学[M]. 徐州: 中国矿业大学出版社.

许家林. 2019. 岩层控制与煤炭科学开采——记钱鸣高院士的学术思想和科研成就[J]. 采矿与安全工程学报, 36 (1): 1-6.

许家林, 钱鸣高. 2004. 岩层采动裂隙分布在绿色开采中的应用[J]. 中国矿业大学学报, 33 (2): 17-20, 25.

许家林, 轩大洋, 朱卫兵. 2011. 充填采煤技术现状与展望[J]. 采矿技术, 11 (3): 24-30.

杨胜利. 2019. 基于中厚板理论的坚硬厚顶板破断致灾机制与控制研究[D]. 徐州:中国矿业大学.

杨胜利, 王家臣, 李良晖. 2020. 基于中厚板理论的关键岩层变形及破断特征研究[J]. 煤炭学报, 45 (8): 2718-2727.

袁亮. 2017. 煤炭精准开采科学构想[J]. 煤炭学报, 42 (1): 1-7.

袁亮. 2021. 深部采动响应与灾害防控研究进展[J]. 煤炭学报, 46 (3): 716-725.

张吉雄, 张强, 巨峰, 等. 2018. 深部煤炭资源采选充绿色化开采理论与技术[J]. 煤炭学报, 43 (2): 377-389.

张吉雄, 屠世浩, 曹亦俊, 等. 2020. 深部煤矿井下智能化分选及就地充填技术研究进展[J]. 采矿与安全工程学报, 37 (1): 1-10, 22.

赵同彬, 郭伟耀, 谭云亮, 等. 2016. 煤厚变异区开采冲击地压发生的力学机制[J].煤炭学报, 41 (7): 1659-1666.

邹喜正. 2005. 矿山压力与岩层控制[M]. 徐州: 中国矿业大学出版社.

Griffith A A. 1921. The phenomena of rupture and flows in solid[Z]. Philosophical Transactions of the Royal Society of London. Series A, Containing Papers of a Mathematical or Physical Character, 221: 163-198.